식품과 영양

저자 소개

김주현
이화여자대학교 Ph.D. 영양학전공
동서울대학교 호텔외식조리과 교수

김혜영(B)
캔자스주립대학교 Ph.D. 식품학전공
용인대학교 식품조리학부 교수

나예슬
이화여자대학교 Ph.D. 식품학전공
호남대학교 식품영양학과 교수

심유진
연세대학교 Ph.D. 영양학전공
숭의여자대학교 식품영양과 교수

양윤경
이화여자대학교 Ph.D. 영양학전공
안산대학교 식품영양학과 교수

이인선
충북대학교 Ph.D. 식품학전공
군산대학교 식품생명과학부 교수

최유진
한양대학교 Ph.D. 식품학전공
용인대학교 식품조리학부 교수

식품과 영양

초판 발행 2022년 8월 30일

지은이 김주현 · 김혜영(B) · 나예슬 · 심유진 · 양윤경 · 이인선 · 최유진
펴낸이 류원식
펴낸곳 교문사

편집팀장 김경수 | **책임진행** 심승화 | **디자인** 신나리 | **본문편집** 유선영

주소 10881, 경기도 파주시 문발로 116
대표전화 031-955-6111 | **팩스** 031-955-0955
홈페이지 www.gyomoon.com | **이메일** genie@gyomoon.com
등록번호 1968.10.28. 제406-2006-000035호

ISBN 978-89-363-2373-8 (93590)
정가 22,000원

식품과 영양

김주현 · 김혜영(B) · 나예슬 · 심유진 · 양윤경 · 이인선 · 최유진 지음

FOOD NUTRITION

교문사

머 리 말

식품과 영양에 대한 올바른 정보를 선별하고 현장에 적용할 수 있어야 한다.

식품에 함유된 영양소를 통하여 신체의 여러 대사가 이루어지며 생리작용과 생명 유지가 가능할 수 있다.

현대인의 만성퇴행성 질환은 단순한 약물로 치유가 어려우며 생활습관과 식습관의 교정을 통해서 질병을 잘 관리해야 할 질병이다. 이러한 점에서 식생활의 중요성은 매우 커지고 있으며 식품과 영양에 대한 관심이 더욱 증가되고 있는 상황이다.

여러 가지 식품과 영양에 대한 정보가 넘쳐나고 있으며 잘못된 정보에 의한 여러 가지 문제점이 일어나고 있는 상황에서 식생활문해력, 즉 식품과 영양에 대한 올바른 지식을 이해하는 것이 더욱 중요하다고 생각된다. 식품과 영양에 대한 올바른 정보를 선별하고 현장에 적용할 수 있는 능력은 현대인의 건강을 위한 전문가들의 필수적인 업무 능력일 것이다.

본 《식품과 영양》은 식품학과 영양학의 필수 지식과 건강관련 이슈를 통합하여 제시하고 이를 바탕으로 식품과 영양에 관련된 식생활 관리의 기초자료를 제공하려고 하였다. 이 책은 식품과 영양에 대해 총 10개 장으로 구성되어 있다. 1장에서는 식품, 영양 그리고 건강의 기본개념을 제시하고 식생활지침을 제시하고 있다. 2장에서는 수분과 관련된 식품과 영양 지식을 서술하였다. 3장은 탄수화물, 4장은 단백질, 5장은 지질과 관련된 지식을 서술하였다. 6장은 무기질, 7장은 비타민과 관련된 지식을 서술하였다. 8장은 체중조절, 9장은 컬러푸드와 건강기능식품의 내용을 제시하였다. 10장에서는 식품 감각검사와 분자미식학의 내용을 소개하였다.

이 책의 내용을 통해 식품영양학을 배우고 있는 전공자뿐만 아니라 식품영양학에 관심이 있는 학생과 일반인들에게도 많은 도움이 될 수 있기를 바라며 식생활 관련 교육에 통합된 기초 교재로써 많이 활용되기를 바란다.

끝으로 이 책이 출간되기까지 서로 의견을 나누고 최선을 다해 집필하신 저자의 뜻이 독자분에게 전달되기를 바란다. 책의 출간을 위해 힘써주신 교문사 편집부, 영업부 분들에게 감사의 마음을 전해드리는 바이다.

차 례

머리말 4

chapter 1.
식품, 영양 그리고 건강

1 식생활이란 13
2 식품과 영양이란 14
3 식품의 기능과 식품의 성분 15
4 한국인 영양소 섭취기준 19
5 여섯가지 식품군과 식품구성자전거 20
6 식생활지침 22

chapter 2.
수분 식품과 영양

1 수분이란 33
2 수분의 구조와 특성 33
3 식품의 조리, 가공, 저장에 사용되는 수분 34
4 체내에서의 수분 39
5 수분의 기능 42
6 수분의 섭취기준 43
7 주요 급원식품 44

chapter 3.

탄수화물 식품과 영양

1 단당류 55
2 소당류 58
3 다당류 61
4 탄수화물의 체내 기능 77
5 2020 한국인의 탄수화물 섭취기준 81
6 탄수화물의 적정 에너지 구성비율 83
7 한국인의 탄수화물 섭취 실태와 총 당류 섭취기준 84

chapter 4.

단백질 식품과 영양

1 단백질의 개요 및 아미노산의 이해 93
2 펩타이드 결합과 단백질의 종류 98
3 단백질의 입체구조와 변성 102
4 완전단백질, 제한아미노산과 단백질의 질 평가 105
5 단백질의 기능 및 공급 108

chapter 5.
지질 식품과 영양

1 지질의 분류 117
2 지질의 생리적 기능 126
3 지질의 섭취기준 128
4 급원식품 131
5 지방의 산패 139
6 지질 섭취와 관련된 영양건강문제 142

chapter 6.
무기질 식품과 영양

1 무기질의 분류 147
2 산성 식품과 알칼리성 식품 163
3 식품 조리 가공 중의 변화 164

chapter 7.
비타민 식품과 영양

1 비타민 발견의 역사 169
2 지용성 비타민 170
3 수용성 비타민 185

chapter 8.
체중조절 식품과 영양

1 건강체중을 위한 체중조절 205
2 비만이란 205
3 건강한 체중조절 방법 211
4 식사장애 216
5 체중조절용 기능성 식품 218

chapter 9.
컬러푸드와 건강기능식품

1 컬러푸드 223
2 건강기능식품 237

chapter 10.
식품 감각검사와 분자미식학

1 감각검사의 활용 249
2 감각검사의 종류 및 방법 250
3 분자미식학과 분자요리 258
4 분자요리에 사용되는 식품첨가물 266
5 분자미식학, 파인다이닝과 식품산업의 미래 271

참고문헌 274
찾아보기 277

CHAPTER 1

식품, 영양 그리고 건강

CHAPTER 1

식품, 영양 그리고 건강

개요

식품과 영양에 대한 개념을 알고 건강은 단순히 신체적인 건강만이 아니라는 점을 이해해야 할 것이다. 식품을 통해 필요한 영양소를 섭취하여야 하며 영양소의 섭취가 적절하여야 영양불균형을 피할 수 있는 것이다. 최근 식생활에 대한 관심이 높아짐에 따라 단순히 영양소를 제공하거나 기호를 주는 식품의 기능보다는 생리활성을 증진하여 체내 대사에 영향을 주는 식품의 기능이 강조되고 있다. 여러 가지 유행 다이어트 등 식생활의 위해요소를 피하며 영양소 섭취기준과 적절한 식사지침을 준수하여 건강한 식생활을 영위하여야 할 것이다.

1. 식생활이란

현대인의 건강을 위해 식생활의 중요성이 증가됨에 따라 식품과 영양에 대한 관심이 증가되어 이와 관련된 식생활 정보는 현대인이 살아가는데 중요한 요소로 인식되고 있다.

식생활은 인간 생활의 기본적인 요소이며, 생명유지 및 성장에 필요한 영양소를 섭취하기 위해 여러 음식을 먹는 행위를 말한다. 우리나라의 법률에 정한 식생활의 정의를 보면 다음과 같다.

국민영양관리법에 의하면 식생활은 식문화, 식습관, 식품의 선택 및 소비 등 식품의 섭취와 관련된 모든 양식화된 행위로 정의되고 있다. "당신이 먹은 것이 바로 당신이 된다."는 말이 있다. 여러 가지 식품을 잘 조합하여 선택한 후, 다양한 조리를 하여 균형 있는 식사의 형태로 잘 조합해서 섭취하는 것은 신체의 요구에 맞는 영양소를 골고루 섭취할 수 있다는 점에서 매우 중요하다. 식생활교육지원법에서는 "식생활이란, 식품의 생산, 조리, 가공, 식사용구, 상차림, 식습관, 식사예절, 식품의 선택과 소비 등 음식물의 섭취와 관련된 유·무형의 활동을 말한다."라고 정의를 내리고 있다. 그러나 최근 식생활은 영양소의 섭취 이상으로 사회적, 정서적 인간관계의 유지를 위해서도 중요한 역할을 하고 있다.

세계보건기구(World Health Organization)에 의하면 건강이란 신체적, 정신적, 사회적으로 완전하게 양호한 상태이며 단지 질병이 없거나 허약하지 않다는 것만을 의미하지는 않는다. 이러한 건강에 대한 정의는 개인의 생활양식과 관련된 건강관리는 물론이고 개인이 속한 사회의 보건과 건강을 위한 복지정책, 의료시설, 경제적 여건이 잘 관리되어야 양호한 건강상태가 유지될 수 있음을 제시한다.

건강상태는 건강, 준 건강, 준 질병, 질병이라는 네 단계로 분류할 수 있다. 건강인이란 최고 수준의 건강상태를 유지하고 있는 사람이며, 준 건강인이란 건강하긴 하지만 질병상태로 옮겨갈 가능성이 잠재되어 있는 사람을 의미한다. 건강과 질병의 한계선을 긋기란 쉽지 않으며, 건강과 질병은 연속성상에 있으므로 이의 관리가 매우 중요함을 인식하여야 할 것이다.

영양상태는 정상상태에서 불균형이 일어날 경우, 영양불량, 영양과잉상태로 이전될 수 있다. 인체의 영양상태는 영양이 정상인 상태에서 준 영양결핍 혹은 준 영양과잉 상태를 거치게 되고 결국 임상적인 증세를 보이는 영양결핍증이나 영양과잉증에 이르게 된다. 일반적으로 준 영양결핍과 준 영양과잉 상태를 지나치게 될 수 있으며 결국 영양불균형이 도래할 경우 임상적인 문제점이 나타나므로 영양불균형이 나타나지 않도록 올바른 식생활관리에 힘써야할 것이다.

2. 식품과 영양이란

식품(food)은 사람에게 필요한 영양소를 한 가지 이상 함유하며 유해하지 않은 천연식품, 반조리식품, 조리식품 및 가공식품을 통틀어서 하는 말이다. 식품위생법 제1장 제2조 1항에서는 "식품이란 모든 음식물을 말한다. 다만, 의약으로서 섭취하는 것을 제외한다."로 정의하고 있다. FAO/WHO에서는 "인간이 섭취할 수 있도록 완전가공 또는 일부 가공한 것, 가공하지 않아도 먹을 수 있는 것"으로 제시하고 있다.

식품재료란 일반적으로 직접 섭취할 수 없는 원료상태의 것을 말하며 이들을 적절히 처리하여 사람이 먹기에 알맞도록 한 것을 음식이라고 할 수 있다. 예를 들면 쌀과 소맥은 식품이고 이것을 조리한 밥과 빵은 음식이며 과실, 채소, 우유 등은 식품인 동시에 음식이 될 수 있다. 또한, 식량이란 처리, 가공하지 않으면 먹을 수 없는 것으로, 예를 들어 수확된 벼는 식량, 도정된 쌀은 식품재료가 된다. 실제로 식품재료는 엄밀한 구별이 어려운데, 1980년 한국식품과학회 식품행정위원회에서는 "식품재료도 식품이라고 말할 수 있다."라고 하였다.

영양(nutrition)이란 식생활을 통하여 생리작용을 유지하는 물질대사 현상을 뜻한다. 인간은 생명유지와 생리현상의 유지를 위해 식품을 통하여 외부로부터 필요한 물질을 섭취하여 이를 분해하고 이용하며, 지속적으로 식품을 보충하여야 한다. 영양의 유지를 위해 외부로부터 섭취하게 되는 물질을 영양소(nutrient)라고 한다.

우리 몸에 필요한 영양소는 탄수화물, 지질, 단백질, 비타민, 무기질, 물로서 기능은 3가지로 분류할 수 있다. 에너지를 공급하는 에너지영양소, 우리의 몸을 구성하는 구성영양소, 신체의 생리반응을 조절하는 조절영양소로 구분된다.

에너지영양소는 탄수화물, 단백질, 지질로서 체내에서 연소하여 체내 필요한 에너지를 발생한다. 탄수화물은 1g당 4kcal, 단백질은 1g당 4kcal, 지질은 1g당 9kcal의 에너지를 생성한다. 구성영양소는 단백질, 무기질, 물로서 근육, 장기, 뼈, 혈액 등을 구성하는 역할을 한다. 조절영양소는 비타민, 무기질, 단백질로서, 소화, 흡수, 대사, 배설 등 신체의 기능을 조절하는 역할을 한다.

3. 식품의 기능과 식품의 성분

식품의 성분은 일반성분과 특수성분으로 분류된다.

일반성분들은 주로 영양성분을 말하는데, 우선 수분과 고형물로 구분되며, 고형물은 유기물과 무기물로, 유기물은 탄수화물·단백질·지질·비타민으로 나눌 수 있다.

특수성분은 색, 향(냄새), 맛, 효소, 유독물질 등의 원인 성분이 포함되어 있는데, 색, 향, 맛 성분은 주로 식품의 기호적인 가치를 가지는 성분이다.

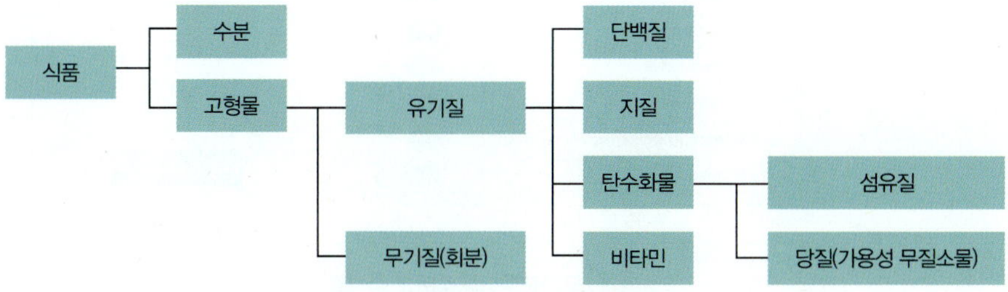

그림 1-1 식품의 일반성분

식품성분표에서는 각 식품에 대한 수분, 단백질, 지방, 섬유, 당질, 회분 등 성분 함량과 비타민과 무기질 함량을 수치로 나타내어주고 있다. 식품성분표를 이용하면 식품에 함유된 영양소 등의 성분을 확인할 수 있다. 우리나라의 경우 농촌진흥청에서 5년 주기로 국가표준식품성분표를 발간하고 있으며, 특히 '국가표준식품성분표 제9개정판'은 국내에서 생산, 소비되는 곡류, 채소류, 과일류 등 총 3,000점 식품에 대한 열량, 무기질, 비타민, 식이섬유 등 43종의 영양성분을 수록하고 있다.

그림 1-2 국가표준식품성분표 검색화면

자료: http://koreanfood.rda.go.kr/kfi/fct/fctFoodSrch/list

식품이 갖는 기능을 3개의 분야로 구분해보면 크게 1차 영양기능, 2차 기호기능, 3차 생체조절기능으로 나눌 수 있다. 기본적으로 식품에 포함된 영양소가 생명유지를 위해 반드시 필요하다는 1차적인 식품의 영양기능이 강조되었다가, 제2차 세계대전 후에 식품산업이 발달하면서 되고 2차적인 식품의 기호기능이 강조되고 식품의 기호성을 향상시킨 가공식품이 다양하게 등장하게 되었다. 최근 건강지향적인의 관점에서 3차적인 식품의 생체조절기능이 강조되고 있다.

1) 1차 : 영양기능

영양기능은 식품이 갖는 1차 기능으로 생명유지기능이라고 한다. 식품에 함유된 영양소는 생명유지를 위해 반드시 섭취되어야 하는 성분이다. 영양소의 과 부족이 없는 균형 있는 영양섭취는 신체의 정상적인 발달을 돕고 스트레스에도 비교적 잘 견딜 수 있게 한다.

2) 2차 : 기호기능

기호기능은 식품의 2차 기능으로 식품의 감각 특성에 의한 영향을 말하는 것이다. 식품을 섭취할 때 느끼는 기호는 식품을 먹게 되는 동기로서 아무리 영양적으로 우수한 식품이라도 식품의 색, 향, 맛 텍스쳐 등이 우리의 기호를 만족시키지 못하면 식품의 가치는 많이 떨어지게 된다.

3) 3차 : 생체조절기능

생체조절기능은 식품의 3차 기능으로 신체에 생리적 활성을 부여하는 역할을 말한다. 식품에 함유된 기능성 성분으로 인해 신체의 리듬조절, 질병에 대한 예방과 치유, 면역력 부활, 알레르기 감소기능 그리고 노화방지기능 등 인간의 건강과 장수에 직결되는 역할을 수행하는 기능을 말한다. 이러한 생리적 조절기능을 갖춘 식품은 식품과 의약품의 성질을 이중적으로 포함하는 "21세기의 식품"이라고 불리기도 한다.

일상으로 주로 섭취되는 식품은 약 300여종이라 하지만 구황식품의 경우 매우 다양하게 소비되고 있다. 식품의 종류는 여러 관점에 따라 다음과 같이 분류된다.

공급원에 따른 분류

- 식물성 식품 : 곡류, 서류, 두류, 채소류, 과일류, 해조류, 버섯류
- 동물성 식품 : 수조육류, 어패류, 유(乳)류, 난(卵)류
- 광물성 식품 : 소금

영양에 따른 분류

- 열량 공급원 식품 : 곡류, 서류, 전분류, 설탕류, 유지류, 견과류
- 단백질 공급원 식품 : 두류, 어패류, 수조육류, 유류, 난류
- 비타민과 무기질 공급원 식품 : 녹황색 채소(비타민 A), 감귤류와 토마토(비타민 C), 그밖의 과일류, 채소류, 해조류
- 기호품류 : 조미료, 소금, 주류, 과자, 차, 커피, 청량음료

소비성에 따른 분류

- 영양강화식품(enriched food)
- 인스턴트식품(instant food)
- 치료식품(diet food)
- 구황식품(emergency food)
- 진공동결식품(vacuum freeze dried food)
- 우주식품(space food)

식품의 생산 양식에 따른 분류

- 농산식품 : 곡류, 두류, 서류, 과채류 등
- 축산식품 : 식육류, 우유, 난류 등
- 수산식품 : 어류, 갑각류, 조개류, 해조류 등
- 발효식품 : 주류, 장류 등

식품수급표는 국민에게 공급되는 식품의 수급 상황과 1인 1일당 식품공급량 및 영양공급량을 제시하고 있는 자료이다. 식품공급표에서는 곡류, 서류, 설탕류, 두류, 견과류, 종실류, 채소류, 과실류, 육류, 계란류, 우유류, 어패류, 유지류, 주류로

분류하여 식품수급상황을 보급하고 있다.

4. 한국인 영양소 섭취기준

우리나라에서는 1962년부터 국민의 건강한 식생활을 위해 영양권장량을 제정하여 사용하였다. 세계 식량농업기구(FAO)와 국민의 체위 향상, 식량생산과 공급, 국민 보건 개선을 위하여 한국인 영양권장량을 제정하였으며, 1967년, 1975년, 1980년, 1985년, 1989년, 1995년, 2000년에 걸쳐 개정을 거듭해 왔다. 그러나 2005년 8차 개정에서는 영양권장량의 개념을 확대할 필요성에 따라 영양소 섭취기준, 즉 평균필요량, 권장섭취량, 충분섭취량, 상한섭취량을 제정하게 되었다. '2020 한국인 영양소 섭취기준'은 보건복지부에서 「국민영양관리법」에 근거하여 국가차원에서 2015년에 처음으로 제정한 이후, 국민의 건강증진을 위해 개정되었다. 보통 정도의 노동을 하는 건강한 사람들이 건강을 최적의 상태로 유지하고 만성질환 예방을 위한 에너지 및 각 영양소의 적정섭취 수준을 제시한 것이다.

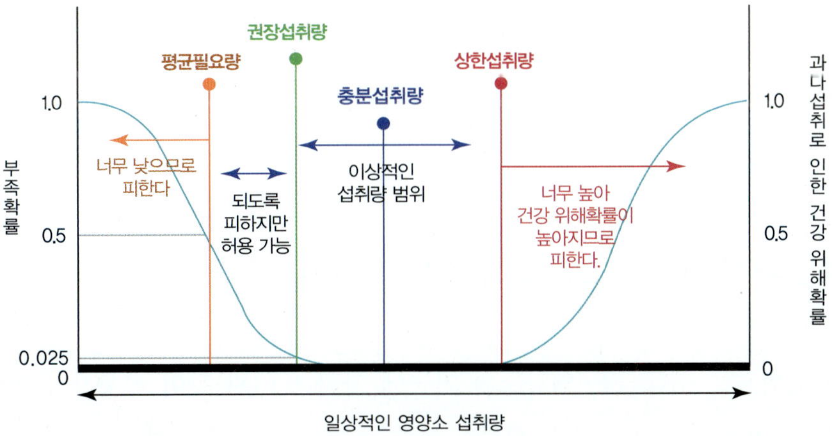

그림 1-3 영양소 섭취기준

① **평균필요량(Estimated Average Requirement, EAR)** 건강한 사람들의 일일 영양

소 필요량의 중앙값으로부터 산출한 수치로 영양소의 필요량에 대한 과학적 근거가 충분한 경우 설정 가능하다.

② **권장섭취량**(Recommended Nutrient Intake, RNI) 건강한 인구 집단의 97~98%에 해당하는 사람들의 영양소 필요량을 충족시키는 섭취기준으로 상당수 사람들이 필요로 하는 양보다 높은 수치이다.

③ **충분섭취량**(Adequate Intake, AI) 평균필요량(EAR)과 권장섭취량(RNI)을 설정하기 위한 과학적 근거가 충분하지 않을 때 건강한 인구집단의 영양소 섭취량을 실험적으로 추정하여 충분섭취량을 설정한다.

④ **상한섭취량**(Tolerable Upper Intake level, UL) 인체에 유해한 영향이 나타나지 않는 최대 영양소 섭취 수준으로 과량 섭취의 유해 영향에 대한 과학적 근거 확보시 설정이 가능하다.

⑤ **만성질환위험감소섭취량**(Chronic Disease Risk Reduction intake, CDRR) 건강한 인구집단에서 만성질환의 위험을 감소시킬 수 있는 영양소의 최저 수준의 섭취량으로 이 기준보다 영양소 섭취가 높은 경우, 섭취를 낮추면 만성질환의 위험도를 낮출 수 있는 수준이다.

⑥ **에너지적정비율**(Acceptable Macronutrient Distribution Ranges, AMDR) 전체 에너지 섭취량에 대한 에너지 공급 영양소(탄수화물, 지질, 단백질) 섭취비율의 적정 범위로 건강 관련성에 대한 과학적 근거에 따라 설정한다.

5. 여섯가지 식품군과 식품구성자전거

우리가 섭취하는 식품들은 영양소와 기능에 따라 **표 1-1**과 같이 여섯가지 식품군으로 나눌 수 있다.

우리 신체에서 세포를 만들고 유지하는데 필요한 에너지와 영양소를 제공하는 식품은 비슷한 급원 영양소에 따라 여섯가지의 식품군으로 구분된다.

표 1-1 여섯가지 식품군 분류

식품군	주요 함유영양소	식품 종류
곡류	탄수화물	밥, 국수, 빵, 옥수수, 떡, 감자, 고구마 등
고기, 생선, 달걀, 콩류	단백질, 비타민, 무기질	소고기, 닭고기, 돼지고기, 각종 생선, 달걀, 두부, 두유, 콩류, 견과류
채소류	비타민, 무기질	오이, 당근, 시금치, 토마토, 나물류, 가지, 호박, 각종 김치, 해조류, 버섯류 등
과일류	비타민, 무기질, 식이섬유소	수박, 사과, 복숭아, 딸기 배 등 각종 과일류와 과일 주스
우유, 유제품류	단백질, 무기질(칼슘)	우유, 치즈, 요구르트, 아이스크림
유지, 당류	지질, 단순당류	식물성 기름, 버터, 마요네즈, 커피프림, 꿀, 설탕, 사탕

① **곡류** 탄수화물을 제공해주는 식품으로 곡류나 전분류가 이에 해당된다. 총 섭취 열량의 60~70% 이상을 이들 식품으로부터 공급받는다.

② **고기·생선·달걀·콩류** 신체를 구성하는 영양소인 단백질의 급원식품군으로 근육조직을 생성하고 열량을 공급해준다.

③ **채소류** 비타민과 무기질, 식이섬유의 좋은 급원식품으로 당뇨, 심혈관계 질환과 같은 만성질환을 예방한다.

④ **과일류** 수분, 비타민, 무기질, 식이섬유의 급원식품으로 종류에 따라 함유 비타민 또는 무기질이 다르며, 채소류와 마찬가지로 만성질환을 예방한다.

⑤ **우유·유제품류** 골격과 치아를 구성하는 칼슘의 함량이 높은 급원식품으로 구성되었다.

⑥ **유지·당류** 유지는 조리시 사용되어 음식의 맛과 질감, 풍부한 향미에 도움을 주며 열량을 공급한다.

각 식품군은 우리 몸에 필요한 열량, 탄수화물, 단백질, 비타민, 무기질 등을 공급해주고 있다. 그러나 식품군별로 제공하는 영양소에는 조금 차이가 있으므로, 식품군을 고려하여 끼니마다 다양한 식품을 적당량 섭취하는 것이 바람직하다.

그림 **1-4** **식품구성자전거**
자료: 보건복지부·사)한국영양학회, 2020 한국인 영양소 섭취기준 활용, 2021.

한국영양학회에서는 식사구성안을 제시하여 일반인에게 영양섭취기준에 만족할 만한 식사를 제공할 수 있도록 식품군별 대표 식품과 섭취 횟수를 이용하여 식사의 기본 구성개념을 설명하고 있다. 또한 식품구성자전거는 6개의 식품군에 권장식사패턴의 섭취횟수와 분량에 맞추어 바퀴 면적을 배분한 형태로, 기존의 식품구성탑보다 다양한 식품 섭취를 통한 균형잡힌 식사와 수분 섭취의 중요성 그리고 적절한 운동을 통한 비만 예방이라는 기본 개념을 나타내고 있다. 또한 식품군별 대표식품의 1인 1회 분량을 기준으로 섭취 횟수를 활용하여 개인별 권장섭취패턴을 계획하거나 평가할 수 있도록 하였다.

6. 식생활지침

당뇨, 고혈압, 심혈관계 질환 등의 만성질환 감소와 비만관리, 위생적인 식문화 개선을 위해 보건복지부, 농림축산식품부, 식품의약품안전처가 공동으로 이와 관련

한국인을 위한 식생활지침

1. 매일 신선한 채소, 과일과 함께 곡류, 고기·생선·달걀·콩류, 우유·유제품을 균형있게 먹자.
2. 덜 짜게, 덜 달게, 덜 기름지게 먹자.
3. 물을 충분히 마시자.
4. 과식을 피하고, 활동량을 늘려서 건강체중을 유지하자.
5. 아침식사를 꼭 하자.
6. 음식은 위생적으로, 필요한 만큼만 마련하자.
7. 음식을 먹을 땐 각자 덜어 먹기를 실천하자.
8. 술은 절제하자.
9. 우리 지역 식재료와 환경을 생각하는 식생활을 즐기자.

자료: 보건복지부, 농림축산부, 식품의약품안전처, 4.14.2021.

한 국민의 건강하고 균형잡힌 식생활 수칙을 제시하는 한국인을 위한 식생활지침을 발표하였다(2021년 4월 14일).

「국민영양관리법」 제14조 및 동법 시행규칙 제6조는 보건복지부장관이 식생활지침을 매 5년 주기로 제·개정하여 발표 및 보급하도록 규정하고 있으며, 2016년부터 보건복지부, 농림축산식품부, 식품의약품안전처가 공동으로 지침을 마련하여 발표하였다. 식생활지침 국민영양관리법에 근거하여 2016년 국민 공통 식생활지침을 발표한 이후 5년 만에 건강한 식생활을 위해 일반대중이 쉽게 이해할 수 있고 일상생활에서 실천할 수 있도록 식품 및 영양섭취, 식생활 습관, 식생활 문화 분야의 수칙을 도출하여 제시하였다. 또한 각 부처에서 건강한 식생활과 관련하여 강조하고 있는 정책적 사항들을 실생활에 적용할 수 있는 권장 수칙으로 마련되었다.

한국인을 위한 식생활지침은 다음 3분류로 분류되어 강조될 수 있다.

1) 식품 및 영양섭취 관련 지침

식품 및 영양섭취와 관련하여서는 만성질환 예방을 위해 균형 있는 식품섭취, 채소·과일 섭취 권장, 나트륨·당류·포화지방산 섭취 줄이기 등을 강조하였다.

우리나라 국민의 과일·채소 섭취는 감소 추세, 음료류·육류 섭취는 증가 추세

식품 및 영양섭취 관련 지침

1. 매일 신선한 채소, 과일과 함께 곡류, 고기 · 생선 · 달걀 · 콩류, 우유 · 유제품을 균형있게 먹자.
2. 덜 짜게, 덜 달게, 덜 기름지게 먹자.
3. 물을 충분히 마시자.

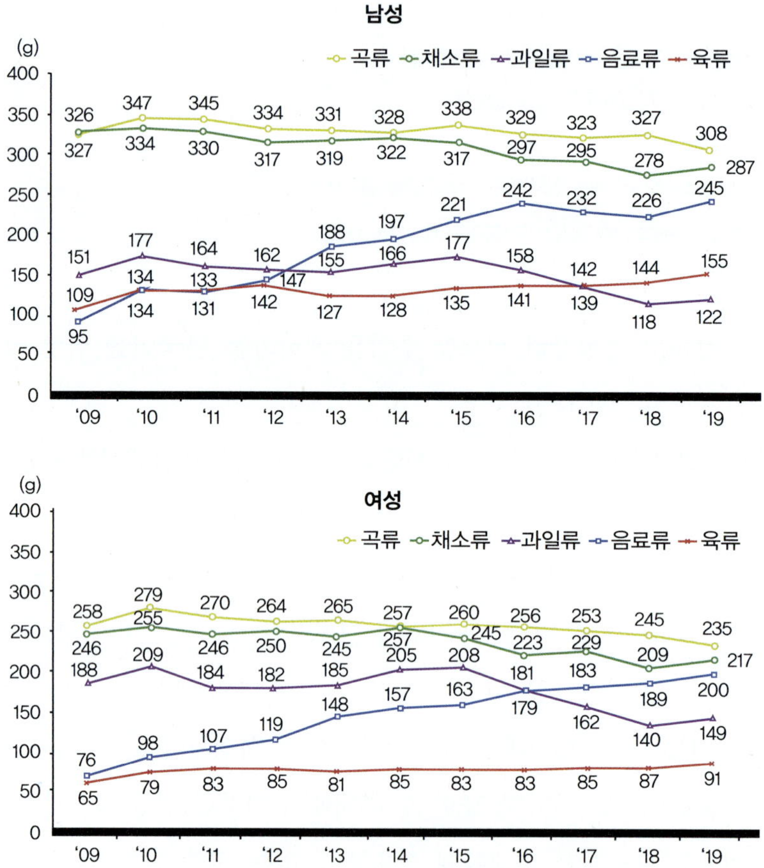

그림 **1-5** **남녀별 1일 1인당 식품군별 섭취량(2018년)**
자료: 질병관리청, 2019 국민건강통계, 2020.

에 있다. 과일 및 채소 1일 500g 이상 섭취자 분율은 2015년도에 40.5%에서 2017년도에 34.4%로 2019년도에 31.3%로 감소되었다(그림 **1-6**).

또한 2019년도 국민건강영양조사에 따르면 우리 국민의 나트륨 섭취는 3,289mg로 나타났다. 2020 한국인 영양소섭취기준에서 성인의 나트륨 만성질환위험감

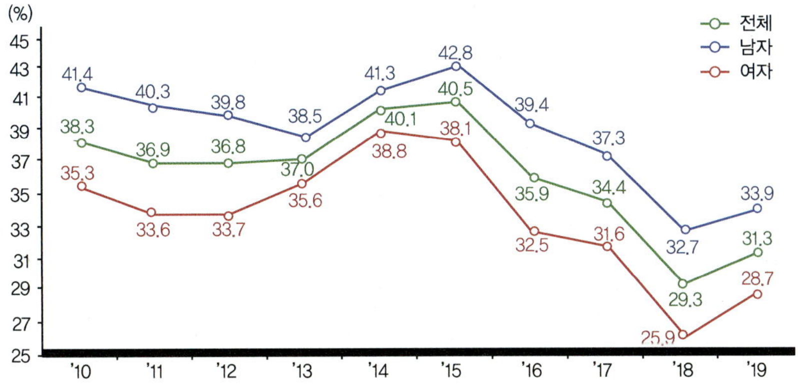

그림 1-6 과일 및 채소 1일 500g 이상 섭취자 분율 추이(만 6세 이상) (2018년)
자료: 질병관리청, 2019 국민건강통계, 2020.

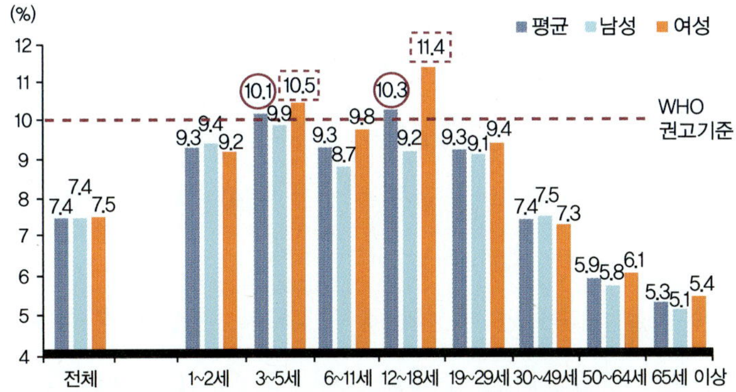

그림 1-7 성별, 연령별 가공식품을 통한 당류 섭취비율(%) (2018년)
자료: 식품의약품안전평가원, 영양성분 노출평가 및 위해평가 플랫폼 개선 연구, 2020.

소섭취량은 2,300mg/일로 제시되었다. 특히 19~64세 성인 남성은 하루 평균 4,031~4,487mg를 섭취해 1일 권고량의 2.0~2.2배 수준이고, 같은 연령대 여성보다 1,000mg 이상 섭취하는 수준이었다. 특히 우리 국민의 가공식품을 통한 당류 섭취는 36.4g으로 1일 총열량(1,968 kcal)의 7.4% 수준을 보였다. 이는 WHO 권고기준(10%)보다 낮은 수준이나, 3~5세(유아)는 10.1%, 12~18세(청소년)는 10.3%로 WHO 권고기준(10%)을 초과하는 것으로 나타났다.

물 충분섭취자 비율, 즉 1일 총 물 섭취량이 성별·연령별 1일 물 충분섭취량 이상인 경우를 보면 2015년에 42.7%, 2017년 42.1%, 2018년에는 39.6%로 감소하는 추세가 나타났다고 한다.

2) 식생활 습관 관련 지침

식생활 습관 관련 지침에서는 과식을 피하고 신체활동을 늘리기, 아침식사하기, 술 절제하기 등 비만을 예방할 수 있는 수칙들을 제시하였다.

> **식생활 습관 관련 지침**
>
> 4. 과식을 피하고, 활동량을 늘려서 건강체중을 유지하자.
> 5. 아침식사를 꼭 하자.
> 8. 술은 절제하자.

우리나라 성인 비만율과 아동·청소년 비만율은 꾸준히 증가 추세에 있다. 신체활동 실천율, 아침식사 결식율, 고위험음주율 등은 개선되고 있지 않아 이에 대한 지속적인 관리가 필요하다. 2019년 전체 비만율은 41.8%로 나타났으며 남성의 경우 33.8%, 여성의 경우 25.0%로 나타났다(그림 1-8).

아침식사 결실률을 살펴보면 남성의 경우 32.2%, 여성의 경우 30.4%로 나타나고 있으며 지속적으로 상승하는 추세를 보여주고 있다(그림 1-9). 연령별 아침식사 결식률을 보면 20대가 54%, 30대가 43.8%로 나타나고 있다(그림 1-10).

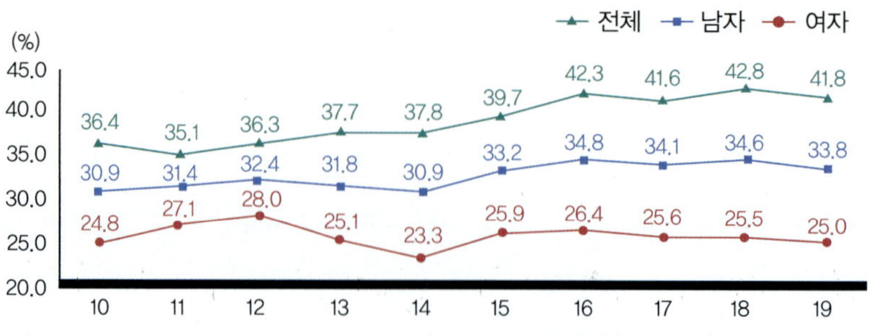

그림 1-8 성인 비만 유병률 추이(%)
자료: 질병관리청, 2019 국민건강통계, 2020.

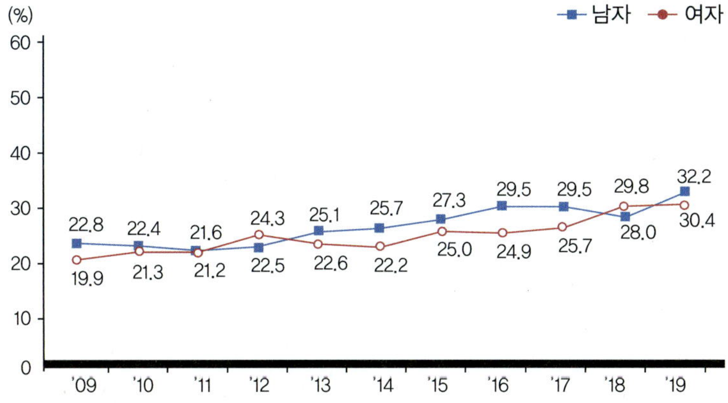

그림 1-9 아침식사 결식률
자료: 질병관리청, 2019 국민건강통계, 2020.

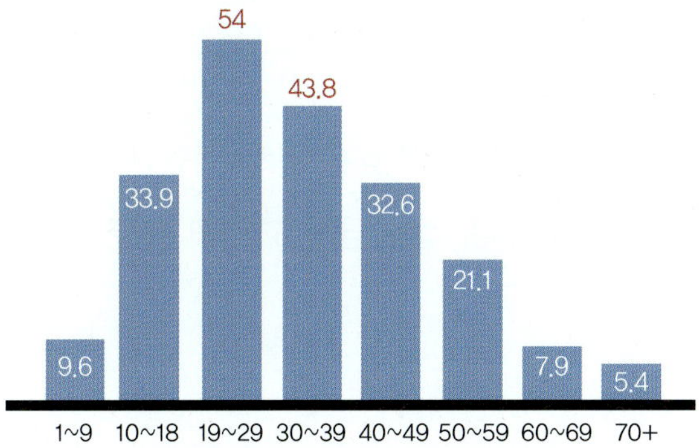

그림 1-10 연령별 아침식사 결식률
자료: 질병관리청, 2019 국민건강통계, 2020.

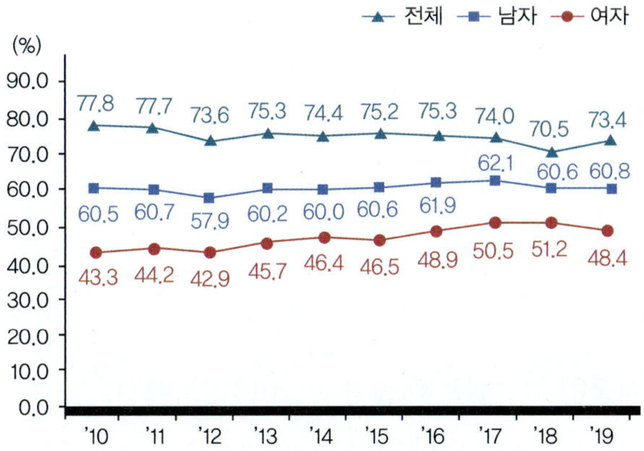

그림 1-11 월간음주율
자료: 질병관리청, 2019 국민건강통계, 2020.

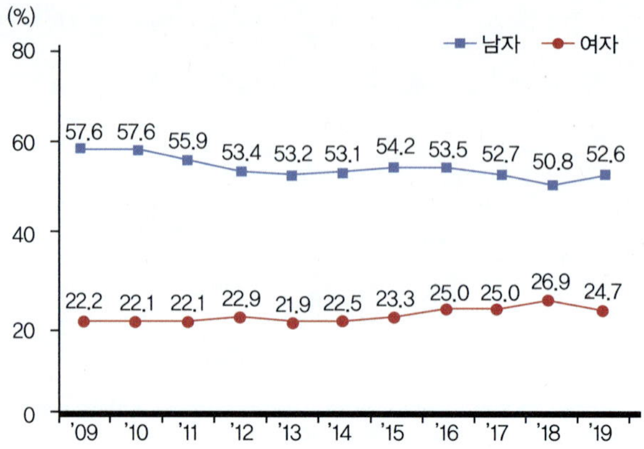

그림 **1-12 월간폭음률**
자료: 질병관리청, 2019 국민건강통계, 2020.

월간폭음률이란 최근 1년 동안 월 1회 이상 한 번의 술자리에서 소주를 기준으로 남자 7잔, 여자 5잔 이상 음주한 분율을 뜻하며 월간음주율, 월간폭음률 등 음주 관련 지표는 답보 상태에 있다. 성인 남성 5명 중 1명은 고위험음주자인 것으로 나타났다.

3) 식생활 문화 관련 사항

식생활 문화 관련 지침에서는 코로나19 이후 위생적인 식생활 정착, 지역 농산물 활용을 통한 지역경제 선순환 및 환경보호를 강조하였다.

식생활 문화 관련 지침

6. 음식은 위생적으로, 필요한 만큼만 마련하자.
7. 음식을 먹을 땐 각자 덜어 먹기를 실천하자.
9. 우리 지역 식재료와 환경을 생각하는 식생활을 즐기자.

우리나라의 음식물류 폐기물 배출량은 2013년도에 12,501톤/일에서 2015년도에 14,220톤/일, 2017년도에 14,400톤/일, 2019년도에 14,314톤/일로 증가하는 경향을 나타내었다(환경부, 전국 폐기물 발생 및 처리현황, 2020). 농림축산식품부의 식문화 개선 관련 인지도·실천율 설문조사(2020)에 따르면 식문화 개선 인지도 및 실천율은 증가 추세에 있는 것으로 나타났다. 식문화 개선 관련 인지도 문항인 '식문화 개선 취지를 이해하고 있다.' 문항의 2차(10월) 조사 응답율은 77%, 3차(12월) 조사 응답율 80.9%로 나타났고, '식문화개선 홍보, 캠페인을 알고 있다' 문항은 응답율 92.3%로 나타났다. 식문화 개선 실천율 문항인 '덜어먹기를 일상에서 실천하고 있다'는 1차(7월) 조사에서 65.8%, 2차(10월) 조사에서 76%, 3차(12월) 조사에서 81.4%로 증가하였다. 또한 '외식에서 덜어먹고 있다' 문항의 2차(10월) 조사 응답율은 83%, 3차(12월) 조사 응답율은 87.2%이었으며, '국자, 앞접시 등을 적극 활용한다' 문항의 응답율은 2차 조사(85%), 3차(12월) 조사 89.5%로 나타났다(농림축산식품부. 식문화 개선 인지도 및 실천율 설문조사, 2020). 지역푸드플랜은 지역 내 생산-소비 연계 강화, 취약계층 영양 개선 등 먹거리 복지, 농산물 안전관리 및 환경부담 완화 등을 포함한 지역단위 먹거리 선순환 종합전략으로 농식품부는 지역에서 생산된 농산물(로컬푸드)을 기반으로 지역 푸드플랜을 실행하여 지역경제 활성화와 함께 신선한 먹거리 제공, 푸드 마일리지 감소 등 환경보호를 추구하고 있다.

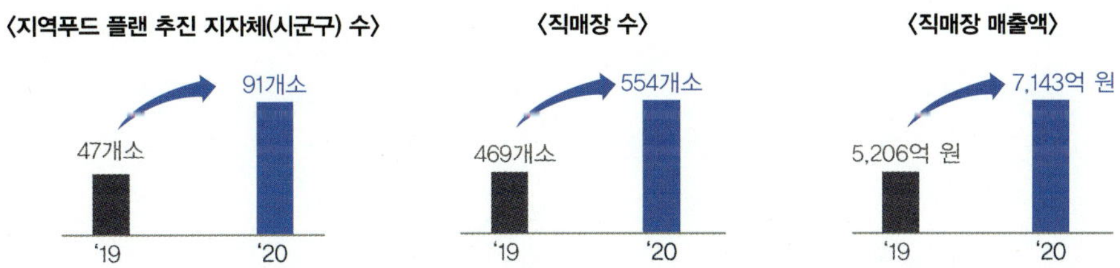

그림 1-13 지역푸드플랜 및 로컬푸드 직매장 현황
영세농(0.5ha 미만) 직매장 참여 : ('19) 13천명 → ('20) 18천명
직매장 소비자 회원수 : ('19) 1,360천명 → ('20) 4,382천명

CHAPTER 2

수분 식품과 영양

CHAPTER 2

수분 식품과 영양

개요

수분(물)은 화학적으로 수소와 산소의 결합물이며 온도에 따라 액체, 고체, 기체 상태를 이룬다. 식품 속의 물은 결합수, 준결합수, 자유수의 상태로 존재한다. 조리과정에서의 물은 열의 전도체 및 분산매로서 작용하며 분산상의 크기에 따라 진용액과 교질용액, 부유상태로 나뉘며 각 용액은 고유의 성질을 지닌다. 식품 중의 수분함량은 대기 중의 습도 및 환경조건에 따라 변동되며, 수분활성은 식품의 변질이나 안전성에 영향을 미친다. 수분은 생물체 구성하는 성분 중 가장 많은 비율을 차지하며, 인간의 생명유지와 체내의 대사에도 반드시 필요한 성분이다. 수분은 물, 음료 등의 액체류 뿐만 아니라 식품에도 수분이 함유되어 있기 때문에 식품을 통해서도 수분을 섭취할 수 있다.

1. 수분이란

수분은 탄수화물, 단백질, 지질, 비타민, 무기질 등과 함께 6대 영양소 중 하나이다. 수분은 인체 내에서 여러 종류의 생화학 반응, 삼투현상, 영양소와 노폐물 운반 등의 생리적 기능에 관여한다. 수분은 체내 항상성 유지의 측면에서 볼 때 중요하며, 수분을 섭취하지 않은 상태에서는 2~3일 이상 생명을 유지하기가 어렵다.

식품의 수분은 식품 내부의 화학적 변화를 촉진하는 용매와 운반체로 작용한다. 또한 식품의 수분함량은 미생물들의 성장과도 깊은 관계가 있으며, 식품의 성질이나 물질이 변하는 원인이 되기도 한다.

2. 수분의 구조와 특성

순수한 수분, 즉 물은 수소(H)와 산소(O)로 된 물질이다. 물 한 분자는 수소원자 2개와 산소원자 1개가 공유결합되어 있어 분자식은 H_2O이고 구조는 그림 **2-1**과 같다.

물 분자의 수소원자는 양(+) 전하를, 산소원자는 음(-) 전하를 갖는다. 수소원자는 다른 물 분자의 산소원자와 약하게 결합하는데, 이러한 물 분자 간의 결합을 수소결합이라고 한다. 물 분자는 다른 물 분자들과 수소결합에 의해 여러 분자가

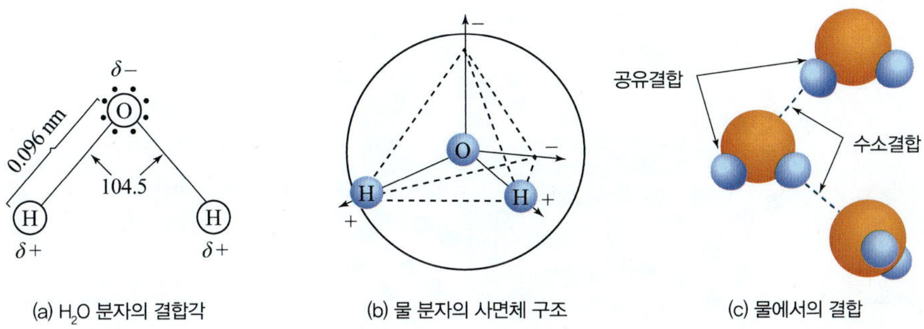

그림 **2-1** 수분의 구조

연결된 상태로 존재하여 분자의 끌어당기는 힘이 매우 크다. 그래서 물과 비슷한 작은 분자에 비해 녹는점과 끓는점이 높고, 물의 상태가 고체에서 액체, 액체에서 기체로 변할 때는 높은 에너지가 필요하다. 즉 1g의 물이 고체에서 액체로 상태가 바뀔 때는 80cal가 필요하고, 액체에서 기체로 바뀔 때는 540cal가 필요하다.

우리가 마시거나 식품의 구성 성분으로 존재하는 물은 순수한 물과는 다르게 칼슘, 나트륨, 칼륨, 마그네슘, 불소 등과 같은 무기질을 함유하고 있다. 시중에서 판매되고 있는 먹는샘물에도 이러한 무기물의 함량이 제시된 것을 볼 수 있다.

무기물질	칼슘(Ca)	칼륨(K)	나트륨(Na)	마그네슘(Mg)	불소(F)
함량(mg/L)	2.5~4.0	1.5~3.4	4.0~7.2	1.7~3.5	불검출

그림 2-2 시중 판매되고 있는 먹는샘물의 무기물 함량의 예

3. 식품의 조리, 가공, 저장에 사용되는 수분

1) 식품에 존재하는 수분

식품에 존재하는 수분은 식품과 결합한 정도에 따라 결합수, 준결합수, 자유수로 나눈다(그림 2-3). 결합수(bound water)는 식품 속의 당질, 단백질 등과 같은 성분에 단단히 결합되어 있어 이동할 수 없고, 조직으로부터 물의 기능을 하지 못한다. 준

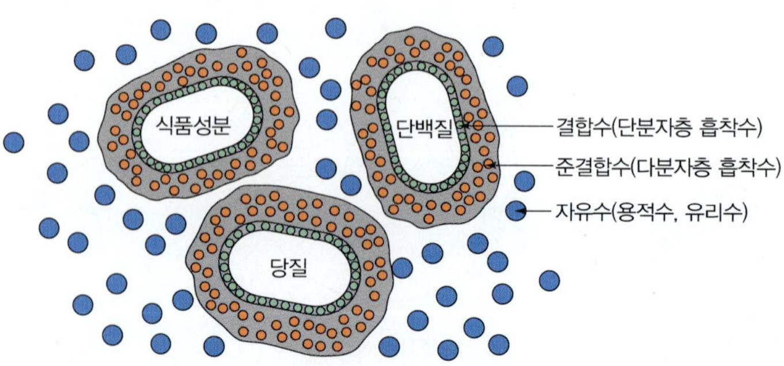

그림 2-3 식품 속 결합수, 준결합수, 자유수의 분포

결합수(inter-mediate water)는 결합된 힘은 약하지만 자유롭게 움직일 수 없는 물이다. 자유수(free water)는 자유롭게 움직이고 가열과 건조에 의해 쉽게 제거되며, 유리수라고도 한다.

2) 조리과정에서 물의 작용

(1) 열의 전도체

식품 조리 시 물의 역할 중 하나는 가열기구에서 식품으로 열을 전달하는 것이다. 냄비나 팬 등의 용기에 식품만 넣고 가열을 하게 되면 그 식품이 채 익기도 전에 타게 될 것이다. 그러나 식품이 담긴 냄비나 팬에 물을 붓고 가열을 하면 가열기의 에너지가 냄비나 팬을 통하여 물로 전달되고 가열된 물은 대류를 일으켜 그 온도는 고르게 흩어질 것이다. 따라서 식품을 물과 함께 가열하면 식품이 열을 전달받으면서 타지 않고 알맞게 익게 된다.

(2) 분산매

물은 식품 내에 함유되어 있는 가용성 성분을 녹이는 용매로서 그 역할이 매우 크다. 식품에 함유되어 있는 물질들의 크기에 따라 진용액, 교질용액, 부유상태를 형성한다. 진용액(true solution)은 물에 소금, 설탕, 수용성 비타민, 무기질과 같은 1nm 이하의 작은 물질이 녹아있는 용액을 말한다. 진용액은 이온성(ionic) 용액과 분자성(molecular) 용액으로 나뉜다. 소금(NaCl)은 나트륨 이온과 염소 이온으로 분

그림 2-4 진용액의 분산 상태

산되는 이온성 용액이고, 설탕은 분자 상태로 분산된 분자성 용액이다(그림 **2-4**).

식품 속 성분 중에는 진용액을 형성하지는 않으나 물에 흩어질 수 있는 것이 있다. 이러한 상태의 용액을 교질용액 또는 콜로이드용액(colloidal solution)이라고 한다. 교질용액은 분산되어 있는 물질의 크기가 약 1~100nm로 진용액을 형성하는 물질보다 크다. 액체나 기체에 분산되어 있는 교질용액 입자는 상하좌우 불규칙한 브라운 운동을 한다. 교질용액을 형성하는 입자는 불안정해서 외부의 조건에 영향을 받아 안정성을 잃고 침전하는 경향이 있다. 우유나 두유에 산이나 무기염 등을 첨가하면 침전 현상을 일으킨다. 이러한 원리를 이용하여 제조한 식품이 우유를 이용한 치즈와 두유를 이용한 두부이다.

부유상태(suspension)로 분산되어 있는 물질은 크기가 100nm 이상으로, 물에 용해되지 않고 교질상태로도 분산되어 있지 않다. 냉수에 밀가루나 전분을 풀어 놓은 것이 대표적인 예이다.

3) 수분활성과 식품의 보존

(1) 수분활성

식품에 존재하는 수분함량은 보통 %로 표시하는 경우가 많으나 식품 주변의 온도와 습도에 의해 변화한다. 식품을 대기 중에 방치할 경우, 대기 중의 습도가 높으면 식품은 수분을 빨아들이고, 낮으면 식품은 건조되어 평형상태에 이른다. 식품 중의 수분함량은 식품 자체의 수분함량과 대기의 상대습도 간의 상관관계에 영향을 받으므로 대기 중의 상대습도를 고려한 수분함량으로 표시하는 것이 바람직하다.

수분활성도(water activity, Aw)는 일정 온도에서 식품이 나타내는 수증기압과 순수한 물의 수증기압의 비로 나타낸다.

$$\text{수분활성도(Aw)} = \frac{\text{같은 온도에서의 식품이 나타내는 수증기압}}{\text{순수한 물의 수증기압}}$$

식품 중에는 결합수가 존재하므로 같은 온도에서 식품의 수증기압은 순수한 물의 증기압보다 작다. 즉, 순수한 물의 수분활성도는 1이고, 식품의 수분활성도는 1보다 작다. 수분활성 0.95는 소금농도 8%, 설탕농도 44%와 같고, 수분활성이 0.7보다 작으면 미생물이 번식하지 않는다. 중간수분식품(Intermediate Moisture Food, IMF)은 수분함량이 10~40% 정도로, 수분활성도가 0.65~0.85인 식품이다. 된장, 간장, 잼, 젤리 등의 식품으로 세균의 생육이 억제되어 냉장이나 가열을 하지 않아도 먹을 수 있다. 우주식은 최초로 개발된 중간수분식품이다. 우주식의 보존성을 높이기 위해 다가 알코올과 설탕을 가하여 수분활성도를 낮추고 블랜칭 처리를 하거나 항균제, 항곰팡이제, 항산화제를 첨가하기도 한다.

표 **2-1** 다양한 식품의 수분활성

구분	수분활성(Aw)	소금(%)	설탕(%)	식품의 종류
자유수가 많다	1.00~0.95	0~8	0~44	신선육, 과일, 채소, 시럽에 절인 과일 통조림, 조리된 소시지, 버터, 저염 베이컨
	0.95~0.90	8~14	44~59	프로세스치즈, 빵류, 생햄, 드라이 소시지, 고염 베이컨, 농축 오렌지주스
	0.90~0.80	14~19	59~포화 (Aw 0.75)	체다치즈, 가당연유, 잼, 마가린
	0.80~0.70	19~포화 (Aw 0.75)	–	당밀, 고농도 염장어, 과일케이크, 말린 무화과, 건멸치, 훈제오징어, 드라이 소시지, 마멀레이드
	0.70~0.60	–	–	파마산치즈, 건조과일, 콘시럽, 밀가루, 곡류, 두류
	0.60~0.50	–	–	초콜릿, 벌꿀, 국수
	0.4	–	–	건조란, 코코아
	0.3	–	–	건조감자크래커, 감자칩, 비스킷, 크래커, 케이크믹스, 녹차, 인스턴트커피
결합수가 많다	0.2	–	–	분유, 건조채소, 콘플레이크

자료: 조신호 외(2020), 새로 쓰는 식품학.

(2) 식품의 보존

식품은 미생물의 성장과 번식, 산화, 갈변, 가수분해 그리고 효소활성 등에 의해 부패 및 변질하게 된다. 이러한 작용은 식품의 수분활성과 관련이 있다. 따라서 식품의 수분활성을 낮추면 식품의 부패 및 변질을 방지할 수 있다. 식품의 수분활성을 낮추는 방법은 건조, 용질의 첨가, 냉동 등의 방법이 있다.

① 건조 식품의 수분함량을 낮추어 자유수의 양을 감소시키는 방법이다. 식품을 건조하는 방법은 자연건조 방법인 천일건조와 자연동결건조가 있고, 인공건조 방법인 열풍건조, 드럼건조, 진공건조, 동결건조 등이 있다. 건조 상태에서도 지방의 산패가 일어나고 복원성도 변하기 때문에 이에 대한 주의가 필요하다.

식품의 건조 방법

- 천일건조: 태양의 복사열과 바람으로 표면의 수분을 제거하는 방법이다.
- 자연동결건조: 겨울철의 야간 기온이 −5℃ 전후이고, 주간 기온이 0℃ 이상인 지역에서 할 수 있는 건조방법으로, 야간에는 식품 중의 수분이 얼고 주간에는 녹으면서 수분이 증발하는 방법이다.
- 열풍건조: 송풍기와 열원을 이용하여 만들어진 열풍에 식품을 노출시켜 건조하는 방법이다.
- 드럼건조: 액체, 퓨레, 페이스트 등의 식품을 뜨거운 드럼 표면에 가해 얇은 피막의 형태로 건조되는 방법이다.
- 진공건조: 선반에 담긴 식품을 감압이나 진공상태로 유지하면 낮은 온도에서도 수증기 증발이 일어나서 건조되는 방법이다.
- 동결건조: 낮은 압력에서 얼음이 액체로 녹는 과정 없이 바로 기체인 수증기로 승화되는 현상을 이용하여 식품을 건조하는 방법이다.

② 용질의 첨가 식품의 수증기압은 식품 속 수분에 녹아 있는 용질의 종류와 양에 영향을 받는다. 즉, 식품 속에 함유된 용질의 몰수가 크면 수분활성이 낮아진다. 식품에 설탕이나 소금 등의 용질을 첨가하면 식품 속 자유수가 용질과 결합함으로써 수분함량은 낮추지 않고 상대적으로 결합수의 양을 증가시켜 수분활성은 낮아진다. 대표적인 식품으로 잼, 마멀레이드, 절임식품 등이 있다.

③ 냉동 식품의 자유수를 동결시켜 수분활성을 낮추는 방법이다. 미생물의 성장과 증식의 억제, 식품 효소 촉매 반응을 저하시켜 화학적 변화를 억제하여 식품을 오랜기간 보존할 수 있다. 모든 식품이 냉동저장이 가능한 것은 아니며, 냉동저장 시 문제가 되는 식품은 표 **2-2**와 같다.

표 **2-2** 냉동저장 시 문제가 되는 식품과 증상

식품	증상
죽순, 연근, 머위	섬유소가 많아 질겨짐
양상추, 양배추, 배추	날채소일 때 물러짐
두부, 달걀찜, 젤리, 푸딩	수분이 많고 흐느적거리는 식품이라 맛이 없어짐
우유, 요구르트, 마요네즈	기름과 물로 분리됨
달걀	껍질이 갈라짐
고기, 생선	지방이 많아 산화됨
병음료	병이 터질 염려가 있음

자료: 이경애 외 (2008b), 식품가공저장학.

4. 체내에서의 수분

수분은 신체를 구성하는 성분 중 가장 많은 부분을 차지한다. 성인은 체중의 약 60% 정도 차지하고, 신생아는 약 70~80% 차지한다. 나이가 많아질수록, 지방 함량이 증가할수록 체내 수분량은 감소한다. 남성은 여성에 비해 상대적으로 근육량이 많고 지방량이 적기 때문에 신체의 총 수분함량이 많다.

1) 세포내액과 세포외액

체내에서 수분이 저장되는 공간은 세포내액과 세포외액으로 구분된다. 세포내액은 세포막 내부에 있는 수분으로, 체내 총 수분의 65%는 세포내액으로 존재한다. 단백질과 무기질 등의 영양소가 용해되어 있다. 세포외액은 세포막 외부에 있

는 수분으로 혈액, 세포간질액 등을 포함하며 대부분이 혈액이다. 체내 총 수분의 35%는 세포외액으로 존재한다. 단백질, 지질, 탄수화물, 무기질 등의 영양소가 용해되어 있다. 체중이 70kg인 남성의 총 수분은 약 42L이며, 체내 수분 분포의 예는 표 **2-3**과 같다.

표 **2-3** 체내에서의 수분 분포 예

	체중의 %	총 수분의 %	70kg 남성의 대략적 부피
총 수분	60	–	42
세포외액	20	33	14
혈액	5	8	3
세포간질액	15	25	11
세포내액	40	67	28

자료: 김혜영(B) 외(2020), 새로쓰는 식생활과 건강

혈액과 세포간질액의 역할

- 혈액: 신체 내에 있는 다양한 장기 세포로 산소와 영양소를 운반하고, 대사 후에 생기는 노폐물을 세포로부터 체외로 배설시킨다.
- 세포간질액: 세포와 세포 사이에 존재하며, 세포에 영양소를 운반하고 배설물을 모으는 역할을 한다.

2) 수분의 섭취와 손실

신체는 수분 항상성을 이루도록 조절하는 능력을 어느 정도 지니고 있지만 다른 영양소와는 달리 체내에 저장할 수 없으므로 하루에 섭취하는 수분과 손실되는 수분의 균형을 유지하는 것이 필요하다. 체내의 수분평형은 수분섭취량과 수분손실량이 균형을 이룰 때 이루어진다. 신체는 1일 총 수분공급량의 약 90% 이상을 음료수와 식품으로부터 제공받는다. 이 외에도 섭취한 식품이 체내에서 대사되는 동안에 생성되는 약간의 대사 수를 통해 수분을 공급받는다. 체내의 수분은 소변, 땀, 피부 및 호흡, 대변을 통해 손실된다. 이러한 수분손실 비율은 신체활동 정도

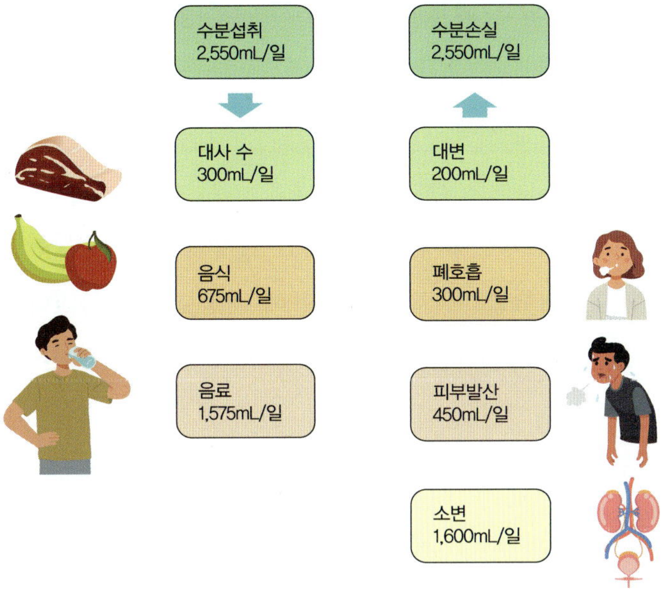

그림 2-5 체내의 수분 평형

및 생리적 상태, 외부의 온도 및 습도 등에 영향을 받는다. 일반적으로 소변을 통한 손실이 가장 많고, 1일 수분손실량의 약 50~60% 정도이다. 땀, 피부 및 호흡을 통한 손실은 약 40%이고, 대변을 통한 손실은 다른 손실에 비해 적은 편이다. 설사와 구토 등 예외적인 상황에서는 체내의 수분이 손실되므로 이러한 상황이 발생되면 수분과 전해질을 보충해야 한다.

3) 탈수와 부종

(1) 탈수

탈수 증상은 수분의 충분한 보충 없이 격심한 육체 운동을 할 때, 장기간 설사가 지속될 때, 수분의 섭취가 부족한 상태에서 감염에 의한 고열이 발생할 때 등으로 나타날 수 있다. 탈수 증상이 발생하면 체액량이 감소한다. 체액의 10% 이상이 감소하면 혈압이 떨어지고, 이때 심장박동이 증가하는 등의 탈수 증상이 나타난다. 체액의 20% 이상이 감소하면 생명을 잃을 수 있다. 또한 심각한 탈수 증상이 나타났을 때 수분을 공급한다고 하여도 체내의 수분 균형을 되찾기도 어렵고, 탈수가 진행되는 동안 생성된 노폐물로 인하여 신장에 영구적인 손상이 발생할 수 있으므로 주의해야 한다.

(2) 부종

2020 한국인 영양소섭취기준에서는 정상적인 식사를 하는 건강한 사람이 만성적으로 수분을 과량 섭취했을 때 체내에서 유해 작용이 발생하였다는 보고는 거의 없다고 하였다. 그러나 오랜 기간 단백질이 부족한 식사를 한 경우에는 부종이 발생할 수 있다. 장기간 단백질 섭취 부족으로 인해 혈장의 단백질 농도가 저하되면, 혈액 중의 수분이 혈액을 빠져나가게 되어 부종을 유발하게 된다.

5. 수분의 기능

1) 우리 몸의 구성성분

체내의 수분은 사람 체중의 약 60%를 차지하고, 근육의 약 70%, 혈액의 약 83%를 차지한다.

2) 영양소의 소화, 흡수, 운반, 배출

수분은 우리 몸에서 음식을 소화·흡수하는 데에 필요하다. 또한 영양소를 온몸에 운반해주고, 각 조직에서 대사 결과로 생긴 노폐물을 폐나 신장을 통해 배출시킨다.

3) 체내 화학반응

체내의 수분은 생화학적 반응의 용매로 작용한다. 체내의 많은 화학반응이 수분을 매개로 이루어지며, 체내 화학반응이 정상적으로 진행되도록 해준다.

4) 체온조절

더운 환경이나 체온이 오르게 되면 땀의 형태로 수분을 증발시킴으로써 체온을 조절한다.

5) 윤활제

수분은 타액과 위장액의 주성분으로 음식물을 매끄럽게 삼킬 수 있게 하고, 음식물의 소화를 쉽게 해준다. 또한 관절액과 점액의 주성분으로 관절과 눈, 코, 호흡기관 등의 점막을 부드럽게 해준다.

6) 외부 충격으로부터 보호

신체 외부로부터 충격이 가해졌을 때 조직 내의 수분은 충격을 흡수하여 내장기관이 다치지 않게 한다. 임신부의 양수는 태아를, 뇌척수액은 뇌와 척수를 보호해준다.

6. 수분의 섭취기준

소변, 땀, 피부 및 호흡 그리고 대변을 통해서 손실되는 수분을 보충하기 위해서는 식품이나 물과 음료 등의 액체를 통해서 수분을 섭취해야 한다. 2020 한국인 영양소 섭취기준에서는 19~29세 남녀 수분의 충분섭취량을 각각 2,600mL와 2,100mL로 제시하였다.

체내에 필요한 수분의 양은 개인의 나이와 생활환경 등에 따라 다르다. 운동과 발열 등으로 인한 체온의 상승은 수분의 필요량을 증가시킨다. 또한 나이가 어릴수록 체중 kg당 요구되는 수분의 양은 많아진다. 유아는 성인에 비해 체중에서 수분이 차지하는 비율이 높고, 신체의 크기에 비해 체표면적이 성인보다 상대적으로 더 크기 때문에 피부를 통한 수분손실이 크다. 또한 신장 기능이 완전하지 못하여 많은 양의 희석된 소변을 배설한다. 나이가 많은 노인의 경우에는 갈증을 제대로 느끼지 못하고, 요실금의 우려로 인해 의도적으로 수분섭취를 하지 않으면 탈수되기 쉬우므로 수분섭취에 신경을 써야 한다. 임신 및 수유기의 여성은 수분의 필요량이 증가한다. 임신기에는 임신에 따른 생리적 변화로 인해 혈장 삼투압이 비임신기와 차이가 있다. 수유기에는 모유를 통한 수분손실량을 고려해야 한다.

7. 주요 급원식품

1) 식품

육수와 침출액, 음료 등 액체류를 제외한 수분의 주요 급원식품은 표 **2-4**와 같다. 대부분의 식품에는 수분이 함유되어 있으므로 이러한 식품섭취를 통해 수분을 섭취할 수 있다. 수분섭취에 기여하는 식품으로는 배추김치, 사과, 돼지고기(살코기), 무, 양파 등의 순으로 나타났다.

2) 물

「먹는물관리법」 제3조 제1호에서 먹는물이란 일반적으로 사용하는 자연상태의 물, 자연 상태의 물을 먹기에 적합하도록 처리한 수돗물, 먹는샘물, 먹는염지하수, 먹는해양심층수 등을 말한다고 하였다(표 **2-5**). 정부에서는 안전한 먹는물을 공급하기 위해 먹는 물 수질기준, 수질감시항목, 자체검사항목 등 총 250항목에 대한 검사를 실시하고 있다.

(1) 수돗물

수돗물을 섭취하는 대부분의 사람들은 보리차 등으로 끓이거나 조리 시 사용한다. 수돗물은 안전하고 편리한 이유 때문에 섭취를 하지만 이물질 포함 등 안전에 대한 이유 때문에 직접 마시지 않기도 한다. 수돗물 대신 정수기 물, 먹는샘물 등을 직접 섭취하는 비율이 높아지고 있는 추세이다.

표 2-4 수분의 주요 급원식품(100g 당 함량)

급원식품 순위	급원식품	함량 (mL/100g)	급원식품 순위	급원식품	함량 (mL/100g)
1	배추김치	89.3	16	복숭아	86.1
2	사과	85.2	17	수박	91.1
3	돼지고기(살코기)	68.4	18	파	92.8
4	무	95.3	19	바나나	76.1
5	양파	92.0	20	고구마	63.9
6	닭고기	76.2	21	배	87.0
7	백미	14.9	22	애호박	93.1
8	달걀	75.9	23	양배추	89.7
9	두부	81.2	24	참외	86.1
10	감자	81.1	25	떡	46.4
11	토마토	93.9	26	콩나물	91.0
12	오이	95.2	27	깍두기	88.9
13	소고기(살코기)	56.5	28	포도	83.4
14	감	85.6	29	열무김치	90.1
15	귤	89.7	30	빵	34.8

자료: 보건복지부(2020). 2020 한국인 영양소 섭취기준.

표 2-5 먹는물의 종류

구분	수처리 여부		개념
먹는물	자연상태의 물		먹는 데에 일반적으로 사용하는 자연상태의 물
	처리수	수돗물	자연상태의 물을 먹기에 적합하도록 처리한 수돗물
		먹는샘물	암반대수층 안의 지하수 또는 용천수 등 수질의 안전성을 유지할 수 있는 자연상태의 깨끗한 물을 먹는 용도로 사용할 원수인 샘물을 먹기에 적합하도록 물리적으로 처리하는 등의 방법으로 제조한 물
		먹는염지하수	물속에 녹아있는 염분 등 총 용존고형물의 함량이 2,000mg/L 이상의 암반대수층 안의 지하수인 염지하수를 먹기에 적합하도록 물리적으로 처리하는 등의 방법으로 제조한 물
		먹는해양심층수	「해양심층수의 개발 및 관리에 관한 법률」 제2조 제1호에 따른 해양심층수를 먹는 데 적합하도록 물리적으로 처리하는 등의 방법으로 제조한 물

자료: 찾기쉬운 생활법령 정보.

(2) 정수

많은 가정에서 마시는 물에 대한 걱정과 이용의 편리함 때문에 정수기를 설치하여 사용한다. 최근에는 전기의 사용 없이도 필터만 꽂으면 정수기의 기능을 하는 제품도 시판되고 있다. 안전한 정수를 이용하기 위해서는 필터 교체 및 정수기 내부 청소 등 사후관리가 제대로 이루어져야 한다.

그림 2-6 다양한 정수기

(3) 생수

시판되고 있는 생수의 품목명을 살펴보면 제조사에 따라 먹는샘물, 혼합음료 등으로 표시되어 있다. 먹는샘물은 '샘물을 먹기에 적합하도록 물리적으로 처리하는 등의 방법으로 제조한 물'을 말하고, 혼합음료는 '지하수, 강물, 바닷물' 등을 여과 및 정제한 정제수에 미네랄 등의 합성첨가물을 넣은 물을 말한다.

그림 2-7 생수 표시사항의 예

3) 음료

우리가 갈증을 느낄 때 순수한 물 이외의 음료를 섭취하기도 한다. 음료는 순수한 물과는 달리 수분 이외에 당류, 나트륨, 카페인, 알코올 등이 들어 있다. 이러한 물질들에 의해 체내에 공급하는 양보다 배설되는 수분의 양이 많기 때문에 갈증이

해소되지 않으며, 비만, 심혈관계 질환 등의 발생 위험을 높일 수 있다. 따라서 음료 섭취를 자제하고 물 위주로 섭취하는 것이 바람직하다.

(1) 주스 및 청량음료

주스와 청량음료 속에는 설탕, 염류들이 함유되어 있는데, 이러한 것들에 의해 혈액 내의 농도가 증가하고 이를 희석하기 위해서는 많은 수분이 필요하게 되어 더욱 갈증을 느끼게 된다.

(2) 커피와 차

커피, 차와 같은 카페인이 들어 있는 음료를 마시면 호르몬 작용에 의해 소변량이 증가하여 소변을 통한 수분 배설이 높아지기 때문에 갈증을 풀어 주지 못한다. 아침에 일어나서 커피를 마시기 전에 물을 충분히 마시는 것이 필요하다.

① **커피** 우리나라의 식품공전에서 '커피라 함은 원두를 가공한 것이거나 또는 이에 식품 또는 식품첨가물을 가한 것으로서 볶은 커피, 인스턴트 커피, 조제 커피, 액상 커피를 말한다.'라고 정의한다.

표 2-6 커피의 유형

유형	정의
볶은 커피	커피 원두(100%)를 볶은 것 또는 이를 분쇄한 것
인스턴트 커피	볶은 커피의 가용성 추출액을 건조한 것
조제 커피	볶은 커피 또는 인스턴트 커피에 식품 또는 식품첨가물을 혼합한 것
액상 커피	유가공품에 커피를 혼합하여 음용하도록 만든 것으로서 커피고형분 0.5% 이상인 제품 포함

자료: 식품공전.

시중에서 판매되고 있는 커피 메뉴는 원두 커피, 인스턴트 커피, 디카페인 커피, 향 커피 등으로 구분할 수 있다.

• **원두 커피**

원두 커피는 원두의 혼합 사용, 부재료 첨가 등에 따라 스트레이트 커피(straight coffee), 블렌디드 커피(blended coffee), 어레인지 커피(arrange coffee), 레귤러 커피(regular coffee), 에스프레소 커피(espresso coffee), 스페셜티 커피(specialty coffee) 등으로 구분한다. 최근 커피 전문점에서는 에스프레소 머신을 이용하여 커피를 추출한 후 각 브랜드의 특색에 맞게 물의 양, 부재료 등을 다르게 하여 다양한 메뉴를 선보이고 있다.

표 **2-7** 원두 커피의 종류

유형	특징
스트레이트 커피	• 한 지역에서 생산된 단일 품종으로 추출한 커피 • 산지와 품종, 재배방법, 가공방법 등에 따라 독특한 향미를 가짐 • 고품질의 원두가 사용됨
블렌디드 커피	• 가장 일반적인 커피 • 원두의 품종, 생산지역, 로스팅 정도에 따라 다른 향미를 지니기 때문에 조화된 맛을 얻기 위해 두 지역 이상에서 재배된 원두를 적절히 배합함
어레인지 커피	• 커피 외의 다른 부재료를 첨가 • 카페오레, 카푸치노, 아이리시 커피 등
레귤러 커피	• 인스턴트 커피와 비교하여 아무것도 첨가하지 않은 원두 커피
에스프레소 커피	• 에스프레소 머신을 사용하여 순간적으로 추출 • 약 30mL 정도의 짙은 맛의 커피
스페셜티 커피	• 커피 농장에서 일정한 기준으로 엄선한 최고 품질의 아라비카종 커피 • 생산량이 적고 희소가치가 있는 커피를 즉석에서 로스팅하여 주로 페이퍼 드립 방식으로 추출 • 커피가 가지고 있는 고유의 향미를 즐길 수 있음

자료: 김경옥 외(2005), 커피와 차.

• **인스턴트 커피**

인스턴트 커피는 커피 원액에서 수분을 제거하여 과립 상태 혹은 가루로 만든 후 이것에 물을 넣으면 녹아 다시 액체 커피가 되기 때문에 가용성 커피라고도 한다. 인스턴트 커피를 만드는 방법은 열풍건조법(spray dry)과 동결건조법(freeze dry)이 있다.

표 2-8 인스턴트커피 건조방법

건조방법	특징
열풍건조	원두를 로스팅, 배합, 분쇄한 후 농축 커피액을 만들어 열풍에 분무하면 커피 방울이 아래로 떨어지고 수분이 증발하면서 가루 상태로 됨
동결건조	농축 커피액을 －40℃ 이하의 냉동실에 넣고 승화작용에 의해 수분을 제거하는 방법

• **디카페인 커피**

카페인을 제거한 커피이며, 카페인 성분이 약 7~10% 정도 함유되어 있다.

• **향 커피**

향 커피는 커피의 원두에 특정 향기 오일을 입혀 만든다. 향은 좋을 수 있으나 일반적으로 좋은 원두를 사용하지 않기 때문에 향에 비해 맛은 좋지 않다. 대표적인 향 커피로 헤이즐넛 커피 등이 있다.

그림 2-8 다양한 종류의 커피

② 차 우리나라의 식품공전에서 '다류라 함은 식물성 원료를 주원료로 하여 제조·가공한 기호성 식품으로서 침출차, 액상차, 고형차를 말한다.'라고 정의한다.

시중에서 판매되고 있는 차는 찻잎의 채취 시기, 발효 정도, 찻잎의 형태 등에 따라 분류하기도 한다.

표 2-9 차의 유형

유형	정의
침출차	식물의 어린 싹이나 잎, 꽃, 줄기, 뿌리, 열매 또는 곡류 등을 주원료로 하여 가공한 것으로서 물에 침출하여 그 여액을 음용하는 기호성 식품
액상차	식물성 원료를 주원료로 하여 추출 등의 방법으로 가공한 것(추출액, 농축액 또는 분말)이거나 이에 식품 또는 식품첨가물을 가한 시럽상 또는 액상의 기호성 식품
고형차	식물성 원료를 주원료로 하여 가공한 것으로 분말 등 고형의 기호성 식품

자료: 식품공전.

• **찻잎의 채취 시기**

찻잎을 채취하는 시기에 따라 우전, 세작, 중작, 대작 등으로 구분한다. 우전은 4월 20일 전후로 5일 정도 따는 차이며, 우리나라는 곡우 5일 전에 채취한 차 싹이 참새의 혀 모양과 비슷하다고 하여 '작설차'라고 한다. 세작은 4월 25일부터 5월 5일 사이에 채취한 차이다. 잎이 다 펴지지 않은 '창'과 '기'만을 따서 만든 차이다. '창'은 새로 나온 차 싹이 창과 같은 모양으로 말려있어서 붙여진 이름이고, '기'는 '창'보다 먼저 나온 잎으로 다 펴지지는 않고 약간 오그라든 펄럭이는 깃발 모양과 비슷하다고 하여 붙여진 이름이다. 중작은 5월 5일부터 5월 15일 사이에 따는 차이다. '창'과 '기'가 펴진 잎을 한두 장 함께 따서 만든다. 대작은 5월 15일 이후에 따는 차를 말한다.

그림 2-9 찻잎

• **발효 정도**

찻잎의 발효 정도에 따라 0~20% 정도 발효된 불발효차, 20~70% 발효된 반발효차, 80% 이상 발효된 발효차 그리고 후발효차로 분류된다.

표 2-10 찻잎의 발효정도에 따른 분류

유형	정의
불발효차	• 잎을 증기로 찌거나 덖어서 찻잎 속 효소의 산화작용을 억제시켜 녹색을 그대로 유지시켜 만든 차 • 전통녹차, 말차 등
반발효차	• 찻잎을 햇볕이나 실내에서 시들기와 교반을 하여 찻잎 속에 있는 성분의 일부가 산화되어 향기가 나게 만든 차 • 자스민차, 우롱차 등
발효차	• 찻잎을 햇볕에 말리면서 손으로 비벼 잎 속에 들어있는 효소의 활동을 촉진시켜 건조한 차 • 홍차 등
후발효차	• 녹차 제조 방법과 같이 효소의 산화작용을 억제시킨 뒤 찻잎을 퇴적하여 공기 중에 있는 미생물의 번식을 유도해 다시 발효가 일어나게 만든 차 • 보이차 등

• **찻잎의 형태**

찻잎의 형태에 따라 잎차, 덩이차, 가루차인 말차 등으로 구분한다. 잎차는 찻잎 그대로 덖거나 찌거나 발효시켜 만들었으며, 찻잎의 모양을 변형시키지 않은 차이다. 덩이차는 찻잎을 수증기로 찐 후 떡처럼 찧어서 틀에 박아낸 차이다. 말차는 찐 찻잎을 그늘에서 말린 후 미세하게 분쇄하여 만든 차이다.

잎차 덩이차 가루차

그림 2-10 찻잎의 형태

CHAPTER 3

탄수화물 식품과 영양

CHAPTER 3

탄수화물 식품과 영양

개요

탄수화물(carbohydrate)은 전분, 섬유소, 맥아당, 자당, 포도당 등의 자연적으로 가장 풍부한 유기화합물로 탄소, 수소, 산소 원자가 1 : 2 : 1의 비율로 구성되어 있으며 화학구조식으로는 마치 물이 탄소에 결합된 형태이다. 흔히 당(糖)이라고 불리는 식품의 탄수화물은 감미료, 향, 착색 및 구조형성을 위한 안정제로 작용하며 인체의 생명 유지 및 에너지 생성에 중요한 영양소이다. 엽록소를 함유한 녹색 식물에서는 빛에너지를 이용하여 탄소와 물을 에너지가 풍부한 탄수화물 형태로 변환할 수도 있다. 탄수화물은 식품에 단맛을 제공하고 식품가공산업에서 감미료 및 식품첨가물로 사용하기도 하며 세계 인구의 대부분이 주식으로 사용하는 효율적인 에너지원이기도 하다.

탄수화물의 구성원소는 탄소(C), 수소(H), 산소(O)이다. 일반식은 $Cm(H_2O)n$이고, 분자 내에 2개 이상의 수산기(히드록시기, hydroxyl: –OH)와 1개의 알데히드기(aldehyde: –CHO)나 케톤기(ketone: –CO)가 있다.

탄수화물은 구성하는 당 분자의 수에 따라 단당류(monosaccharide), 소당류(oligosaccharide), 다당류(polysaccharide)로 분류된다.

1. 단당류

단당류는 가수분해가 더 이상 되지 않는 하나의 당으로 구성된 가장 단순한 당류로 물에 잘 녹는 결정형 탄수화물이다. 복합 탄수화물인 전분이 분해되어 생성되면서 아무 맛이 없던 것이 단맛의 성질을 갖는다. 구성되는 탄소수에 따라 식품에서는 주로 5탄당(pentose)과 6탄당(hexose) 등으로 구분하며 섬유소(fiber)나 식물성 검(vegetable gum)의 기본구조가 된다.

단당류가 산화·환원반응, 아미노기, 황 또는 비당류와 결합되면 단당류 유도체인 당알코올, 데옥시당 티오당, 아미노당, 우론산, 배당체 등을 생성하기도 한다.

1) 5탄당

5탄당은 탄소수가 5개이고 자연계에서 유리 상태로는 거의 존재하지 않으며 대개 다당류인 펜토산(pentosan)과 핵산의 구성성분이다. 대표적 5탄당에는 자일로오스(xylose), 아라비노오스(arabinose), 리보오스(ribose)가 있다. 자일로오스는 헤미셀룰로오스의 구성성분 중 하나인 자일란(xylan)의 주요 구성성분이며 자작나무나 메이플 등 목재나 벼, 사탕수수, 옥수수 등의 껍질에서 발견되어 목당이라고도 한다. 단맛은 설탕의 60% 정도이며 인체에서는 소화가 되지 않는다. 아라비노오스는 아라비아 검의 주성분인 아라반(araban)의 구성성분이며 리보오스는 DNA 및 RNA와 같은 핵산과 ATP, NAD, Coenzyme A 등의 조효소를 구성하는 5탄당으로 생리대사의 중요 물질이다.

자일로오스 설탕이란?

자일로오스 혼합설탕은 상대 감미도가 설탕의 60% 정도이고 자일로오스가 5~10% 정도 함유되어 있다. 당지수(Glycemic Index)는 일반 설탕이 68인데 비해 자일로오스 설탕은 49 정도이다. 당지수가 55 미만이면 저당지수로 분류된다.

2) 6탄당

탄소수가 6개인 6탄당에는 포도당(glucose), 과당(fructose), 갈락토오스(galactose) 등이 있다. 포도당은 전분의 기본단위이며 식품 중 가장 많이 존재하는 단당류로 콘시럽과 꿀 등에 함유되어 있다. 과일 혹은 고과당콘시럽(high fructose corn syrup)에 많이 존재하는 과당은 물에 잘 녹으며 포도당보다 당도가 높다. 갈락토오스는 유당의 구성물질인데 우유 발효 시 유당이 분해되며 생성된다.

3) 대표적인 단당류의 유도체

(1) 당알코올

단당류의 알데히드기가 수산기로 환원되어 알코올기($-CH_2OH$)로 바뀐 단당류의 유도체로 솔비톨, 만니톨, 리비톨, 자일리톨, 이노시톨 등이 있다. 솔비톨과 만니톨은 인공감미료로 이용되며 리비톨은 비타민 B_2의 구성성분이다. 자일리톨은 자일로오스가 환원된 당알코올(sugar alcohol)로 충치예방효과가 있고 만니톨은 만

표 3-1 당알코올의 종류와 특징

종류	특징
솔비톨	• 포도당이 환원된 당알코올 • 비타민 C의 합성 원료 • 과일에 많이 분포 • 인공감미료로 이용
만니톨	• 만노오스가 환원된 당알코올 • 해조류, 버섯류, 미생물 등에 존재 • 곶감, 다시마, 건미역 표면의 흰 가루 성분 • 당뇨병 환자의 감미료로 이용
리비톨	• 리보오스가 환원된 당알코올 • 비타민 B_2의 구성성분
자일리톨	• 자일로오스가 환원된 당알코올 • 충치 예방 효과 • 당뇨병 환자의 감미료로 이용
이노시톨	• 환상구조를 가지며 포도당으로부터 합성된 당알코올 • 두류, 과일 등 식물체나 동물의 근육, 뇌, 내장 등에 존재

노오스가 환원된 당알코올로 당뇨환자의 감미료로 이용된다. 당알코올의 종류와 특징은 표 **3-1**과 같다.

(2) 데옥시당

단당류의 수산기가 수소 원자로 환원된 유도체로 푸코오스(fucose), 람노오스(rhamnose), 데옥시리보오스(deoxyribose) 등이 있다. 푸코오스는 갈락토오스에서, 람노오스는 만노오스에서, 데옥시리보오스는 리보오스에서 각각 산소 한 개가 제거된 단당류 유도체이다.

(3) 티오당

단당류의 수산기가 SH로 치환된 유도체로 티오글루코오스(thioglucose)가 대표적이다. 티오글루코오스는 락토오스가 환원된 당 유도체로 무, 겨자, 마늘, 고추냉이 등의 매운맛 성분인 시니그린의 구성성분이다.

(4) 아미노당

단당류 중 6탄당에서 수산기가 아미노기로 치환된 당 유도체로 갈락토사민(galactosamin)과 글루코사민(glucosamin) 등이 있다. 갈락토사민은 황산콘드로이틴(chondroitin sulfate)의 구성성분으로 갈락토오스의 아미노당 유도체이며 글루코사민은 키틴(chitin)의 구성성분으로 포도당의 아미노당 유도체이다.

(5) 배당체

단당류의 환원성 수산기와 비당류 부분(아글리콘, aglycon)의 수산기가 글리코사이드 결합한 유도체 화합물로 루틴, 나린진, 솔라닌, 시니그린, 아미그달린, 안토시아닌, 헤스페리딘 등이 있다. 배당체(glycoside)는 주로 삼투압을 조절하고, 해독작용과 대사에 필요한 물질을 공급 조절하는 역할 및 당을 저장하는 작용을 한다. 표 **3-2**에는 배당체의 종류 및 함유식품이 나타나 있다.

표 3-2 배당체의 종류 및 함유식품

종류	당류	비당류	함유식품
루틴	포도당, 람노오스	퀘르세틴	메밀
나린진	포도당, 람노오스	나리제닌	밀감
솔라닌	포도당, 람노오스, 갈락토오스	솔라니딘	감자 싹
시니그린	포도당	아릴이소티오시아네이트	무, 겨자
아미그달린	겐티오비오스	벤즈알데히드, 시안산	살구, 청매실
안토시아닌	포도당, 람노오스	안토시아니딘	포도, 가지
헤스피리딘	포도당, 람노오스	헤스페리틴	레몬, 밀감

2. 소당류

소당류는 두 개의 단당류가 결합되어 있는 이당류와 삼당류, 사당류, 올리고당류로 구분된다.

1) 이당류

식품에 많이 존재하는 대표적 이당류에는 자당(sucrose), 유당(lactose), 맥아당(maltose)이 있다.

사탕수수나 사탕무에서 얻은 즙을 농축하고 결정화 및 정제를 통해 만든 자당(sucrose)은 단당류인 포도당과 과당이 한분자씩 결합된 비환원성 당으로 서당 혹은 설탕이라고도 한다. 자당은 당류 중 단맛의 수용도가 가장 높고 환원력이 없어서 단맛의 표준물질이 된다. 주요 당의 상대적인 감미도를 살펴보면 표 **3-3**과 같다. 자당의 상대적 감미도를 100으로 할 때, 과당은 120~180 정도로 높고, 그 다음으로 자당, 포도당, 맥아당, 유당 순서로 단맛을 나타낸다. 자당을 160℃ 이상으로 가열하면 탈수 축합하여 갈색으로 변하는 캐러멜화(caramelization)가 되는데, 이때 생성된 캐러멜은 식품의 독특한 향과 착색으로 사용된다.

표 3-3 당류의 상대적 감미도

종류	상대적 감미도	식품
자당	100	설탕
과당	120~180	과일, 꿀, 탄산음료 등
포도당	55~75	포도
자일로오스	60	식용식물의 배아, 자작나무, 메이플
유당(락토오스)	16~28	우유 및 유제품
전화당	120~130	꿀, 사탕
솔비톨	60~70	다이어트사탕, 무설탕껌
만니톨	45	곶감, 다시마
자일리톨	75	무설탕껌

(1) 자당

자당은 포도당과 과당이 한 분자씩 결합된 이당류이다. 자당을 분해효소인 인베르타아제나 산에 의해 포도당과 과당으로 분해하여 포도당과 과당이 1대1의 비율인 당을 전화당(invert sugar)이라 하는데, 전화당은 천연으로는 꿀에 많이 존재하고 단맛은 설탕보다 약 1.3배 정도 크다. 부드러운 액체상태의 전화당을 트리몰린(trimoline)이라고 하는데 수분보유력이 높아서 베이커리나 디저트 부분에서 수분을 효과적으로 조절하여 반죽의 탄력을 향상시키거나 부드러운 식감과 보습 효과를 줄 수 있다.

(2) 유당

포도당과 갈락토오스가 한 분자씩 결합된 환원당으로 물에 대한 용해도가 낮아 다른 당에 비해 단맛이 약하다. 유당은 우유에 4~5%, 모유에 6~7% 정도 함유되어 있으며 소장에서 분비되는 락테이스(lactase)에 의해 분해되어 포유동물의 성장과 뇌신경조직 형성과 장내 유산균의 번식으로 정장작용을 도와주고 칼슘의 흡수를 도와 어린이 영양에 중요한 역할을 한다. 치즈는 숙성과정에서 젖산균에 의해 유당이 대부분 젖산으로 전환되어 숙성된 치즈에는 유당이 거의 없다.

유당불내증이란?

우유를 마시면 배에 가스가 차거나 설사를 하는 사람들이 있는데 이들의 소장에는 유당을 분해하는 락테이스 효소가 부족하여 유당을 소화하지 못하는 경우가 있다. 이와 같이 소화되지 않은 유당이 대장에 사는 세균을 만나 발효되면서 설사나 복통 증상을 일으키는 것을 유당불내증(lactose intolerance)이라 한다.

(3) 맥아당

포도당 두 분자가 결합된 환원당으로 발아된 곡식이나 콘시럽에 존재하는 이당류이다. 맥아당은 엿당이라고도 하며 다당류인 전분이 효소에 의해 가수분해되어 생성되는데, 물엿이나 식혜, 맥아 등에 함유되어 있다.

2) 삼당류, 사당류

삼당류에는 겐티아노오스(gentianose)와 라피노오스(raffinose)가 있고, 사당류에는 스타키오스(stachyose) 등이 있다. 삼당류와 사당류는 대부분 사람의 소화기관에서 가수분해되지 않고 대장내 일부 세균에 의하여 분해된다. 겐티아노오스는 과당 한 분자와 포도당 두 분자가 결합된 비환원당으로 단맛이 없다. 겐티아노오스는 효소 인베르틴(invertin)이나 산에 의해 가수분해되어 겐티오비오스와 과당을 생성한다. 라피노오스는 단당류인 과당, 포도당, 갈락토오스가 결합된 비환원당으로 단맛이 약간 있으며 대두나 면실 등의 종자류나 뿌리나 줄기 등에 존재한다. 사당류인 스타키오스는 삼당류인 라피노오스에 한 분자의 갈락토오스가 결합된 비환원당이다. 비피더스균의 활성을 증가시키고 장내 세균발효에 의해 가스를 형성하며 대두, 면실 등에 존재한다.

3) 올리고당류

올리고당의 '올리고'는 '적다'는 뜻으로 당 단위체의 수가 3~10개 사이 정도의 당이다. 액체로 유통되며 단당류나 이당류보다 소화시키는데 에너지가 많이 필요하고, 체내 천천히 흡수되며 장에 사는 인체 유익한 유산균이 올리고당을 활용하여 증식하여 정장작용과 변비예방에 도움이 될 수 있다. 유산균 제품에 혼입되어 몸에 좋은 유산균의 증식에 사용되는 프리바이오틱스의 일종으로 사용되기도 하며 체내 수용성 식이섬유 같이 작용하면서 칼로리는 설탕의 3분의 2 정도로 체중조절 다이어트 중에 설탕 대용으로 사용하기도 한다. 그런데 시판 올리고당에는 상당수가 액상과당이 섞여 있거나 올리고당 자체의 단맛이 설탕보다 적기 때문에 단맛을 위해 과도하게 사용하게 되는 경우 여분의 칼로리는 몸에 축적되어 비만을 초래할 수 있고 탄수화물 대사에 관여하는 비타민 B군의 필요량을 증가시켜 비타민 B군 부족이 될 수도 있다. 시판 올리고당의 순수 올리고당 함량은 10~30%인 것이 흔하므로 구매시에는 순수한 올리고당의 함유량을 확인할 필요가 있다.

3. 다당류

다당류(polysaccharides)는 3개 이상 수백, 수천개의 단당류가 글리코사이드 결합된 고분자 화합물이며 식물, 동물, 미생물 등 자연계에 분포하는 대부분의 탄수화물로 단순다당류와 복합다당류가 있다. 식물성 다당류에는 저장 다당류인 전분, 덱스트린, 글루코만난, 이눌린 등과 구성다당류인 펙틴, 셀룰로오스와 헤미셀룰로오스 등이 있다. 동물성다당류는 키틴, 글리코겐, 황산콘드로이틴 등이다. 구아 검, 아라비아 검 등의 식물성 검과 알긴산, 카라기난, 한천 등의 해조류 검, 잔탄 검, 덱스트란 등의 미생물 검들도 다당류에 속한다.

1) 전분

전분은 식물의 저장 다당류이며 쌀, 보리, 밀 등의 곡류, 감자와 고구마 같은 서류, 그리고 강낭콩, 동부, 녹두 등의 두류 등에 존재하는 탄수화물의 중요한 급원식품이다. 전분을 이용한 다양한 식품의 조리에서 전분의 호화, 노화, 호정화, 당화 등의 매우 중요한 현상들을 이용한다.

(1) 전분의 구조

전분은 직쇄상의 아밀로오스(amylose)와 분지상의 아밀로펙틴(amylopectin)의 포도당 중합체가 마이셀(micelle) 구조를 이루어 구성된 물질이다. 아밀로오스와 아밀로펙틴의 구조는 그림 3-1에 나타나 있다. 아밀로오스와 아밀로펙틴의 함량 비율에 따

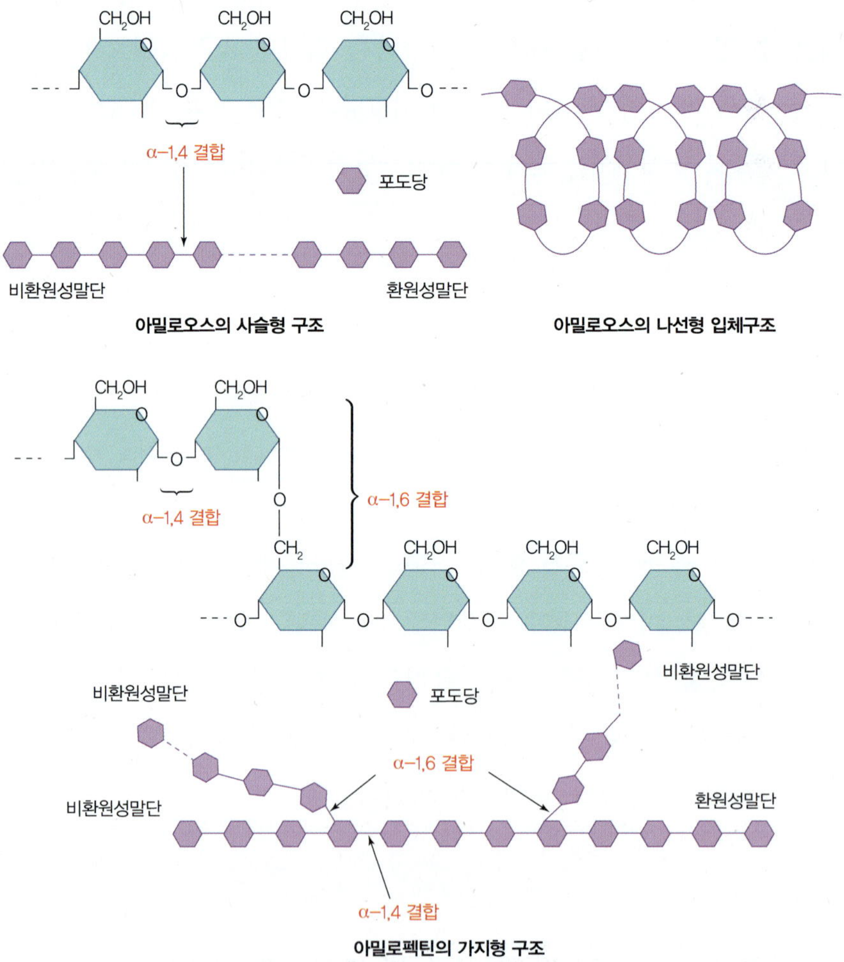

그림 3-1 아밀로오스와 아밀로펙틴의 구조
자료: 김주현 외 6인(2012), 식품학, 양서원, p52.

라 전분 입자의 특성이 달라지는데 식품에 따라 0~30%로 다양하지만 일반적으로 멥쌀과 같은 곡류 식품은 아밀로오스 함량이 약 14~30%, 아밀로펙틴 함량이 약 86~70%의 비율을 나타낸다. 찹쌀이나 찰옥수수와 같은 찰곡류는 아밀로펙틴으로만 거의 94~100% 구성된 경우도 있다. 감자, 고구마 등 서류의 전분은 곡류 전분에 비해 아밀로오스 함량이 다소 낮은 편이다.

① **아밀로오스** 아밀로오스는 수백에서 수만개의 포도당이 긴 사슬형의 α-1,4-글리코사이드 결합(glycosidic linkage)으로, 평균 6~7개의 포도당이 연결되어 회전한 모양의 나선구조(helical structure)이다. 이 나선구조에서 안쪽은 소수성이고 바깥쪽은 친수성이기 때문에 아밀로오스는 물에 비교적 잘 녹는다. 아밀로오스 나선형 구조의 안쪽에는 소수성의 분자량이 비교적 작은 물질들이 들어가 포접화합물 형태를 이룰 수 있다. 천연 전분을 구성하는 아밀로오스의 나선구조 속에는 일부 지방질이 포접화합물을 이루고 있어 전분의 성질에 영향을 미치기도 한다. 아밀로오스가 요오드 용액과 만나면 청색을 나타내게 되는 것은 바로 요오드 분자들이 이 나선구조 속으로 들어가 아밀로오스-요오드 복합체를 형성하며 포접화합물을 이루기 때문이다. 이때 아밀로오스의 분자량이 클수록 진한 청색을 나타내게 된다. 따라서 아밀로오스가 함유된 전분의 확인에 요오드 정색반응을 사용한다.

② **아밀로펙틴** 아밀로펙틴은 α-1,4-글리코사이드 결합(glycosidic linkage)에 의하여 포도당이 직선상으로 결합되다가 포도당 15~30개 정도마다 α-1,6-글리코사이드 결합에 의해 곁가지를 형성하여 마치 큰 나무에서 작은 나뭇가지들이 나눠어 있는 모양을 하고 있다(그림 3-1). 아밀로펙틴은 수천에서 수백만 개의 포도당이 결합해 있는 구조로 아밀로오스보다 분자량이 훨씬 크다. 아밀로펙틴은 요오드와 복합체를 형성할 수 있는 나선구조의 길이가 아밀로오스에 비해 짧아서 요오드 정색반응의 색은 청색을 나타내는 아밀로오스와 달리 적자색을 보인다. 아밀로오스와 아밀로펙틴 모두 한 분자 당 단 하나의 환원성 말단을 가진다. 전분을 함유한 식

품에서 아밀로오스와 아밀로펙틴의 함유 비율은 가열 조리 특성을 결정하는 중요한 역할을 한다. 아밀로오스는 가열을 하여 호화가 되면 풀같이 엉키면서 불투명해지며, 아밀로펙틴은 끈기가 생기며 투명도가 올라간다.

(2) 전분 입자의 종류와 특성

전분입자는 맛과 냄새가 거의 없는 흰색 물질로, 식물의 종류에 따라 모양과 크기가 다르며 비중은 1.55~1.65로 물보다 무거워서 시간이 경과하면 점차 침전하게 된다. 전분 입자의 모양은 대체로 구형이나 타원형이지만 렌즈모양이나 둥글어진 삼각형 모양, 끝이 잘린 듯한 모양 등으로 다양하고, 전분 종류에 따라 2㎛에서 100㎛ 범위에서 다양한 크기를 갖는데, 일반적으로 곡류전분보다 서류전분의 입자 크기가 큰 편이다. 전분 입자를 구성하는 아밀로오스와 아밀로펙틴의 비율은 표 **3-4**에 나타난 바와 같이 비슷한 종류의 전분이라도 품종과 재배지 등에 따라 다르다.

표 **3-4** 전분 종류에 따른 아밀로오스와 아밀로펙틴 비율

전분의 종류	비율(%)	
	아밀로오스	아밀로펙틴
쌀	14~20	86~80
찹쌀	0	100
밀	19~25	81~75
칡	23	77
감자	18~23	82~77
고구마	19	81
옥수수	23~26	77~74
찰옥수수	0	100
타피오카	16~17	84~83

(3) 전분의 호화

전분의 호화(gelatinization)는 전분에 물을 넣어 가열할 때 일어나는 전반적인 변화이다. 전분은 약 10%의 수분을 함유하고 있으며, 냉수에 분산시키면 현탁액(부유

액, suspension)이 된다. 전분 현탁액을 서서히 가열하면 전분 입자 표면에서 약간의 수분을 흡수하여 팽창하면서 부피가 증가한다. 전분 입자는 현탁액의 온도가 약 60℃가 될 때까지 본래 무게의 20~30% 정도의 수분을 흡수하며 이 변화는 가역적이어서 이 시점에서 가열을 멈추고 수분을 제거하여 건조시키면 생전분 구조가 회복 된다. 이때 전분이 제한된 양만의 수분을 흡수하는 것은 전분 입자 외부의 비결정성 영역 혹은 무정형 영역까지만 소량의 물이 흡수되어 수화되고 결정성 영역까지는 아직 수분이 침투되지 않았기 때문이다. 이를 호화의 제1단계라고 한다. 전분 현탁액을 계속 가열하여 60℃ 이상으로 온도가 상승하면 전분 입자는 더 많은 양의 수분을 흡수하여 입자 크기가 커지면서 전분 입자 본래 무게의 3~25배 정도의 수분을 흡수하는데 이때는 전분 구조의 결정성 영역으로 수분이 침투되어 비가역적인 변화가 일어나는 호화의 제2단계가 된다. 호화 제2단계를 지나 가열을 계속하면 전분 용액의 점도가 최대에 달하게 되고 계속되는 수분 침투로 전분 입자를 구성하는 아밀로오스 및 아밀로펙틴 사이의 결합이 깨어지기 시작하면서 전분 입자가 붕괴가 일어나 교질용액(colloidal solution)을 형성하고 전분 입자는 결정성을 소실하게 하는데 이 상태를 호화가 완료되는 제3단계라 본다.

유백색의 불투명한 전분용액에 열을 가하면 전분이 호화되면서 반투명해지며 이와같이 전분이 호화되어 반투명해지는 온도는 전분의 종류에 따라 다르다. 몇 가지 전분의 입자 크기 및 호화온도의 범위를 나타낸 표 **3-5**와 같이 곡류전분의 호화온도가 서류전분의 호화온도보다 높은 편이다. 입자 크기가 큰 전분이 작은 것보다 더 낮은 온도에서 호화되기 시작한다. 전분의 호화 온도는 호화가 시작되는 호화개시온도와 호화가 종결되는 호화종결온도를 표시하는 것이 좋다.

호화과정 중, 팽윤에 의한 전분 입자의 부피 팽창, 결정성 소실과 그로 인한 복굴절성(birefringence) 소실, 점도(viscosity)의 변화, 각종 전분 가수분해 효소들의 작용 증가 및 교질용액화 등의 변화가 생긴다. 호화현상은 편광 현미경으로 복굴절성이 사라지는지 여부를 관찰할 수 있고 X-선 회절도, 시차주사열량법(Differential Scanning Calorimetry, DSC), 아밀로그람 등을 이용하여 분석이 가능하다.

표 **3-5** 몇 가지 전분의 입자 크기 및 호화온도의 범위(℃)

종류	입자크기(㎛)	평균 입자크기(㎛)	호화개시온도(℃)	호화종결온도(℃)
쌀	3~9	5	68	78
밀	2~28	20~22	59.5	64
보리	2~35		51.5	59.5
감자	15~100	30	58	66
옥수수	4~26	15	62	70

- **전분의 호화에 영향을 주는 요인**

전분의 호화양상은 전분의 종류, 수분, 당류, pH, 염류 등에 의해 영향을 받는다. 예를 들어 감자 전분보다 입자가 작은 쌀 전분은 호화온도가 높고 최고점도와 투명도는 낮은 편이나 점성은 안정하다. 곡류보다 입자가 큰 감자, 고구마 등 서류 전분은 호화온도가 낮고 최고점도는 높으나 점성은 불안정하다. 전분 입자를 구성하는 아밀로오스와 아밀로펙틴 중에서는 아밀로오스가 아밀로펙틴보다 주로 호화에 관여하며 호화되기 쉽다. 따라서 아밀로펙틴이 100%인 찰 전분은 호화를 위하여 더 높은 온도가 필요하다.

수분함량이 많으면 전분의 호화가 쉬우며 수분함량이 적으면 호화가 지연된다. 전분 현탁액의 농도가 낮을수록, 또 가열 온도가 높을수록 전분입자의 변화가 크며 호화도가 높다.

설탕 등의 당류는 농도가 낮으면 호화에 별 영향이 없으나 농도가 20% 이상, 특히 50% 이상이 되면 호화를 크게 억제하고 점도를 저하시킨다. 따라서 설탕이 많이 첨가되는 케이크는 호화가 천천히 일어나며 호화온도가 높아져 부드러운 질감을 나타낸다. 같은 농도일 경우 설탕, 포도당, 과당의 순으로 호화에 영향을 미친다. 전분용액은 알칼리성 pH에서 전분의 팽윤과 호화가 촉진되는데, 전분용액에 가성소다(NaOH)를 넣었을 때 그 농도가 충분하면 가열하지 않아도 호화가 일어날 만큼 호화 촉진 효과가 있다. 전분 용액은 산성 pH에서는 산에 의한 가수분해가 되며, 특히 pH 3 이하에서는 전분 가수분해 현상으로 전분 용액의 점도가 크게 감소한다. 따라서 전분 식품의 조리에서 산을 첨가하려면 호화 과정이 완료된 후에 산을 첨가하는 것이 좋다.

염류들은 팽윤을 촉진시키고 전분의 호화온도를 내려 호화를 촉진한다. 이와 같은 작용을 하는 물질들을 팽윤제(swelling agent)라 한다. 이들 팽윤제는 적당한 농도에서는 실온에서도 전분을 호화시킬 수 있다. 단, 황산염은 다른 염들과 다르게 전분의 호화를 억제하는 경향이 있다. 전분의 호화에 영향을 주는 요인과 그 작용은 표 **3-6**과 같다.

표 **3-6** 전분의 호화에 영향을 주는 요인과 작용

요인	작용
종류	• 전분 입자크기가 작은 전분의 호화온도가 더 높다. • 아밀로펙틴의 함량이 많을수록 호화속도가 느리다.
수분	• 수분이 많을수록 호화가 잘 일어난다.
온도	• 가열온도가 높을수록 호화시간이 단축되고 점성이 높아진다. • 전분에 따라 일정한 호화온도 범위를 가진다. (쌀 전분 68~78℃, 옥수수 전분 62~70℃, 밀 전분 60~70℃, 타피오카 전분 52~64℃, 고구마 전분 58~66℃ 등)
설탕	• 설탕은 전분의 호화 온도를 상승시키며 첨가량이 많아지면 전분 입자의 팽창이 늦어진다.
단백질	• 단백질은 전분입자를 둘러싸서 수화를 늦추어 호화속도를 방해한다.
pH	• 알칼리는 전분의 팽윤을 촉진하여 호화를 촉진한다. • 산은 전분 입자를 절단하여 호화용액의 점도가 감소한다.
염류	• 대부분의 염류는 수소결합에 영향을 주어 전분 입자의 호화온도를 낮추어 주는 팽윤제로 작용하여 호화를 촉진시킨다. • 황산염은 호화를 억제한다.

(4) 전분의 젤화

전분에 물을 넣고 가열하여 호화가 일어나면 전분 입자에서 아밀로오스가 빠져나오며 입자가 붕괴되면서 전분용액이 교질용액으로 변한다. 이때 전분 입자에서 나온 아밀로오스는 호화된 전분 교질용액(colloidal solution)의 연속적인 분산상(continuous dispersing phase)인 액체 부분에 분산된다. 즉 호화된 전분 교질용액이 뜨거울 때는 전분 입자나 유리된 아밀로오스는 분산된 상(dispersed phase)이고 물이

분산매로서 연속상을 이루고 있다. 이때 전분액은 호화전보다 점성이 높아져 걸쭉해진 풀(paste)과 비슷한 상태이다. 이 호화된 전분액이 냉각되면 전분 입자 내부에서 유리되어 나와 분산되어 있던 아밀로오스들이 인접한 아밀로오스 분자와 수소결합을 합하거나, 팽윤된 전분의 바깥 부분에 있는 아밀로펙틴과 결합하게 된다. 이에 따라 아밀로오스는 팽창된 전분 입자들을 서로 연결시켜 입체적 망상구조로서 연속상을 이루고 그 내부에 물이 갇히면서 반고체 상태인 젤(gel)이 형성되는데 이런 현상을 젤화(gelation)라 한다.

전분이 젤을 형성하는 것은 주로 아밀로오스의 역할이며 아밀로펙틴만으로 이루어진 찰 전분은 젤화가 거의 일어나지 않으나 아밀로오스를 함유한 메 전분은 젤 형성이 잘된다. 도토리묵이나 메밀묵 등은 전분용액의 젤화에 의해 제조되는 대표적인 묵이며 녹두, 동부 등의 전분도 묵 특유의 젤화 현상을 나타낸다.

- **전분의 젤화에 영향을 주는 요인**

전분의 젤화 현상을 살펴보면 아밀로오스 함량이 많을수록 전분 농도가 높을수록 강도가 강한 젤을 형성한다. 아빌로펙틴은 아밀로오스에 비해 입체적으로 복잡한 구조로 가열되어도 아밀로오스가 유리되어 나오기도 어렵고 다른 분자들과 수소결합을 형성하기도 어렵다. 따라서 아밀로펙틴만으로 구성된 찰 전분은 젤 형성이 쉽지 않다. 다만 찰 전분 용액의 농도가 높으면 아밀로펙틴 분자들이 제한적으로 수소결합하여 부드러운 젤을 형성할 수 있다.

전분의 종류나 구조, 결정성 영역의 비율, 아밀로오스의 분자 길이 등에 따라 전분 젤의 특성이 달라지며, 일반적으로 곡류 전분은 단단한 젤을 형성하고 감자, 고구마, 타피오카 등의 근경류 전분은 젤 형성이 잘 되지 않는다. 다만 칡 전분은 부드러운 젤을 형성할 수 있고 쌀 전분보다도 단단한 젤을 형성하기도 한다.

적당한 강도의 젤 형성을 위하여 망상구조 형성을 위한 아밀로오스가 충분히 유리되어 나오면서도 전분 입자의 붕괴는 일어나지 않는 것이 좋다. 따라서 중간 정도의 열로 충분한 시간 가열하면 아밀로오스가 유리되어 나오는 양이 많아지며 단단한 젤을 형성할 수 있다. 다만 지나치게 휘저으면서 전분 입자의 붕괴가 일어나도록 가열시간이 너무 길어지면 겔 강도가 약한 풀이 될 수 있다.

호화된 전분용액이 젤을 형성하기 전에 당이나 산을 첨가하면 젤의 강도가 감소된다. 당은 젤을 부드럽게 하고 투명도를 증가시키고, 유화제도 젤 강도를 감소시키며, 산은 젤의 유연성을 증가시킨다.

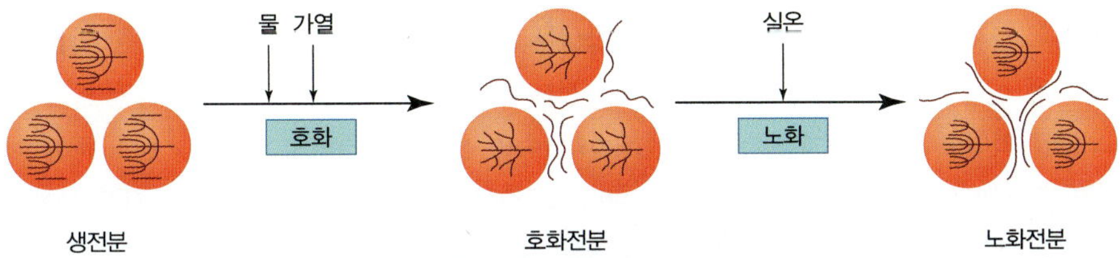

그림 3-2 전분의 호화와 노화
자료: 김주현 외 6인(2012), 식품학, 양서원, p57.

(5) 전분의 노화

전분의 노화(retrogradation)는 그림 3-2와 같이 호화된 전분에서 가열을 중지하고 실온이나 냉장온도에서 식히는 동안 인접한 유리 아밀로오스나 전분 분자들이 서로 회합(association)하여 수소결합을 형성하고 그 사이에 있던 수분이 빠져나오는 이액현상(syneresis)이 생기고, 불용성의 덩어리를 형성하는 과정이다. 노화가 진행되면 호화되면서 전분 입자 내부로 흡수된 많은 양의 수분이 빠지면서 결정성을 갖게 된다. 노화된 전분의 결정구조는 원래의 생전분의 결정 상태로 완전히 회복되는 것은 아니며 다른 형태의 결정성을 나타낸다. 노화된 전분은 용해도가 감소하고 불투명하며, 소화효소의 작용을 받기 어렵다. 밥을 냉장하였다가 밥을 먹으면 칼로리로 흡수되는 양이 적다는 것은 이 전분의 노화 원리를 이용하여 소화가 방해되는 저항전분(resistant starch)을 만들어 먹는다는 것이다.

저항전분이란?

저항전분(resistant starch)이란 식이섬유가 약 90%까지 함유되어 있는 전분이다. 과다하게 섭취된 전분은 지방으로 체내에 축적되지만 냉장고에서 노화된 찬밥의 전분은 소화효소로 분해가 잘 되지 않는 저항전분 형태가 된다. 저항전분은 포도당 분해효소인 아밀레이스에 의해 포도당으로 분해가 잘되지 않으며 대장에서 박테리아에 의해 분해되어 식이섬유처럼 장운동을 도와주고 칼로리로 흡수되는 양을 줄여줄 뿐 아니라 혈당 상승을 지연시키고 포만감을 유지하는 효과도 있다. 인도네시아의 한 대학에서 상온에서 쌀밥을 방치하였더니 저항전분이 약 2배 정도 증가했고, 냉장고에서는 저항전분이 약 3배까지 증가했다는 연구 결과를 발표한 바 있다. 식물성 기름을 넣고 밥을 지어서 12시간 이상 냉장보관하여 재가열 섭취시 저항성 전분함량이 높아진 따뜻한 밥을 먹을 수 있다는 실험결과도 보고되고 있다. 쌀밥의 전분이 노화되어 저항성 전분이 형성된 밥은 같은 양의 밥을 먹어도 흡수되는 열량은 적고 혈당이 급속히 높아지지 않아서 비만이나 당뇨 등을 예방하는데 활용할 수 있다. 다만 노화된 밥은 위나 소장에서 소화가 어려우므로 많이 자주 섭취하거나 위장이 예민한 경우 소화불량과 복부팽창, 설사 등이 나타날 수 있으니 주의가 필요하다.

- **전분의 노화에 영향을 주는 요인**

전분의 노화에 영향을 주는 요인은 온도, 수분함량, 전분 입자의 크기와 모양 등이다. 쌀, 밀, 옥수수 등의 곡류 전분은 감자, 고구마, 타피오카 등의 근경류 전분보다 노화가 빠르게 진행되는 편이다. 아밀로오스 함량이 높을수록 노화가 잘 일어나고, 아밀로펙틴만으로 이루어진 찰 전분은 노화가 잘 일어나지 않는다. 같은 종류의 전분에서는 전분 용액의 농도가 증가할수록 노화 속도도 증가한다. 전분질 식품의 노화는 수분 함량이 30~60% 범위에서 가장 빨리 일어난다. 전분의 노화는 상온에서 쉽게 일어나며 0~4℃의 냉장온도에서 더 빨리 진행된다. 온도가 60℃ 이상이거나 빙점 이하가 되면 노화는 억제된다. 전분의 노화를 방지하려면 호화된 전분을 70℃ 이상에서 보관하거나 0℃ 이하의 온도에서 냉동시키는 것이 좋다. 알칼리성에서는 전분의 노화가 억제되며, 산성 pH에서는 수소결합이 촉진되어 노화속도가 증가한다. 무기염류는 호화를 촉진하고 노화는 억제하는 경향이 있으나, 황산염은 노화를 촉진하고 호화는 억제한다. 다량의 단백질은 노화를 촉진하는 경향이 있다. 전분의 노화를 방지하려면 수분 함량은 15% 이하로, 온도는 0℃ 이하로 낮추거나 식품 내 수분을 동결시키는 방법이 있다. 또한 설탕을 다량 사용하거나 유화제를 첨가해도 노화를 지연시킬 수 있다. 전분의 노화에 영향을 주는 요인과 작용은 표 **3-7**과 같이 요약하였다.

표 **3-7** 전분의 노화에 영향을 주는 요인과 작용

요인	작용
종류	• 전분 입자 크기가 작은 전분의 노화가 빠르다. • 아밀로오스 함량이 많을수록 노화가 빠르다.
농도	• 전분의 농도가 증가하면 노화 속도가 빨라진다.
온도	• 노화가 가장 잘 일어나는 온도는 0℃ 부근이다. • 60℃ 이상 또는 −20℃ 이하에서는 노화가 거의 일어나지 않는다.
당	• 당은 탈수제 역할을 하여 노화를 억제한다
유화제	• 유화제는 아밀로오스와 결합하여 아밀로오스 간의 결합을 방해하여 노화를 억제한다.
수분	• 일반적으로 30~60%의 수분 함량에서 잘 일어난다. • 60% 이상이거나 30% 이하일 때 노화가 억제된다.
pH	• 알칼리에서는 노화가 일어나지 않는다. • 강산에서는 노화가 빠르게 진행된다.
염류	• 대부분의 염류, 양이온과 음이온들은 노화를 억제한다. • 황산염은 노화를 촉진한다.

(6) 전분의 호정화

전분에 물을 넣지 않고 160~180℃ 이상으로 건열 가열시 가용성 전분과 여러 덱스트린(dextrin)이 형성되는 과정을 전분의 호정화(dextrinization)라고 한다. 건열로 전분이 분해되어 만들어진 덱스트린은 물에 쉽게 용해되는 황갈색으로 점성이 약하다. 식빵을 토스터에 굽거나, 밀가루나 빵가루를 사용한 음식을 튀길 때, 쌀이나 옥수수를 튀길 때 전분의 호정화 현상이 생긴다. 걸쭉하면서도 점성이 크지 않은 여러 소스를 만들기 위해 밀가루를 먼저 볶아서 사용하는데 이때에도 밀가루 전분의 호정화가 생긴다.

(7) 전분의 가수분해

전분에 산을 넣고 가열하거나 효소를 가지고 있는 엿기름 같은 물질이나 효소자체를 넣고 적당한 온도에서 전분이 서서히 가수분해가 되는 과정이 전분의 당화(saccharification)이며 이를 이용한 음식에는 엿이나 식혜 등이 있다. 전분을 가수분해하는 효소에는 α-아밀레이스(α-amylase)와 β-아밀레이스(β-amylase)가 있다. α-아밀레이스는 전분의 α-1,4 결합을 무작위로 가수분해하는 효소로, 저 분자량의 덱스트린 및 과당류를 생성하고, 투명한 액체상태로 만들어주어 액화효소(liquefying enzyme)라고도 하는데, 발아 곡류와 타액에 존재한다. β-아밀레이스는 전분의 비환원성 말단에서부터 α-1,4 결합을 맥아당 단위로 가수분해하는 효소로 고구마, 엿기름, 타액 중에 존재하며, 주로 맥아당을 형성하여 당도를 증가시키므로 당화효소(saccharifying enzyme)라고도 한다.

2) 섬유소

섬유소(fiber componests)는 주로 식이섬유라고도 하며 포도당이 직쇄상 β-1,4 결합의 식물성 구성다당류로 식물 세포벽의 주 구성성분이다. 사람은 섬유소를 분해하는 셀룰레이스(cellulase)를 가지고 있지 않기 때문에 소화기관에서 분해되지 않아 영양소로 이용되지는 않지만, 장운동과 배변을 도와준다. 섬유소에는 셀룰로오스(cellulose), 헤미셀룰로오스(hemocellulose), 펙틴물질(pectic substances), 식물성 검(gum) 등이 있으며 염산으로 분해하거나 수용성으로 만들어 식품첨가물로서 사용하며, 착색안료, 증점제, 안정제 등으로 이용하기도 한다.

(1) 셀룰로오스

포도당 연결구조로 식물 세포벽에 작은 섬유의 형태로 존재한다.

(2) 헤미셀룰로오스

식물 세포벽 구성성분으로 오탄당인 자일로오스와 아라비노오스 등이 결합된 복합다당류이다. 헤미셀룰로오스는 식물체에서 셀룰로오스와 함께 식물의 구조를 유지하는 역할을 하며 알칼리에 잘 녹는 성질이 있고 무정형 화합물로 존재한다.

(3) 펙틴물질

식물조직의 세포벽 사이에 존재하면서 세포를 결착시켜 주는 접착제 역할을 하는 식물성 구성 다당류로 갈락투론산 단위(galacturonic acid unit)가 기본 물질이며 과일, 식물의 뿌리, 해조류 등에 존재한다. 특히 펙틴은 분자 내에 친수기가 많아 물분자에 의한 수화력이 강하므로 겔 형성능력이 커서 잼, 젤리, 마멀레이드 제조에 이용된다. 펙틴 젤을 형성하려면 펙틴과 산, 당이 필요하며 산은 pH 3.0~3.5, 당은 50% 이상이어야 한다.

① **펙틴물질의 종류** 펙틴물질에는 펙틴전구체(protopectin), 펙틴산(pectinic acid), 펙틴(pectin), 펙트산(pectic acid) 등이 있다. 펙틴전구체는 익지 않은 과일에 많이 존재하며 분자량이 크고 불용성으로 겔 형성능력이 없으며 분해되어 펙틴산으로 전환되며 가수분해되어 펙트산이 된다. 펙틴산과 펙틴은 성숙한 과일에 존재하며 수용성으로 젤 형성능력이 있다. 펙트산은 과숙한 과일에 존재하며 수용성이나 찬물에 녹지 않으므로 겔 형성능력이 없다.

② **펙틴 분해효소** 펙틴을 분해하는 효소는 그림 3-3과 같이 프로토펙티네이스(protopectinase), 펙타아제(pectase) 또는 펙틴에스테레이스(pectinesterase), 폴리갈락투로네이스(polygalactronase) 등이 있다. 프로토펙티네이스는 펙틴전구체를 펙틴과 펙

그림 3-3 펙틴 분해효소의 작용

틴산으로 분해하는 효소로 식물조직 내 세포막 사이에 존재하고 이 효소에 의하여 과일이 익어감에 따라 조직이 연해진다. 펙틴에스테레이스(pectinesterase)는 펙틴의 메틸에스테르 결합을 분해하는 효소로 감귤껍질, 곰팡이 등에 존재하고 포도주의 발효과정에서 이 효소에 의하여 메탄올이 생성되기도 한다. 폴리갈락투로네이스는 갈락투론산을 분해시키는 효소로 절임식품의 연부현상을 일으킨다.

(4) 검

점도가 크고 다양한 형태를 가지고 있는 수용성 다당류로서 식품에 질감을 부여하고 분산물질이 분리되는 것을 방지하며 수분 증발도 감소시키는 특성을 가지고 있다. 식물성 검류(vegetable gum)는 하이드로콜로이드(hydrocolloid)라고도 하며 기본 구조는 5탄당, 6탄당 및 그 유도체로 아라비아 검과 구아 검이 대표적이다. 식물성 검류는 수분 보유능력이 크고, 표면에서 수분 증발률을 감소시키며, 얼음 결정 형성을 지연한다. 또한 액체의 항상성과 흐름특성을 조절한다. 저열량 식품에 많이 이용되어 기름을 물로 대체시 식품의 점성을 증가시키는 역할을 하며 저열량 샐러드 드레싱 제조시 상의 분리를 감소시킨다. 해조 검류에는 한천, 알긴산, 카라기난 검, 미생물 검류에는 덱스트란, 잔탄 검 등이 있다.

① 아라비아 검(arabia gum) 아카시아나무의 수액에 존재하는 식물성 다당류로 칼슘, 마그네슘, 칼륨 등과 염을 형성하고 맥주의 거품안정제, 결정화 방지제, 청량음료, 제과·제빵 등의 유화제로 사용된다.

② 구아 검(guar gum) 콩과식물인 구아(guar)의 종자에서 얻어지는 식물성 다당류로 만노오스와 갈락토오스로 구성되어 있다. 구아 검은 1% 이하의 낮은 농도에서 점성을 나타낼 정도로 천연 검 중에서 점도가 가장 크며 찬물에서도 잘 녹고 가열조리를 하여도 점성을 잃지 않는 특징이 있다. 아이스크림의 증점제, 소스의 안정제, 드레싱, 치즈 등에 사용된다.

③ **한천**(agar) 홍조류인 우뭇가사리에서 추출한 해조류의 검류로 갈락토오스에 일부 황산기가 결합된 복합다당류인 갈락탄(galsctan)이다. 전분과 유사한 구조로 직선상의 아가로스(agarose)와 아가로펙틴(agaropectin)의 형태가 있는데, 아가로스가 약 70% 정도를 차지한다. 한천은 1~2%의 낮은 농도에서도 단단한 젤이 잘 형성되며 한천 젤은 85℃ 이하에서 녹지 않아서 고온에서 제조되는 제빵·제과류의 안정제, 양갱의 원료, 미생물 배양 배지 등에 사용된다.

④ **알긴산**(alginic acid) 복합다당류로 갈조류인 미역, 다시마 등의 세포벽을 구성하는 물질이다. 알긴산은 물에 잘 녹지 않으나, 알긴(aglin)은 물에 잘 녹아서 알긴과 나트륨, 칼륨, 칼슘, 마그네슘 등과 결합한 염 형태로 농도가 충분할 때 젤을 형성한다. 아이스크림, 냉동과자의 안정제 등으로 사용된다.

⑤ **카라기난**(carageenan) 복합다당류로 홍조류 세포벽의 구성성분이다. 카라기난 젤은 한천 젤보다 탄력성이 있고 보수성이 강하여 냉동과 해동으로 인한 이수현상이 적어 냉동식품의 얼음결정 억제제로 이용되며 잼, 젤리, 아이스크림의 안정제로도 사용된다.

⑥ **덱스트란**(dextran) 미생물에서 생산되는 검류로 미생물이 당밀이나 설탕 등을 분해하여 만든 다당류이다. 루코노스톡(leuconostoc) 세균은 설탕이나 과당을 분해하여 덱스트란을 생성하는데, 설탕을 넣은 김치의 국물이 걸쭉해지는 것은 덱스트란이 많이 생성되었기 때문이다.

⑦ **잔탄 검**(xanthan gum) 미생물에서 생산되는 검류로 포도당, 만노오스, 글루쿠론산, 피부르산 등이 결합된 다당류이다. 잔탄 검은 물에 잘 녹으며 낮은 온도에서도 점도가 높고 온도, 산, 염류에 안정되어 안정제, 유동성 보존제 등으로 사용된다.

3) 덱스트린

덱스트린(dextrin)은 전분 분자가 효소, 산 혹은 건열에 의해 부분적으로 분해될 때 생성되는 중간산물로 맥아당과 포도당으로 되기 이전의 모든 가수분해물의 형태이다. 콘시럽 제조나 빵을 토스트 할 때 생성되기도 하며 점성효과가 증가되고 소화가 잘 되는 형태의 전분이다. 덱스트린은 물에 잘 녹고 단맛이 나는데 물엿은 약 40%의 덱스트린을 함유한다. 분자량이나 중합도에 따라 덱스트린의 종류에는 표 **3-8**과 같이 가용성 전분(soluble starch), 아밀로덱스트린(amlylodextrin), 에리트로덱스트린(erythrodextrin), 아크로덱스트린(achrodextrin), 말토덱스트린(maltodextrin) 등이 있다.

표 **3-8** 덱스트린의 종류와 특성

종류	요오드 반응	환원력
아밀로덱스트린	청색	0.6~2
에리트로덱스트린	적갈색	3~8
아크로덱스트린	무색	10
말토덱스트린	무색	20~30

4) 이눌린

이눌린(inulin)은 과당이 많이 결합된 식물성 저장다당류로 돼지감자, 우엉, 다알리아뿌리, 백합뿌리 등에 있다. 사람에는 이눌린을 분해하는 소화효소가 없어 직접적인 이용은 어렵고 가수분해하면 과당을 형성하므로 과당 제조원료로 사용된다.

5) 글루코만난

글루코만난(glucomannan)은 포도당과 만노오스가 약 1 : 2로 결합된 식물성 저장다당류로 만난(mannan)이라고도 한다. 곤약의 주성분이며 사람 몸에서 거의 소화되지 않으므로 저칼로리 식품의 원료로 사용된다.

6) 동물성 다당류

동물성 다당류에는 글리코겐(glycogen), 키틴(chitin), 황산콘드로이틴(chondroitin sulfate) 등이 있다.

(1) 글리코겐

포도당으로만 구성된 동물성 저장다당류로 간, 근육에 많고 효모, 조개류 등에도 존재한다. 글리코겐의 분자구조는 아밀로펙틴과 유사하나 사슬의 길이는 짧고 가지가 더 많으며 전분과 같은 호화나 노화가 일어나지 않는다. 글리코겐은 요오드 정색반응에서 적갈색을 띠며 맛과 냄새가 없고 찬물에 녹는 무정형 동물성 전분이다. 동물의 간이나 근육에 존재하여 동물성 전분으로 불린다. 가지(branch) 형태를 하며 가수분해하여 포도당이 된다.

(2) 키틴

당유도체인 아미노당이 β-1,4 결합된 동물성 단순다당류로 새우, 게 등의 갑각류 껍질의 주성분이다. 최근 생리활성물질로 알려진 키토산(chitosan)은 키틴에서 아세틸기가 제거된 것으로 항균성, 항암성, 면역활성, 콜레스테롤 저하 등의 기능이 밝혀져 기능성 소재로 다양하게 이용되고 있다.

(3) 황산콘드로이틴

점성다당류(mucopolysaccharide)의 대표적인 화합물로 연골조직이나 결합조직 등에 존재하는 당단백질인 동물성 복합다당류이다.

4. 탄수화물의 체내 기능

탄수화물은 체내에 주로 에너지를 공급하여 주는 열량원 성분으로 광합성을 하며 식물의 푸른 색소인 엽록소, 대기 중의 탄산가스(CO_2), 토양의 물 및 태양의 빛 에너지에 의해 식물체 내에서 합성된다. 체중감량 다이어트에서 탄수화물은 거의 제한하고 단백질과 지방만의 식사 구성으로 다이어트를 오래 지속하면 기아 상태일 때 나타나는 증세와 비슷한 증후가 생긴다. 즉, 다량의 나트륨(Na) 손실로 인한 체단백질의 감소와 지방대사 중간산물인 케톤(ketone)체의 혈액 내 증가로 당뇨병 환자와 유사한 증세인 혈액의 산도가 높아지는 케토시스(ketosis)가 생길 수 있다. 탄수화물에 포함되는 당질은 식생활에서의 단맛 제공 역할도 한다. 탄수화물 함량이 높은 식품에는 꿀, 설탕, 캔디, 초콜릿, 빵류, 과자류, 떡류, 쌀, 보리, 밀, 콩, 팥, 옥수수, 감자, 고구마, 밤, 바나나, 토란, 밀가루, 미숫가루, 국수류 등이 있다.

탄수화물은 1g에 4kcal의 열량을 내며 체내 에너지를 공급한다. 우리 몸은 신체 활동을 위해 에너지를 끊임없이 요구한다. 중추신경계는 에너지 급원으로 포도당이 반드시 필요하므로 중추신경계의 원활한 작용을 위해서는 탄수화물이 꼭 필요하다. 탄수화물의 다른 중요 기능 중의 하나는 단백질 절약 작용(protein sparing action)이다. 식사중에 탄수화물이나 지방이 부족하면 단백질이 먼저 우리 몸을 구성하는 등의 고유 기능을 하지 못하고 에너지를 내는데 쓰이게 되므로 탄수화물은 단백질이 에너지원이 되는 것보다 단백질의 고유기능을 행하도록 단백질을 절약시켜주는 작용이 있다고 볼 수 있다. 탄수화물에 속하는 셀룰로스, 헤미셀룰로스, 리그닌, 펙틴질, 검 같은 식이섬유(dietary fiber)는 장내에서 물을 흡수하고, 소화기관 근육의 수축을 자극하여 장내정장 작용을 돕는 역할을 하기도 한다. 그 외에도 단당이면서 5탄당인 리보오스는 DNA와 RNA의 중요한 구성성분이 되며 이당류인 유당은 칼슘의 흡수를 돕는 작용을 하기도 한다. 특히 우리의 뇌에서는 에너지원으로서 탄수화물의 당질이 쓰이기 때문에 탄수화물이 부족하면 쉽게 피곤해지고 뇌의 활동이나 집중력이 저하된다. 혈당치를 정상으로 유지시키기도 하는 탄수화물은 하루 권장량인 300~400g보다 과다하게 섭취하면 비만이나 생활습관병의 원인이 되기도 한다.

탄수화물을 섭취하여 체내 혈당이 높아지면 췌장의 내분비세포 덩어리인 랑게르한스섬의 β세포에서 인슐린이라는 호르몬이 분비되어 혈당을 분해해 에너지원으로 쓴다. 인슐린에 의해 세포 내부로 흡수된 포도당은 해당 과정을 통해 에너지 합성을 하고 글리코겐을 합성하며 에너지 저장과 지방 및 단백질 합성에도 관여한다. 이러한 과정을 통해 혈당은 점점 낮아져 공복시 혈당 적정 수준인 70~110~140mg/dL을 유지한다. 식후에는 혈당이 140mg/dL까지 상승하였다가 1~2시간 후 다시 정상 수준을 회복하게 된다. 탄수화물을 과잉섭취하여 필요한 에너지로 모두 쓰고도 혈당이 남으면 인슐린은 남은 혈당을 지방으로 만들어 저장하여 비만의 원인이 되기도 한다.

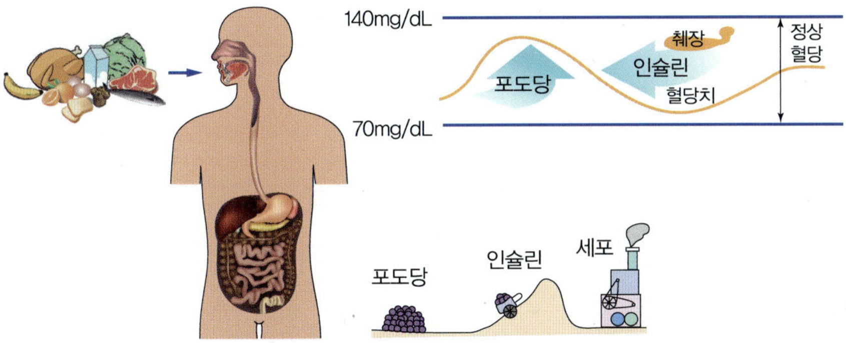

그림 3-4 음식 섭취 후 체내 혈당의 변화

여러 가지 이유로 인해 체내에서 혈당이 급격하게 상승되면 인슐린을 과다 분비시키면서 생리현상에 균형이 깨뜨리며 반작용처럼 혈당이 갑자기 급격히 떨어져 저혈당 상태가 되면서 배가 고프지 않아도 식욕을 높일 수도 있다. 단식 등의 공복으로 혈당이 낮아지면, 췌장 랑게르한스섬의 α세포에서 글루카곤(glucagon) 분비가 촉진된다. 글루카곤은 혈당이 100mg/dL 이하로 떨어지면 급격하게 분비되고, 인슐린과 적절한 균형을 이루면서 포도당을 사용할지, 저장할지 물질대사의 방향을 결정하는데 이 글루카곤이 간에 있는 세포에서 글리코겐 분해(75%)와 포도당 신생(25%)을 통해 포도당을 혈류 속으로 방출하여 혈당을 높이고 지방 분해를 자극하여 지방산을 에너지원으로 사용하게 된다. 결국, 인체는 글루카곤에 의해 공

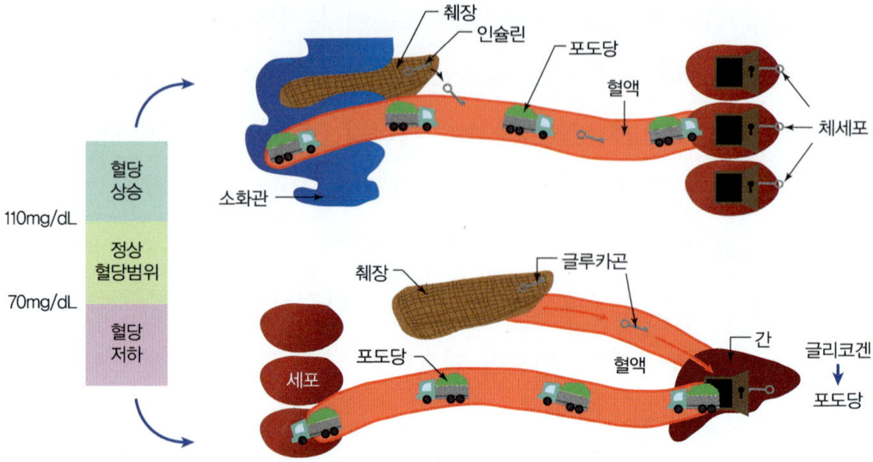

그림 3-5 체내 혈당 조절 기전

복 상태에서도 항상성을 유지하게 된다.

한편 우리 몸에서 스트레스나 교감신경 항진으로 카테콜아민(에피네프린) 분비가 일어나면 혈당이 상승하며 성장호르몬(GH)과 스테로이드호르몬도 인슐린 반대 작용으로 혈당을 상승시킬 수 있다. 흔히 배고플 때 '당 떨어졌다'고 하는 상태가 되면 여러 가지 식욕자극호르몬이 분비될 수 있고, 식욕 중추와 음식섭취 욕구를 자극하기도 한다.

저혈당(hypoglycemia)은 혈당이 정상 수치 이하로 감소해 발생하는 병적인 상태로 50mg/dL 이하의 저혈당이 되면 먼저 뇌를 포함한 신경계의 에너지 공급이 부족하게 되어 현기증이나 피로감 등이 생길 수 있다. 만약 저혈당이 계속되어 30mg/dL 이하로 떨어지면 저혈당 쇼크로 의식을 잃고 사망할 수도 있다. 이와 같은 저혈당을 회복하기 위해 교감신경이 항진되어 심박동수와 혈압이 올라가거나 부교감신경 작용으로 식은땀이나 공복감 등의 증상이 나타날 수도 있다. 당뇨병은 혈액의 포도당 농도가 높아져 있는 상태로 췌장에서 인슐린이 분비되지 않는 I형과 인슐린 효과가 감소하는 II형이 있다. 혈당이 계속 높아 당뇨병이 되면, 우리 몸 곳곳의 세동맥(작은 동맥)들이 손상되는데 특히 눈의 동맥 손상은 망막성 시각 상실(retinal blindness)을 유발하여 실명될 수 있고 콩팥 기능상실(kidney failure)로 인해 투석해야

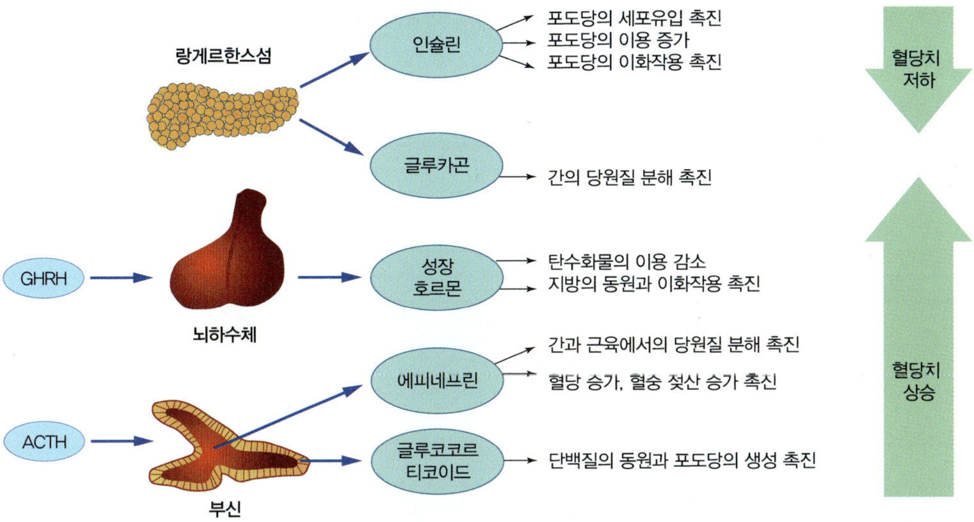

그림 **3-6** **혈당조절에 관여하는 호르몬들**
자료: 박영승 공저, 생리학, 수문사.

하는 상황이 될 수도 있다. 사지의 세동맥 손상은 당뇨발(DM foot)이라는 질환으로 하지 절단의 원인이 되기도 한다. 또한, 심장과 뇌의 세동맥 손상은 심장병(heart disease)과 뇌졸중(stroke)을 초래할 수 있다. 건강한 사람이라면 혈당은 정상 범위 안에서 적절히 조절되지만 당뇨병을 앓고 있는 환자라면 특히 극한의 단식 등 다이어트를 통한 저혈당에 빠지지 않도록 혈당 조절에 더 많은 신경을 써야 한다.

5. 2020 한국인의 탄수화물 섭취기준

정부는 국민 건강증진에 필요한 영양소 40종에 대해 '2020 한국인 영양소 섭취기준'을 제·개정하여 배포하였는데, 탄수화물의 경우 이 2020 영양소 섭취기준에서 권장섭취량과 평균필요량을 최초 제정하였다. 이에 따르면 전 연령대에서 탄수화물의 평균 필요량은 100g이며 충분섭취량은 130g이다. 에너지를 위한 탄수화물을 공급하지 않음으로써 에너지를 위해 지방을 연소하기 시작하는 케토시스를 예방할 수 있는 탄수화물량은 1일 50~100g으로 성인의 두뇌에서 1일 산화되는 포도당 양인 100g과 유사하다.

표 **3-9** 2020 한국인의 1일 탄수화물 섭취기준

성별	연령	탄수화물(g/일)			
		평균필요량	권장섭취량	충분섭취량	상한섭취량
영아	0~5(개월)			60	
	6~11			90	
유아	1~2(세)	100	130		
	3~5	100	130		
남자	6~8(세)	100	130		
	9~11	100	130		
	12~14	100	130		
	15~18	100	130		
	19~29	100	130		
	30~49	100	130		
	50~64	100	130		
	65~74	100	130		
	75 이상	100	130		
여자	6~8(세)	100	130		
	9~11	100	130		
	12~14	100	130		
	15~18	100	130		
	19~29	100	130		
	30~49	100	130		
	50~64	100	130		
	65~74	100	130		
	75 이상	100	130		
임신부		+35	+45		
수유부		+60	+80		

자료: 보건복지부·한국영양학회. 2020 한국인 영양소 섭취기준.

당뇨병이 없고 임신하지 않은 건강한 사람의 경우, 하루에 탄수화물을 50g 이하로 섭취하고 고지방식을 하여 케토시스 상태가 되면 간이 뇌에 에너지를 공급하기 위해 케톤을 생산하여 혈중 케톤체 수치가 높아지고 세포에 포도당 대신 새로운 연료원으로 사용되며 지방분해와 인슐린 수치감소 등이 나타날 수 있다. 케토시스는 흔히 체중감량을 위해 탄수화물을 극도로 제한하는 케토제닉다이어트와 앳킨스다이어트 등을 실시할 때 나타나며 케톤 수치가 높아지면 케톤 아세톤이 소변과 호흡에서 몸 밖으로 빠져나오면서 구취를 발생시키기도 한다. 케토시스는 무력감, 피로, 어지럼증 두통을 유발하여 독감과 유사한 증상을 보이기도 하며 복통, 메스꺼움, 구토와 같이 더 심각한 부작용도 발생시킬 수 있다. 몸이 정상 혈당치를 유지하려고 할 때 머리가 뿌옇게 안개낀 것 같이 브레인포그를 느낄 수도 있고 식이섬유도 부족되어 변비가 생기고 배가 더부룩해지기도 한다. 당분을 뇌로 보내는 건강한 탄수화물을 급격히 오랫동안 줄이면 정신상태가 불안정해진다. 저탄수화물 다이어트를 한 사람들이 저지방 다이어트를 한 사람들보다 불안과 우울증 예방에 도움이 되는 세로토닌 분비 양이 적다는 연구가 보고되기도 하였다.

6. 탄수화물의 적정 에너지 구성비율

2020 영양소 섭취기준의 한국인의 주요 영양소 섭취현황에서 보면 대부분의 연령대에서 에너지 필요추정량과 비슷한 에너지 섭취를 하고 있어 평균에너지섭취량을 보였다. 그러나 대체로 20대 여성의 에너지섭취량은 낮고, 50·60대 남성의 에너지섭취량은 높았으며, 19~29세의 젊은 여성과 75세 이상 여성은 더 많은 에너지 섭취가 필요하며, 50~64세 남성의 경우 에너지 섭취를 줄일 필요가 있었다. 우리나라 50세 이상 중장년층의 평균 탄수화물 섭취비율은 높은 편이고, 75세 이상 노년층의 경우 평균 단백질·지질 섭취비율이 낮은 편으로 균형 있는 식사가 필요하였다. 에너지를 내는 영양소에는 탄수화물, 단백질, 지질이 있는데 한국인 영양

표 3-10 2020 한국인 영양소 섭취기준 에너지 적정비율

연령(세)	에너지 적정비율(%)				
			지질		
	탄수화물	단백질	지방	포화지방산	트랜스지방산
1~2	55~65	7~20	20~35	-	-
3~18	55~65	7~20	15~30	8 미만	1 미만
19 이상	55~65	7~20	15~30	7 미만	1 미만

자료: 보건복지부·한국영양학회. 2020 한국인 영양소 섭취기준.

소 섭취기준의 에너지적정비율(Acceptable Macronutrient Distribution Range, AMDR)에서는 탄수화물 55~65%, 단백질 7~20%, 지질(3세 이상) 15~30%의 비율로 열량영양소 탄수화물, 지질, 단백질 간 상호작용과 균형을 고려하여 전체 에너지를 섭취하도록 권장하고 있다. 탄수화물을 하루 얼마나 먹어야 하는지 알아보기 위해 예를 들어 에너지 필요추정량이 2,600kcal인 남자 대학생의 경우, 탄수화물로부터 60%의 에너지를 섭취한다고 가정할 때 하루 필요한 탄수화물의 양은 2,600kcal에 0.6을 곱하여 4kcal로 나눈 값인 390g 정도가 된다.

7. 한국인의 탄수화물 섭취 실태와 총 당류 섭취기준

식품의약품안전처에 의하면 우리 국민의 건강한 식문화 조성을 위해 당류 섭취

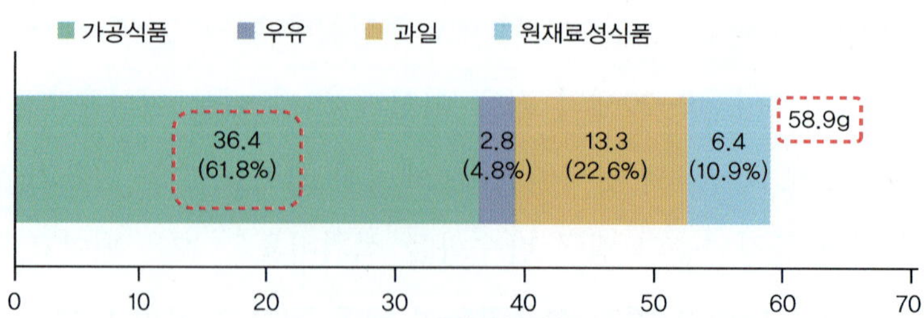

그림 3-7 식품군별(4대) 당류 섭취량
자료: 식품의약품안전처

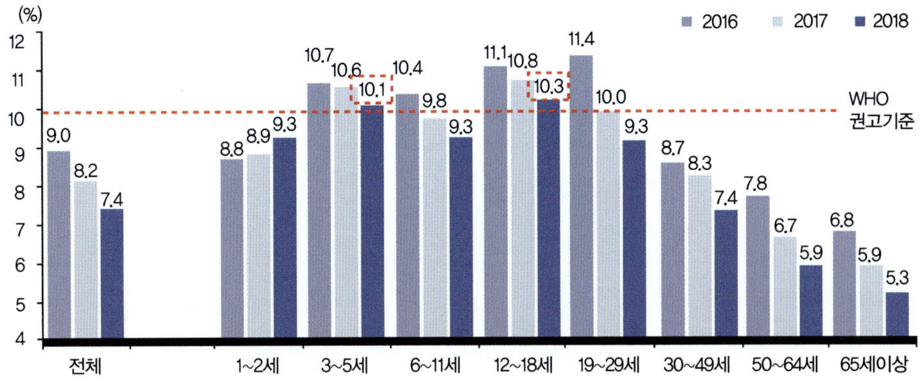

그림 3-8 가공식품을 통한 당류 섭취량(총열량 대비 비율) 추이

자료: 식품의약품안전처

수준을 분석한 결과, 가공식품섭취를 통한 하루 평균 당류 섭취량은 36.4g으로 하루 총열량의 7.4% 정도인데 세계보건기구(WHO)의 하루 권고기준인 10%보다 낮은 수준이었다. 그러나 식습관이 형성되는 3~5세 유아는 가공식품을 통한 당류 섭취가 하루 총열량의 10.1%, 12~18세 청소년은 10.3%로 WHO 권고기준인 10%를 초

표 3-11 가공식품의 평균 당류 함량

대분류	중분류	평균 당류 함량/식품 100g
과자류 · 빵류 · 떡류	과자 · 빵 · 떡	21.5g
빙과류	아이스크림류	17.2g
	빙과	19.3g
음료류	탄산음료류(탄산수 제외)	11.3g
	과일 · 채소류 음료	11.8g
	믹스 커피	50.0g
	커피(에스프레소 등 무가당음료 포함)	12.9g
	다류	27.7g
	두유류	4.4g
	발효음료류	12.5g
	인삼 · 홍삼음료	7.3g
	기타음료(음료베이스 등 포함)	25.8g

자료: 식품의약품안전처 식품영양성분DB.

과했고 남성에 비해 여성이 더 높았다.

가공식품에 함유된 평균 당류 함량은 **표 3-11**과 같다. 가공식품을 통한 당류 섭취의 주공급원은 음료류(32.7%)였고, 그 다음으로는 과자·빵·떡류(15.9%), 당류(10.5%) 순으로 높은 섭취비율을 나타내었다(**그림 3-9**).

가공식품(22종)

과자류, 빵류 및 떡류, 빙과류, 코코아가공품류 또는 초콜릿류, 당류, 잼류, 두부류 또는 묵류, 식용유지류, 면류, 만두류, 음료류, 특수용도식품, 장류, 조미식품, 절임류 또는 조림류, 주류, 농산가공식품류, 식품가공품 및 포장육, 알가공품류, 유가공품, 수산가공식품류, 즉석섭취 · 편의식품류, 기타가공식품

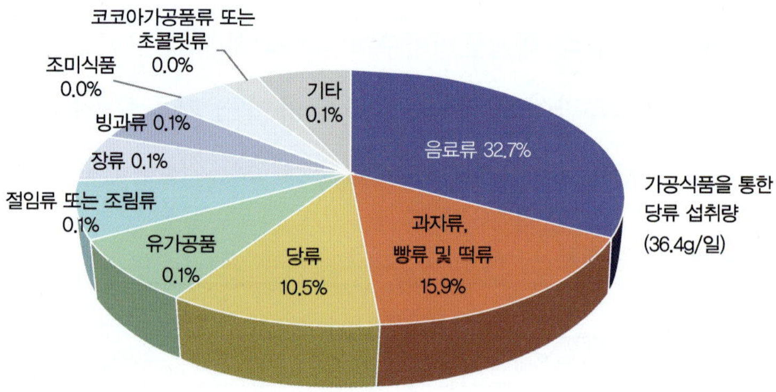

그림 3-9 종류별(22종)로 가공식품에서 차지하는 당류 섭취비율
자료: 식품의약품안전처

연령별로 가공식품에서 차지하는 당류 섭취비율을 살펴보면 1~2세는 유가공품(33.5%), 3~5세는 과자류·빵류 및 떡류(26.3%), 6세 이상은 음료류를 통해 당류를 가장 많이 섭취하였다(**그림 3-10**).

우리나라 40대 이상의 성인들의 경우 탄수화물 섭취비율이 65% 이상이 되면, 심혈관계질환 고위험군 가능성이 에너지 섭취비율이 55~65%인 경우에 비해 1.18배나 더 높다. 10~18세 청소년의 경우 고탄수화물 섭취군이 저탄수화물 섭취군에 비해 수축기 혈압이 유의하게 높아 대사증후군 지표에 영향을 미치고 있으

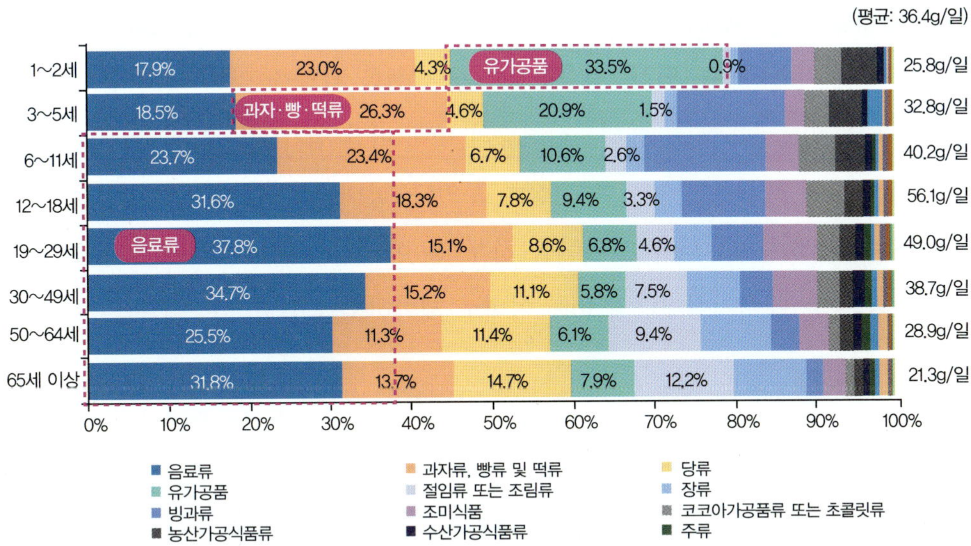

그림 3-10 **연령별, 종류별(22종)로 가공식품에서 차지하는 당류 섭취 비율**
자료: 식품의약품안전처

며, 노년층의 경우 탄수화물로부터 에너지 섭취비율이 높으므로 섭취비율을 적절히 유지할 필요성이 있다.

당을 과다하게 섭취하면 간에 부담을 주고 당이 지방으로 전환되어 지방간이 생기기도 하며, 혈압과 혈당을 높이고 만성 염증과 비만, 당뇨병, 지방간을 유발함으로써 심근경색과 뇌졸중 발생 위험을 높이기도 한다. 특히 단 음료수를 과다섭취하면 고형 식사에 비해 포만감이 낮기 때문에 식욕 조절 체계가 적절히 작동하지 않아 비만이 될 수도 있다.

총당류는 식품에 내재하거나, 가공·조리 시에 첨가된 당류를 모두 합한 값으로 정의되며 첨가당은 식품의 제조과정·조리 시에 첨가되는 꿀, 시럽, 설탕, 물엿 등을 말한다.

당류 섭취를 줄이려면 음식을 조리할 때 설탕·시럽·꿀 등 첨가당 사용을 줄이고 대신 양파·천연 조미료 등을 사용하면 좋다. 간식이나 후식 혹은 가공식품을 구입할 때는 영양성분 표시를 확인하여 가급적이면 당류 함량이 적은 식품을 선택하도록 한다. 탄산음료는 가당음료 대신 무가당음료나 물이나 탄산수로 바꿔 마시고, 커피를 마실 때에는 설탕이나 시럽을 빼고 마시는 것이 바람직하다. 간식을 먹을 때는 과자류·빵류·떡류, 빙과류보다는 신선한 과일을 먹는 것이 좋다. 세계보건기구(WHO)는 하루 총 에너지섭취량의 10% 미만 첨가당을 섭취하고, 모든 생애 주기에 당류 섭취를 줄이도록 권장하고 있다. 국내에서도 '2020 한국인 영양소 섭취기준'에서 하루 총 당류 섭취량을 하루 총 에너지섭취량의 10~20%로 제한하며 첨가당은 총 에너지섭취량의 10% 이내로 제한하도록 권고하고 있다.

표 **3-12** 당류 관련 주요 용어와 개념

용어	개념
당류	단당류(포도당, 과당)와 이당류(자당, 유당, 맥아당) 합
총당류 섭취량	과일, 흰우유 및 가공식품(흰우유 제외) 등 모든 식품 섭취를 통한 당류 섭취량
가공식품을 통한 당류 섭취량	흰우유를 제외한 가공식품 섭취를 통한 당류 섭취량
하루 총열량	하루 전체 식사를 통해 얻게 되는 열량(칼로리) * 탄수화물(주로 당류), 단백질, 지방: 4, 4, 9kcal(1g 당)
WHO 권고기준	가공식품을 통한 당류 섭취량: 하루 총열량의 10% 이하(하루 2,000kcal 섭취시 당류 50g에 해당)

CHAPTER 4

단백질 식품과 영양

CHAPTER 4

단백질 식품과 영양

개요

단백질은 에너지 영양소 뿐 아니라 신체 각 조직의 구성성분으로서 중요한 의미를 지닌다. 단백질은 분자 구성을 볼 때 탄수화물이나 지질과는 다른 고분자 화합물로써 평균 16%의 질소를 함유하고 있으며, 아미노산이 펩타이드 결합에 의해 중합체를 이루고 있는 물질이다. 단백질은 공급원에 따라 식물성 단백질과 동물성 단백질로 크게 나눌 수 있으며, 특히 육류나 어패류, 달걀, 우유 등에 함유되어 있는 동물성 단백질의 품질이 우수하다. 곡류나 두류에 함유되어 있는 식물성 단백질의 품질은 동물성 단백질에 비해 다소 낮은 편이지만, 곡류를 주식으로 하는 한국인에게 곡류 단백질은 매우 중요한 단백질의 급원 역할을 하고 있다.

1. 단백질의 개요 및 아미노산의 이해

1) 단백질이란

단백질이란 용어는 희랍의 프로테오스(proteos)에서 기원하는데, 중요한(primary), 첫 번째 위치한다(taking first pace)라는 의미를 갖는다. 탄수화물, 지질과 단백질은 식품의 3대 영양소로써 특히 단백질은 생명유지를 위한 기본적 역할을 하는 성분이다.

단백질은 체중의 약 17%를 차지하며 단백질의 체내 분포를 보면 성인의 경우, 근육에 전체의 1/2이 존재하고, 뼈와 연골에는 전체의 1/5이 있고, 피부에는 1/10이 존재하고, 나머지는 다른 세포와 체액에 존재한다. 단백질은 신체구조를 이루는 데 중요한 역할을 할 뿐만 아니라 체내에서 진행되는 화학반응을 촉진하는 효소, 대사를 조절하는 호르몬, 혈액을 통한 영양소의 이동에 필요한 운반체로 작용하며, 또한 면역반응에서 항체를 형성한다.

단백질의 원소 조성을 보면 대체로 50~55%는 탄소, 6~8%는 수소, 20~24%는 산소, 15~18%는 질소, 1~3%는 황, 1% 이하는 기타 원소로 구성되어 있다. 단백질은 탄소, 산소 그리고 수소의 구성원소를 갖고 있다는 점에서 탄수화물이나 지질과 유사하나 질소를 함유하고 있다는 점에서 특이하다고 볼 수 있다.

단백질의 질소 함량은 단백질의 종류에 따라 다소 차이가 있으나 평균 16% 존재한다고 한다. 식품 중의 질소량을 정량하고 질소환산계수를 곱하면 단백질의 양을 산출할 수 있다. 단백질이 함유하는 질소의 비율은 식품에 따라 일부 다르므로 각 식품별로 특정한 환산계수를 곱하여 산출할 수 있으나 대체로 개별 계수가 없는 경우에는 6.25 (100/16)의 계수를 쓰고 있다. 식품 중의 단백질 양은 단백질을 분해하고 남은 질소의 양에 6.25를 곱하여 산출한다.

2) 아미노산의 구조 및 이온화

아미노산(amino acids)은 단백질 분자의 가장 기본적인 조성물질이다. 단백질은 탄수화물이나 지방에 비하여 분자가 크고 복잡하며, 아미노산이 수백, 수천 개가 결합하여 단백질 구조를 형성하게 된다. 아미노산은 탄소, 수소, 질소로 구성되어 있으며 일부 아미노산은 황(S)을 포함하고 있다. 체내 단백질은 20개의 아미노산으로 되어 있으며 다양한 단백질을 구성한다. 아미노산은 α-L-아미노산의 형태로 하나의 탄소에 아미노기(-NH_2), 카르복실기(-COOH), 수소 원자 그리고 부수기(side chain)가 결합된 기본적인 구조를 가지고 있다(그림 4-1).

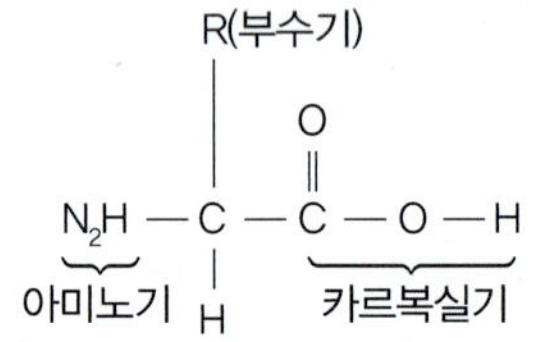

그림 4-1 아미노산의 기본 구조

아미노산은 수용액 중에서 이온화되는데, 중성 pH에서 양극성을 띤 쯔비터 이온(zwitter ion)의 형태로 존재하는데, 아미노기는 -NH_3^+로, 카르복실기는 -COO^-로 이온화된다. 산성 pH에서는 아미노기는 이온화된 형태인 -NH_3^+로 존재하고 카르복실기는 이온화되지 않은 -COOH로 존재한다. 알칼리 pH에서는 아미노기는 이온화되지 않은 형태인 -NH_2로, 카르복실기는 이온화된 -COO^-로 존재한다. 수용액의 pH에 따른 글리신의 이온화 경향은 그림 4-2에 나타나 있다.

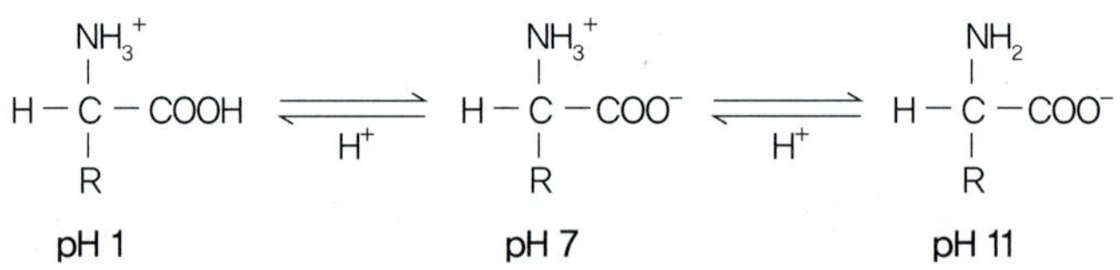

그림 4-2 수용액의 pH에 따른 글리신의 이온화 경향

3) 아미노산의 분류

아미노산은 결합된 부수기의 종류에 따라 전하를 띠지 않거나, 양전하, 음전하를 띠게 된다. 아미노산은 생리적 pH의 수용액에서 띠는 전하에 따라 중성(neutral), 산성(diacidic) 그리고 알칼리성(dibasic)으로 분류된다. 표 4-1에는 부수기에 따른 아미

노산의 분류가 나타나 있다.

산성 아미노산(diacidic amino acid)은 카르복실기를 2개 포함하며, 아스파르트산(aspartic acid), 글루탐산(glutamic acid)이 이에 해당된다.

알칼리성 아미노산(dibasic amino acid)은 아미노기를 2개 이상 포함하며, 아르기닌(arginine), 리신(lysine)과 히스티딘(histidine)이 이에 해당된다.

표 4-1 아미노산의 분류

1. 지방족 아미노산

글리신(glycine, Gly)

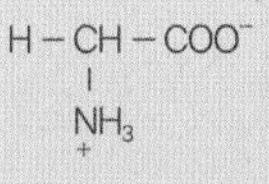

알라닌(alanine, Ala)

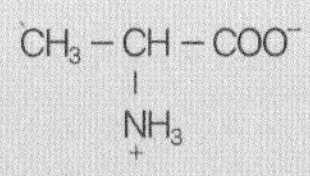

발린(valine, Val)

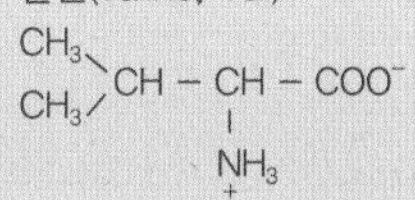

류신(leucine, Leu)

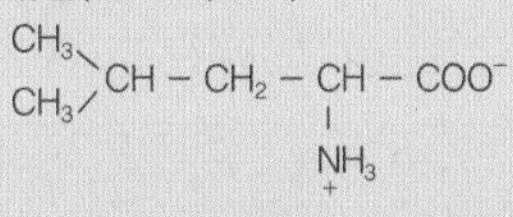

이소류신(isoleucine, Ileu)

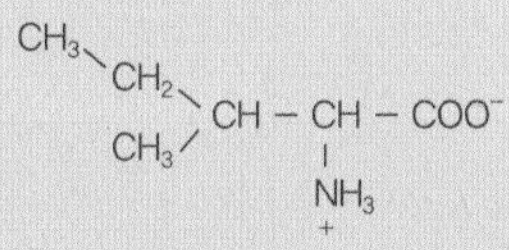

2. 수산화기를 함유한 아미노산

세린(serine, Ser)

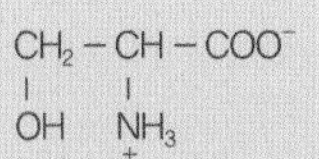

트레오닌(threonine, Thr)

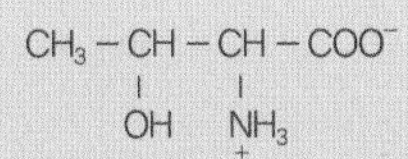

3. 황을 함유한 아미노산

시스테인(cysteine, Cys)

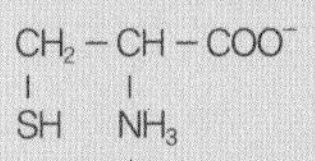

메티오닌(methionine, Met)

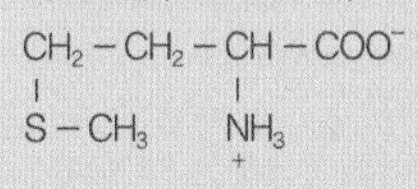

4. 카르복실기나 아미드기 함유 아미노산

아스파르트산(aspartic acid, Asp)

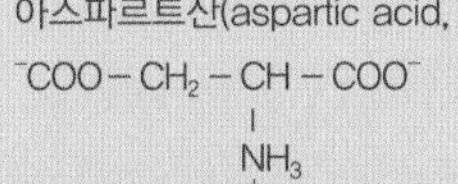

글루탐산(glutamic acid, Glu)

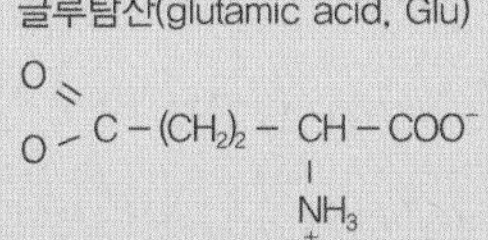

아스파라긴(asparagine, Asn)

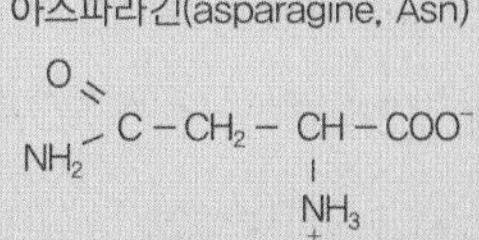

글루타민(glutamine, Gln)

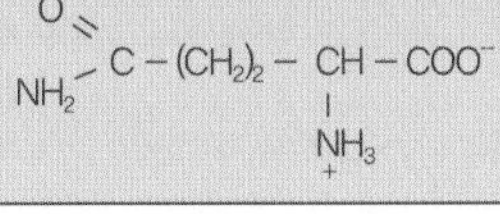

〈표 계속〉

표 4-1 아미노산의 분류 〈계속〉

5. 염기 함유 아미노산

아르기닌(arginine, Arg)

$H_2N-C(=\overset{+}{N}H_2)-NH-(CH_2)_3-CH(\overset{+}{N}H_3)-COO^-$

리신(lysine, Lys)

$H_3\overset{+}{N}-(CH_2)_4-CH(\overset{+}{N}H_3)-COO^-$

히스티딘(histidine, His)

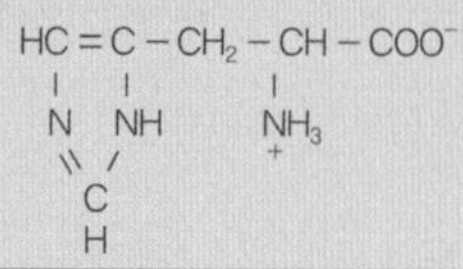

6. 고리구조 함유 아미노산

페닐알라닌(phenylalanine, Phe)

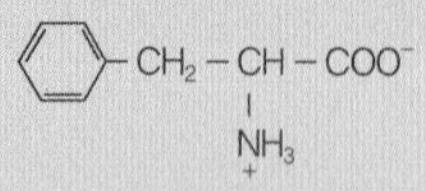

티로신(tyrosine, Try)*

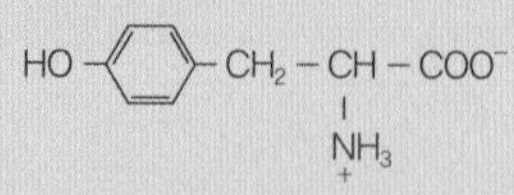

트립토판(tryptophanm, Trp)

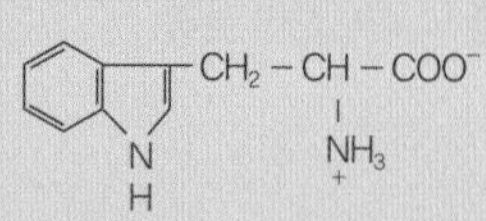

7. 아미노산(imino acids)

프롤린(proline, Pro)

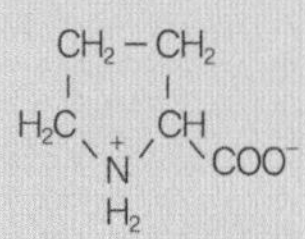

8. 변형되어 형성된 아미노산

시스틴(cystine, Cys-S-S-Cys)

$^-OOC-CH(\overset{+}{N}H_3)-CH-S-S-CH-CH(\overset{+}{N}H_3)-COO^-$

하이드록시리신(hydroxylysine, Hyl)

$CH_2(\overset{+}{N}H_3)-CH(OH)-CH_2-CH_2-CH(\overset{+}{N}H_3)-COO^-$

하이드록시프롤린(hydroxyproline, Hyp)

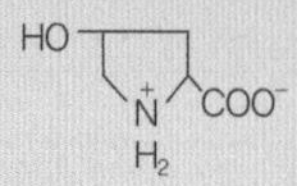

3-메틸히스티딘(3-methylhistidine, 3-meHis)

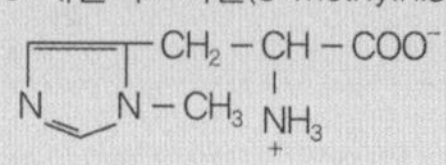

*티로신은 수산기를 포함하지만 방향족 아미노산으로 분류함.

중성 아미노산(neutral amino acid)은 카르복실기와 아미노기를 하나씩 가지고 있는데, 부수기에 따라 다시 세분화될 수 있다. 고리 구조를 가진 아미노산에는 트립토판(tryptophan), 페닐알라닌(phenylalanine), 티로신(tyrosine)이 있고, 곁가지를 가지고 있는 아미노산(branched chain amino acids)은 발린(valine), 루신(leucine), 이소루신(isoleucine)이 있다. 탄소와 수소로 이뤄져 있는 지방족 아미노산(aliphatic amino acid)에는 글리신(glycine)과 알라닌(alanine)이 있으며, 발린(valine), 류신(leucine)과 이소류신(isoleucine)이 있다. 그리고 세린(serine)과 트레오닌(threonine)에는 수산기(-OH)를 가지고 있고, 시스테인(cysteine)과 메티오닌(methionine)은 황을 가지고 있다. 또한 아마이드기(amide group, -CONH)를 가진 아미노산은 아스파라긴(asparagine), 글루타민(glutamine)이 이에 해당된다. 또한 프롤린(proline)은 유리된 아미노기를 가지지 않고 고리 구조에 질소를 포함하고 있다.

체단백질을 구성하는 아미노산은 기본적으로 20개이지만 단백질 합성 후 일부 아미노산의 부수기는 화학반응을 통하여 변형될 수 있다. 시스틴(cystine)은 시스테인(cystein) 두 분자가 서로 결합된 형태를 말한다. 또한 콜라겐에 포함된 히드록시프롤린(hydroxyproline)은 단백질이 합성된 후 프롤린에 수소가 결합한 것이고, 근육의 액틴(actin)과 미오신(myosin)에 존재하는 3-메틸히스티딘(3-methylhistidine)은 히스티딘에 메틸기가 결합한 것이다. 단백질이 분해되었을 때, 변형된 아미노산은 아미노산 합성에 재이용되지 못하고 요로 배설된다.

4) 필수아미노산과 불필수아미노산

아미노산은 식사로 섭취하지 않아도 되는 불필수아미노산(dispensable 또는 nonessential amino acid)과 체내 합성이 안 되어 반드시 식사로 섭취해야 하는 필수아미노산(indispensable 또는 essential amino acid)으로 나누어진다(표 **4-2**).

표 **4-2** 필수아미노산과 불필수아미노산의 종류

필수아미노산	비필수아미노산	조건적 필수아미노산
메티오닌	알라닌	아르기닌
류신	아스파르트산	시스테인
이소류신	아스파라긴	티로신
발린	글루탐산	글루타민
라이신	세린	글라이신
페닐알라닌		프롤린
히스티딘		
트레오닌		
트립토판		

필수아미노산은 신체가 필수아미노산의 아미노기를 제외한 탄소골격을 합성할 수 없거나 탄소골격에 아미노기를 결합시킬 수 없거나 필요량을 충족시킬만큼 빠른 속도로 합성할 수 없으므로 반드시 식사로 섭취해야 한다.

필수아미노산은 9종의 아미노산, 즉 메티오닌, 류신, 이소류신, 발린, 라이신, 페닐알라닌, 히스티딘, 트레오닌, 트립토판이며, 체내에서 합성이 충족되는 경우 5종의 비필수아미노산은 알라닌, 아스파르트산, 아스파라긴, 글루탐산, 세린이 해당된다. 정상적인 상황에서 체내 합성이 충족되더라도 특별한 생리상태에서 합성이 제한될 경우 조건적 필수 아미노산으로 분류된다. 6종의 조건적 필수아미노산은 아르기닌, 시스테인, 티로신, 글루타민, 글라이신, 프롤린이 이에 해당된다.

2. 펩타이드 결합과 단백질의 종류

1) 펩타이드 결합

펩타이드 결합은 단백질의 구조 형성을 위해 중요한 의미를 갖는다. 펩타이드 결합(peptide bond)은 아미노산의 아미노기와 카르복실기가 물 1분자를 내 놓으면서 생성된 아미드결합(amide bond)을 말한다.

펩타이드 결합에 의해 두 개의 아미노산이 결합한 경우 디펩타이드(dipeptide)라 하며, 3개의 아미노산이 결합한 경우 트리펩타이드(tripeptide)라 한다. 10개 이상의 아미노산이 결합한 경우 폴리펩타이드(polypeptide)라 한다.

대부분의 단백질들은 수천개의 아미노산으로 구성되어 있으며 단백질과 폴리펩타이드를 구분하지 않고 사용하기도 하지만 분자량이 10,000 이하인 경우 폴리펩

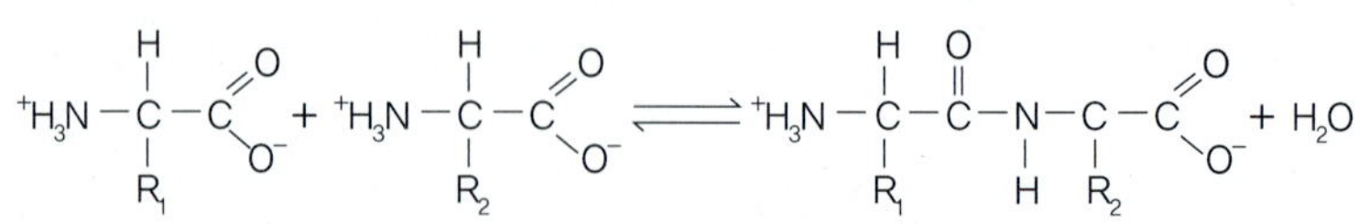

그림 4-3 펩타이드 결합

타이드라고 한다(그림 4-3).

여러 종의 아미노산이 펩타이드 결합에 의해 연결될 때, 단백질의 한 끝은 펩타이드 결합 반응에 참여하지 않는 자유 아미노기가 있는데, 이것을 단백질의 N-말단(N-terminal)이라고 부른다. 마찬가지로 단백질의 다른 한 끝에도 역시 펩타이드 결합을 하고 있지 않은 자유 카르복실기가 있어 C-말단(C-terminal)이라고 부른다.

펩타이드 결합은 쉽게 분해되지는 않지만 소화되는 동안 산과 효소 그리고 기타 요인들에 의해 분해될 수 있다.

2) 단백질의 종류

(1) 구조적 특징에 따른 분류

① 섬유상 단백질 섬유상 단백질은 폴리펩타이드 사슬들이 하나의 공통의 축을 주위로 모여 긴 섬유를 형성함으로써 안정한 불용성의 구조를 띤다. 종류로는 결합조직을 구성하는 콜라겐(collagen), 콜라겐을 열처리하여 얻은 젤라틴(gelatin), 동물의 뿔이나 발톱을 구성하는 케라틴(keratin) 그리고 실크의 피브로인(fibroin) 등이 여기에 속한다.

② 구상 단백질 구상 단백질은 하나 또는 몇 개의 폴리펩타이드 사슬들이 스스로 접혀 공 모양, 즉 구상의 3차원적 구조를 하는 단백질들로 대부분의 단백질들이 여기에 속한다. 구상 단백질들은 용해성이 높고 결정상으로 분리할 수 있는 경우가 많으며 폴리펩타이드 사슬은 나선구조를 하고 있는 부분이 많고 분자 내의 여러 가지 상호작용에 의해 더욱 입체구조를 하고 있다. 알부민(albumin), 글로블린(globulin), 효소단백질 등이 여기에 속한다.

그러나 액틴(actin)과 피브리노겐(fibrinogen)과 같은 단백질들은 섬유상과 구상 단백질, 두 가지 모두의 성질을 지닌다.

(2) 단백질의 구성에 따른 분류

① 단순단백질 단순단백질은 아미노산 이외에 다른 성분이 없이 아미노산 만으로 구성되어 있으며, 용해성에 따라 다음 표 **4-3**과 같이 분류된다.

표 **4-3** 단순단백질의 용해성

	물	묽은염	묽은산	묽은알카리	알코올
알부민	+	+	+	+	−
글로블린	−	+	+	+	−
글루텔린	−	−	+	+	−
프롤라민	−	−	+	+	+
히스톤	+	+	+	−	−
프로타민	+	+	+	−	−
알부미노이드	−	−	−	−	−

+ : 녹는다, − : 잘 녹지 않는다

표 **4-4**에는 단순단백질의 종류가 나타나 있다. 동식물성 식품에 널리 함유되어 있는 알부민과 글로블린, 주로 식물 종자에 함유되어 있는 글루텔린과 프롤라민, 동물성 식품에만 존재하는 염기성 단백질인 히스톤과 프로타민 등이 있고, 동물체의 보호조직에 주로 함유된 경성단백질인 알부미노이드(albuminoid)의 7종류 단백질이 포함된다.

② 복합단백질 표 **4-5**에는 복합단백질의 종류가 나타나 있다. 복합단백질은 함유하고 있는 부수물질에 따라 핵단백질(nucleoproteins), 당단백질(glycoproteins, mucoproteins), 인단백질(phosphoproteins), 지방단백질(lipoproteins), 색소단백질(chromoproteins), 금속단백질(metalloproteins) 등으로 분류한다.

③ 유도단백질 표 **4-6**에는 유도단밸질의 종류가 나타나 있다. 유도단백질은 단순단백질 혹은 복합단백질이 화학적 변화를 받거나, 열 등으로 물리적인 변화를 받아 생

표 4-4 단순단백질의 종류

단백질	특성	예
알부민	물, 묽은염에 녹음 가열응고	혈청(serum albumin), 우유(lactoalbumin), 달걀흰자(ovoalbumin), 근육(myogen)
글로불린	물에 불용, 묽은염에 녹음 가열응고	혈청(serum albumin), 우유(lactoalbumin), 근육(myogen), 난백(ovoglobulin), 콩(glycinin)
글루텔린	묽은산 또는 알칼리에 녹음 알코올에 불용, 가열응고	밀(glutenin), 쌀(oryzenin), 보리(hordenin)
프롤라민	70~80% 알코올에 녹음 물과 염류에 불용	밀(gliadin), 옥수수(zein), 보리(hordein)
경단백질	모든 용매에 안 녹음 효소분해 안 됨	연골(collagen), 손톱이나 머리카락(keratin), 힘줄(elastin)
프로타민	물에 녹고 가열로 응고 안 됨 생선의 정자에 함유	연어(salmon), 청어(clupein)
히스톤	강염기성 단백질에 함유 물에 녹고 가열로 응고 염기성 단백질	흉선이나 간장(histone), 어류의 정자핵

표 4-5 복합단백질의 종류

단백질	특성	예
인단백질	단백질+인산이 에스텔 결합 한 단백질	우유(casein), 난황(vitellin)
핵단백질	단백질+핵산(DNA, RNA)	동식물의 세포핵의 주성분: nucleohistone
당단백질	단백질+다당류	동물의 점액이나 소화액(mucin), 혈청 결체조 직(mucoid), 달걀(avidin)
금속단백질	단백질+금속(철, 동, 아연 등)	철단백질(ferritin), 아연단백질: 인슐린(insulin)
리프단백질	단백질+지질	달걀노른자(lipovitellin), 달걀노른자(lipovitellenin)
색소단백질	단백질+색소	갑각류(hemoglobin, myoglobin, astaxanthin)

성된 단백질을 말한다. 유도단백질은 일반적으로 원래의 단백질과 다른 성질을 갖게 된다. 변성된 정도에 따라서 1차와 2차 유도단백질로 분류된다.

1차 유도단백질은 변성단백질로서 유즙의 카제인(casin)이 응유효소인 레닌

표 4-6 유도단백질의 종류

단백질	특성	종류
1차 유도단백질 (변성단백질)	천연 단백질이 산, 알칼리, 효소, 열 등의 작용을 받아 변성된 것. 골격은 대부분 그대로 또는 약간 성질 변화.	카제인(para-casein) 젤라틴(gelatin)
2차 유도단백질 (분해단백질)	1차 유도단백질보다 분해가 더 진행된 것.	프로테오스(proteose) 펩톤(peptone) 펩타이드(peptide)

(rennine)의 작용을 받아 생긴 파라 카제인(para-casein)이나 콜라겐(collagen)을 물과 함께 장시간 가열하여 얻은 젤라틴(gelatin)이 해당한다.

그리고 단백질이 약간의 가수분해를 받아서 생성된 프로테오스(proteose), 펩톤(peptone), 펩타이드(peptide) 등과 같이 완전히 아미노산까지 분해되기 전의 중간생성물을 2차 유도단백질이라고 한다.

3. 단백질의 입체구조와 변성

1) 단백질의 입체구조

단백질의 기본구조는 아미노산들이 펩타이드 결합에 의해 긴 사슬 형태로 연결되는 것으로 이것을 단백질의 1차 구조(primary structure)라 한다. 아미노산들이 수십 개, 수백 개 펩타이드 결합에 의해 연결된 사슬을 폴리펩타이드 사슬(polypeptide chain)이라 부른다.

단백질의 2차 구조(secondary structure)는 긴 폴리펩타이드 사슬이 분자 내 혹은 분자 간의 수소결합 등에 의해 입체적으로 알파-나선구조(α-helical structure)나 베타-병풍구조(β-pleated sheet structure) 또는 무작정코일(random coil) 형태를 나타내는 것을 말한다.

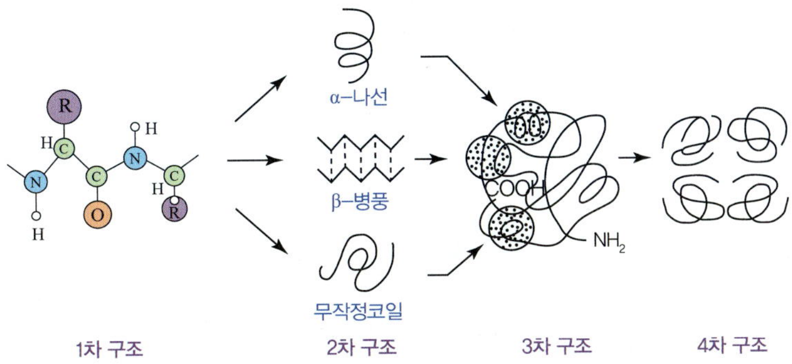

그림 4-4 단백질의 입체 구조
자료: 남궁석·소명환(1994), 식품학총론, 진로연구사, p.181.

2차 구조를 이루고 있는 폴리펩타이드 사슬이 다시 분자 내의 각 부분에서 수소결합, 이온결합, S-S결합, 소수성 결합 등에 의하여 구부러지고 접히면서 다양한 입체적 형태를 갖게 되는데 이를 단백질의 3차 구조(tertiary structure)라 한다.

대부분의 단백질들은 단일 폴리펩타이드 사슬의 3차 구조에 의해 분자 구조가 최종적으로 완성되지만, 헤모글로빈 같은 일부 단백질들은 3차 구조를 이룬 폴리펩타이드 사슬이 두 개 이상 다시 모여 4차 구조(quaternary structure)를 이루기도 한다.

2) 단백질의 변성

단백질의 변성(denaturation)은 외부의 작용에 의해 펩타이드 결합을 제외한 입체구조가 변하게 되고, 자연 상태의 단백질이 특유한 기능적 형태를 잃고 변화되는 것을 말한다. 그림 4-5와 같이 단백질의 변성으로 인해 단백질 분자의 구조적인 배열, 즉 수소결합, S-S결합 등이 깨어질 수 있으며, 변성이 일어나면 단백질의 정상적인 생리적 기능을 수행할 수 없게 된다. 단백질의 변성은 물리적 요인들과 화학적 요인들에 의해 일어나는데 물리적 요인들로는 가열, 압박, 교반, 자외선 등이 있으며 화학적 요인들로는 극단적인 pH, 염, 유기용매, 계면활성제 등이 있다.

변성은 변성요인을 제거하였을 때 원래의 상태로 재생(renaturation)이 되는 가역적 변성과 재생되지 않는 비가역적 변성으로 구분 할 수 있다. 예로서, 삶은 달걀

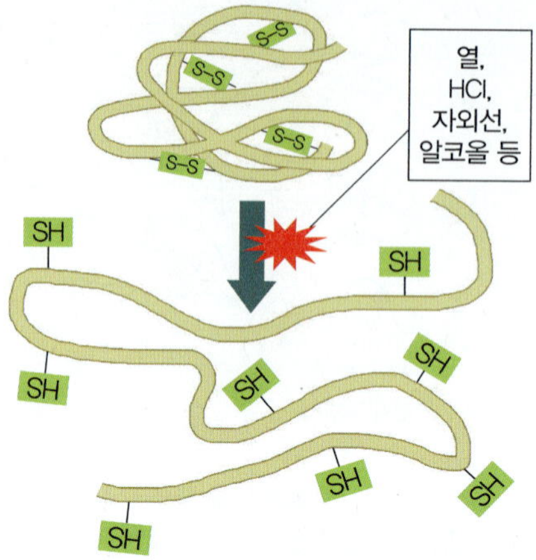

그림 **4-5** **단백질의 변성**

에서 나타나듯 가열에 의한 변성은 비가역적 변성이라고 할 수 있다. 단백질의 열에 의한 변성은 응고형태로 나타나는데 대부분 60~70℃에서 일어나며 비교적 수분함량이 많은 경우 저온에서도 일어나며 특히 단백질의 등전점에서 가장 쉽게 응고될 수 있다.

단백질의 변성은 온도가 높은 상태 외에도 동결에 의해서도 일어나게 된다. 육류는 대개 −3~−1℃에서 어육은 −5~−1℃에서 가장 변성이 심하게 일어난다. 급속동결방법은 얼음의 결정을 최소한으로 줄이고 변성 시간을 단축하기 위해 사용할 수 있다.

단백질이 변성이 일어나면 응고나 침전이 일어나기도 하고, 반응성이 증가하고, 용해도 역시 변화한다. 또한 효소에 대한 감수성도 변화하고, 효소 등의 경우에는 생물학적인 활성이 저하되거나 소실된다. 그 외에도 여러 화학적 성질의 변화도 나타나는데 이러한 변화들이 발생하는 이유는 단백질의 2차, 3차 구조의 변화에 의하여 여러 기능기들이 일부 분자 표면으로 노출되거나 분자 내부로 감추어지는 등의 물리적 변화가 나타나면서 그로 인해 단백질의 화학적 특성도 변화하기 때문이다.

단백질 식품들은 변성 현상을 이용한 경우가 매우 많다. 예를 들면, 삶은 달걀

(열), 콩으로부터 두부 제조(염류), 동결 두부의 제조(동결), 우유로부터 요구르트의 제조(산), 치즈 제조(산, 효소, 염류), 도살 후 고기의 숙성(효소), 생선 건어물(건조) 등이 이에 해당된다.

4. 완전단백질, 제한아미노산과 단백질의 질 평가

1) 완전단백질, 제한아미노산

체내에 필요한 필수아미노산의 함량이 동일한 비율로 충분히 함유되어 있는 단백질을 완전단백질이라 하며 반면에 하나 또는 그 이상의 필수아미노산들이 결핍되어 있는 단백질을 불완전단백질이라고 한다. 대부분의 동물성 단백질들은 완전 단백질로 젤라틴을 제외한 육류, 우유, 달걀, 유제품이 이에 속한다. 한편 식물성 단백질은 대부분 불완전 단백질로써 두류, 견과류, 종자류, 곡류, 채소류의 단백질이 이에 속한다.

단백질에 함유되어 있는 필수아미노산 중 사람이 필요로 하는 양에 비해 상대적으로 가장 부족하게 함유된 필수아미산을 제한아미노산(limiting amino acids)이라고 한다. 식물성 식품들의 경우 제한아미노산은 대부분 리신, 트립토판, 트레오닌,

그림 4-6 완전단백질

메티오닌 중에서 제한아미노산이 되는 경우가 많다.

식품 중의 단백질은 구성아미노산의 조성이 서로 다르므로 만일 제한아미노산이 서로 다른 두 종류 이상의 단백질을 같이 섭취하면 각각의 단백질에서 부족했던 제한아미노산들을 서로 보충함으로써 단백질의 질을 높일 수 있다. 이러한 효과를 단백질의 상호 보충 효과(complementary effect of protein)라고 한다. 예로서 쌀, 보리, 밀과 같은 곡류는 리신이 부족하며 두류에는 메티오닌이 부족한데, 두류와 곡류를 혼합하면 서로 부족한 필수아미노산을 보충하여 결과적으로 모든 필수아미노산들을 지니게 되는 효과를 갖는다.

표 4-7 식물성 식품의 단백질 함량과 제한아미노산

식품	단백질(%)	제한아미노산	식품	단백질(%)	제한아미노산
대두	45	메티오닌	옥수수	10	리신, 트립토판
땅콩	25	리신, 메티오닌	감자	9	리신, 트립토판
밀	14	리신	쌀	8	리신, 트레오닌

2) 단백질의 질 평가

식이단백질은 필수아미노산의 공급과 불필수아미노산의 합성을 위해 지속적으로 공급되어야 한다. 단백질의 질(protein quality)은 전적으로 필수아미노산의 구성에 의해 영향을 받으며 체내의 소화, 흡수 등의 기타 요인에 따라 바뀔 수 있다.

(1) 아미노산가

아미노산가(amino acid score)는 단백질 1g에 들어 있는 아미노산량과 기준이 되는 단백질 1g에 들어 있는 아미노산량의 비로 단백가(protein score)라고도 불린다. 달걀단백질의 경우 필수아미노산의 조성이 인체에서 필요한 필수아미노산 함량과 거의 일치하기 때문에 달걀을 기준단백질(reference protein)로 정하여 다른 식품의 단백질과 비교 평가하는데 이를 화학가(chemial score)라고 한다.

$$\text{아미노산가} = \frac{\text{단백질 1g당 존재하는 아미노산의 양(mg)}}{\text{기준단백질 1g당 존재하는 아미노산의 양(mg)}}$$

화학가는 각각의 필수아미노산에 대해 계산하여 그 중 가장 낮은 값을 단백질이나 식품의 화학가로 사용한다. 즉, 제한아미노산의 화학가인 것이다. 화학가가 1보다 작다는 것은 체내 성장과 유지를 위해 단백질 1g당 요구되는 아미노산량보다 식품에 들어 있는 아미노산량이 적다는 것을 의미한다.

(2) 생물가

생물가(BV, bilogical value)는 식이질소에서 요중질소와 변중질소를 제외한 식이질소량으로 나눈 값이다.

생물가는 동물이나 사람을 대상으로 산출되기 때문에 화학가에 의한 평가에 비해 노력이나 시간이 더 요구된다. 생물가는 성장과 유지를 위해 보유된 질소를 측정한 값이며 질소의 흡수 정도를 표현한 것이다. 일반적으로 생물가가 70 이상이면 양질의 단백질로 평가한다.

$$BV = \frac{\text{식이질소} - (\text{요중질소}^{1)} + \text{변중질소}^{2)})}{\text{식이질소} - \text{변중질소}} \times 100 = \frac{\text{보유된 질소}}{\text{흡수된 질소}} \times 100$$

1) 요중질소: 무단백식사시 요로 나가는 질소를 제외한 요 중 질소
2) 변중질소: 무단백식사시 변으로 나가는 질소를 제외한 요 중 질소

(3) 단백질 실이용률

단백질 실이용률(net protein utilization, NPU)은 소화정도와 필수아미노산의 함량을 함께 평가한 방법이다. 단백질의 실이용율은 흡수된 질소의 보유 정도보다 식이질소의 보유 정도를 측정한 것이다.

$$\text{NPU} = \frac{\text{식이질소} - (\text{요중질소}^{1)} + \text{변중질소}^{2)})}{\text{식이질소}} \times 100 = \frac{\text{보유된 질소}}{\text{식이질소}} \times 100$$

1) 무단백식사시 요로 나가는 질소를 제외한 요 중 질소
2) 무단백식사시 변으로 나가는 질소를 제외한 요 중 질소

(4) 단백질 효율

특수한 생체조건 하에서 단백질 효율(protein efficiency ratio, PER)은 동물의 성장에 기여하는 단백질의 이용을 고려해본 것으로 일정기간 단백질 섭취량에 대한 체중 증가량의 비율을 말한다. 주로 어린아이, 성장기의 동물을 상대로 실험해 보며 동물은 흰쥐를 사용하는데 흰쥐의 경우 대개 10일~4주 동안의 사육이 필요하다.

$$\text{PER} = \frac{\text{일정기간 동안의 체중증가량(g)}}{\text{일정기간 동안의 식이단백질(g)}}$$

5. 단백질의 기능 및 공급

1) 단백질의 기능

(1) 새로운 조직의 합성과 보수

신체 내 모든 세포에 단백질이 있으며 신체조직의 성장과 유지에 단백질은 중요하게 작용한다. 식사로부터 단백질이 충분하게 섭취되면 임신이나 성장기 동안 새로운 조직이 합성되어 정상적인 성장이 이루질 수 있다. 특히 단백질이 많이 요구되는 임신기, 수유기, 성장기에는 단백질 섭취가 충분하여야 성장이 정상적으로 이루어지며 단백질 섭취가 부족할 경우 정상보다 느린 속도로 성장이 되며, 심하면 성장이 정지될 수 있다. 성장 뿐 아니라 조직의 정상적인 유지 및 보호를 위해 단백질은 지속적으로 섭취되어야 한다. 단백질은 손톱, 발톱, 머리카락, 피부의 정상

적인 유지를 위해 반드시 필요하며 뼈와 결합조직, 혈액과 근육의 구성을 위해 반드시 필요하다.

(2) 효소와 호르몬 및 영양소 운반체

효소는 단백질 분자로써 반응에 직접 참가하지 않으나 반응의 속도를 조절하는 촉매의 역할을 한다. 호르몬은 특정 조직에서 합성된 후 혈액으로 분비되어 다양한 신체대사를 조절한다. 인슐린(insulin)의 경우 두 개의 폴리펩타이드(polypeptide)로 이뤄져 있으며 글루카곤(glucagon), 부갑상샘호르몬(parathyroid hormone), 칼시토닌(calcitonin)의 경우 한 개의 폴리펩타이드 사슬로 이루어진 단백질이다.

(3) 체액 유지

체액 균형을 조절하는 기전에는 K^+, Na^+과 같은 전해질(electrolytes)과 단백질이 관련된다. 혈액 내 단백질은 분자의 크기가 커서 혈관벽을 지나 세포간질(intercellular)로 들어가지 못하므로 혈액 내 단백질 농도에 따라 교질 삼투압(oncotic pressure)이 변할 수 있다. 이 두 압력의 차이에 의해서 체액의 이동이 결정된다. 혈액 내 단백질 농도가 정상보다 낮아지면 체액이 혈액으로부터 근처의 조직세포로 들어가 부종을 일으키고, 혈액 내의 단백질의 농도가 정상보다 증가하면 체액은 혈관 주위의 조직세포로부터 혈관으로 이동된다.

(4) 산·염기 균형

단백질은 아미노산으로 구성되어 있기 때문에 완충작용을 하여 혈액의 pH를 언제나 중성으로 유지시킨다. 즉, 단백질의 구성아미노산은 아미노기와 카르복실기를 모두 가지고 있어 혈액 내 pH를 변화시키는 물질이 많이 존재하면 이들과 결합하여 pH를 중성으로 일정하게 유지시켜 준다. 예를 들어 헤모글로빈은 혈액에서 산·염기 균형을 위해 완충제의 역할을 한다.

(5) 면역 기능

외부에서 침투한 세균으로부터 신체를 보호하는 면역글로불린(immunoglobulin)은 항원(antigen)과 결합하여 이를 제거하는 항체(antibody)로 단백질에 의해 합성된다. 정상적인 상태에서는 항체의 농도가 낮고, 세균이나 이물질이 침입하는 경우에는 항원의 종류에 따라서 항체가 신속하게 합성된다. 그러므로 새로운 항체의 신속한 합성에 필요한 아미노산의 공급이 가능할 때 적절한 면역반응이 이루어진다.

(6) 신경물질 및 기타 물질의 합성

트립토판·티로신·글루탐산은 신경전달물질의 전구체로 아미노산에서 합성된다. 또한 단백질은 영양소의 운반에 중요한 역할을 하는 운반체를 합성한다. 혈액 속의 알부민(albumin), 레티놀(retinol)을 운반하는 트랜스티레틴(transthyretin), 산소를 운반하는 헴단백질(hemeprotein), 철을 이동시키는 트랜스페린(transferrin)은 단백질이다. 한편 단백질은 지방을 운반하는 지단백(lipoprotein)의 성분으로써 체내 지방대사에 관여한다.

(7) 에너지 공급 및 포도당신생합성

단백질은 탄수화물이나 지방과 마찬가지로 1g당 4kcal의 열량을 내는 에너지원으로 사용된다. 그러나 단백질을 고유한 기능에 사용하기 위해서 인체는 탄수화물과 지방을 우선적인 에너지원으로 사용한다. 탄수화물과 지방의 섭취가 요구량을 충족시키지 못하면, 단백질은 분해되어 포도당신생합성(gluconeogenosis) 과정을 통하여 포도당으로 전환된다. 아미노산에서 아미노기가 제거된 나머지 부분이 탄수화물과 같이 대사된다. 예를 들어 심한 육체적인 일을 갑자기 시작할 경우 초기에는 체내 단백질로부터 에너지를 사용하게 된다. 단백질의 에너지 발생 과정은 탄수화물이나 지방에 비해 비효율적이므로 생리적 관점에서 값이 비싼 에너지원이다.

2) 단백질의 공급원과 체내필요량

(1) 단백질의 공급원

단백질의 급원은 소고기, 돼지고기, 닭고기, 오리고기 등의 육류, 우유, 달걀, 생선류 등의 동물성 급원과 콩류 등의 식물성 급원으로 분류된다.

비록 쌀은 단위무게당 단백질 함유량은 적지만 섭취량이 많은 만큼 쌀은 중요한 단백질 급원이다. 단백질 식품을 선택할 때에는 그 식품이 충분한 양의 질소를 함유하고 있는지와 단백질 합성에 필요한 필수아미노산이 충분히 들어 있는지 단백질 식품의 양과 질을 함께 고려해야 한다.

그림 4-7 닭가슴살

최근 닭가슴살의 경우 단백질의 공급원으로 매우 적절하다는 평가를 받고 있다. 닭가슴살은 닭의 날개와 부리에서 가슴을 덮고 있는 근육으로 특히 핑크색 또는 백색을 띠고 있다. 백색근섬유로만 되어 있어 근섬유 다발은 가늘고 부드럽게 일정한 방향으로 정렬되어 있다. 닭가슴살은 지방함량이 적은 대신 단백질을 함유하고 있으며 메티오닌을 비롯한 필수 아미노산이 풍부하다. 닭가슴살은 근섬유로 구성되어 육즙의 손실이 일어나면 퍽퍽해지는 단점이 있다. 최근 건강열풍에 의해 구이, 볶음, 찜 등 다양한 조리방법으로 활용되고 있다.

(2) 단백질의 필요량

단백질 필요량은 신체활동을 적당한 수준으로 할 때 에너지 균형을 유지하고 체내 질소배설량과 식이질소섭취량의 균형을 이룰 수 있는 최소한의 수준이라 정의할 수 있다. 체내 단백질 필요량을 설정하는 데에는 질소균형법(Nitrogen balance)과 요인분석법(factorial method)이 사용된다. 최근에는 지표아미노산 산화법(IAAO방법, indicator amino acid oxidation method) 기술이 새로운 방법으로 제시되고 있다.

질소균형법(Nitrogen balance method)은 건강하고 임신 또는 수유의 상태가 아닌 성인의 질소 균형을 유지해 주는 데 필요한 식이 단백질의 최소량을 단백질의 필요량으로 결정하는 방법이다.

표 **4-8**에는 한국인 1일 단백질의 섭취기준이 나타나 있다. 성인의 경우, 성별에 상관없이 질소균형 실험결과로부터 얻은 0.66g/kg/일(Rand 등, 2003)에 단백질의 소

표 **4-8** 한국인의 1일 단백질 섭취기준

구분	연령	단백질(g/일)			
		평균필요량	권장섭취량	충분섭취량	상한섭취량
영아	0~5(개월)			10	
	6~11	12	15		
유아	1~2(세)	15	20		
	3~5	20	25		
남자	6~8(세)	30	35		
	9~11	40	50		
	12~14	50	60		
	15~18	55	65		
	19~29	50	65		
	30~49	50	65		
	50~64	50	60		
	65~74	50	60		
	75 이상	50	60		
여자	6~8(세)	30	35		
	9~11	40	45		
	12~14	45	55		
	15~18	45	55		
	19~29	45	55		
	30~49	40	50		
	50~64	40	50		
	65~74	40	50		
	75 이상	40	50		
임신부	2분기	+12	+15		
	3분기	+25	+30		
수유부		+20	+25		

화율을 보정한 0.73g/kg/일을 질소평형 유지를 위한 체중당 일일필요량으로 정하고 있다.

읽 어 봅 시 다

단백질과 건강문제

단백질의 결핍

단백질의 결핍과 부족은 저개발국가의 어린이에게 주로 발생되고 있다. 단백질 결핍증은 콰시오카(kwashiorkor)와 마라스무스(marasmus)의 증세로 설명되고 있다.

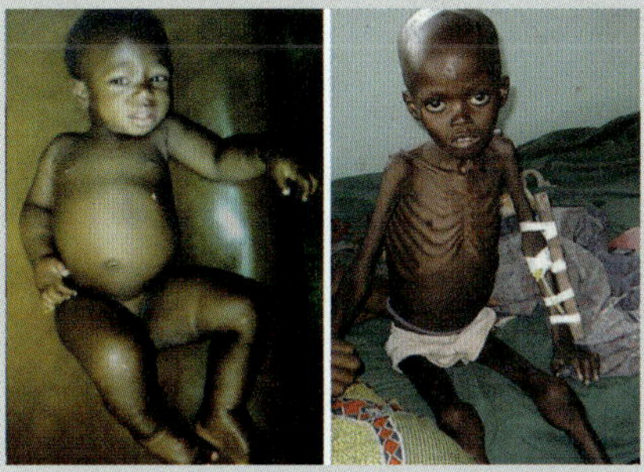

그림 4-8 콰시오카(왼쪽) 마라스무스(오른쪽)

콰시오카는 이유기의 어린아이가 에너지를 다소 섭취하지만 단백질의 섭취가 상당히 부족한 상태에서 나타나는 질병으로 성장부진이 일어나며 면역기능의 저하로 인해 설사, 구토, 탈수의 증상이 있고 간기능에 문제를 보이며 감염이 쉽게 일어날 수 있다. 혈액 내 단백질의 농도가 감소되어 영양성 부종이 나타나며, 지방간이나 머리카락의 변색, 피부염이 일어나기도 하며, 신경과민 등 신경계 이상 증상을 보이기도 한다.

마라스무스는 그리이스어로 '소모한다'라는 뜻으로, 아프리카 지역에서 이유기와 유아기에 식량이 부족할 때 나타나는 증세이다. 에너지와 단백질이 모두 부족한 기아상태일 때 나타나며 외관으로 보면 체지방의 저장분이 없어지며 뼈가 드러나 보일 정도로 심하게 마른 상태를 보인다. 콰시오카에 비해 부종은 나타나지 않고 피부, 간기능은 비교적 정상 상태를 보인다. 단백질이 심하게 부족된 콰시오카는 에너지와 단백질이 함께 부족된 마라스무스보다 더 심각한 형태의 건강문제를 보이며 전염병 등 질병에 대한 저항력이 더 떨어져 자칫 생명을 위협할 수 있는 영양불량증세이다.

과잉섭취

단백질을 필요이상 섭취할 경우 당뇨, 심혈관질환, 암, 사망 등 질병과의 연관성이 있다고 보고되고 있다. 우선 단백질을 함유한 식품은 지방도 많은 단점이 있으며 동물성 단백질이 많은 식사를 할 경우 채소, 과일, 곡류의 섭취가 부족될 수 있다. 동물성 단백질의 섭취가 지나치게 많을 경우 골다공증 등 뼈에 문제가 나타날 수 있다고 지적하고 있다. 동물성 단백질에 함황아미노산이 풍부할 경우 혈액의 산성화가 초래될 수 있으며, 산성아미노산의 중화를 위해 요로 칼슘의 배설이 증가하는 부작용이 일어날 수 있다. 체중감량 등의 이유로 탄수화물과 지질을 줄이고 단백질이 높은 식사를 할 경우 오히려 건강에 문제를 발생시킬 수 있다는 점을 간과하여선 안 될 것이다.

CHAPTER 5

지질 식품과 영양

CHAPTER 5

지질 식품과 영양

개요

지질은 탄수화물, 단백질과 함께 대사 과정을 통해 체내에서 에너지를 생성할 수 있는 열량 영양소이다. 지질은 탄소, 수소, 산소 세 가지 원소로 이루어져 있다는 점에서 탄수화물과 동일하지만, 원소의 조성과 화학구조상 배열이 다르기 때문에 전혀 다른 물질이다. 또한 지질은 같은 질량의 탄수화물보다 산소에 대한 탄소 비율이 높아 대사 과정에서 훨씬 더 많은 에너지를 형성할 수 있다.

지질은 유기용제에 잘 녹으므로 식품으로부터 쉽게 추출될 수 있는데, 지용성 물질을 녹여낼 때 사용하는 용매인 유기용제에는 헥산, 에탄올, 벤젠, 클로로폼, 아세톤 등이 있다.

1. 지질의 분류

유기용제인 에테르로 식품 중의 지용성 성분을 추출하면, 중성지방 뿐 아니라 인지질, 스테롤, 왁스, 지용성 비타민, 클로로필 색소 등 여러 성분이 함께 녹아 나온다. 이를 조지방(crude fat)이라고 하는데 중성지방은 이중 거의 대부분을 차지하고 있다.

지질은 구성하는 성분에 따라 단순지질과 복합지질로 분류할 수 있다. 단순지질은 탄소, 수소, 산소 이외에 다른 원소를 함유하지 않는 지질로 지방산과 알코올의 에스테르 형태인 중성지방이 대표적이다. 복합지질은 단순지질과 달리 구조 내에 탄소, 수소, 산소 이외에 다른 원소를 포함한다. 인지질과 당지질은 대표적 복합지질이다.

구성성분 뿐 아니라 물리적 성질에 따라서 지질을 지방과 기름으로 분류할 수도 있다.

1) 순수한 지질, 중성지방

중성지방은 단순지질의 한 종류로, 식품이나 인체를 구성하고 있는 지질의 대부분(약 95% 이상)을 차지한다. 한 분자의 글리세롤에 세 분자의 지방산이 에스터 결합한 화학구조를 이루고 있으며, 이외 다른 성분은 포함되어 있지 않다(그림 5-1). 화학명은 트리글리세리드(triglyceride) 또는 트리아실글리세롤(tricaylglycerol)이다.

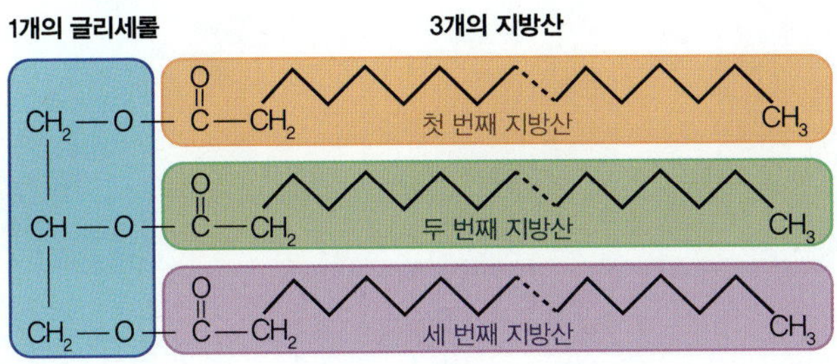

그림 5-1 중성지방의 구조

중성지방은 체내에 필수지방산을 공급하는 가장 중요한 기능을 수행하고 있으며, 지용성 비타민 등 지용성 물질의 체내 흡수와 운반을 돕는다. 또한 잉여 에너지를 체내에 저장하는 효율적인 수단이다.

2) 인을 함유한 인지질

인지질은 복합지질의 대표적인 형태로서 인 화합물인 인산이 결합한 지질이다. 생체 내 인지질은 중성지방에 비하면 매우 적은 양에 불과하지만 특징적인 구조로 인하여 매우 중요한 역할을 수행하고 있다. 인지질은 중성지방을 구성하는 3개의 지방산 중 1개 지방산이 인산기와 작용기로 대체되어 있다. 인산기와 작용기는 친수성의 머리를 구성하고 2개의 지방산은 소수성의 꼬리를 구성함으로써 수용성 환경에서 세포막을 구성하고, 혈액 중 지질의 운반체인 지단백질을 구성하는 등 중요한 생리 기능을 수행할 수 있다. 그림 5-2는 대표적 인지질인 포스파티딜콜린으로 친수성의 머리 부분에 인산기와 작용기인 콜린이 결합한 구조를 이루고 있다.

인지질은 식품 중에는 달걀노른자, 콩, 간 등에 비교적 많이 함유되어 있다. 식

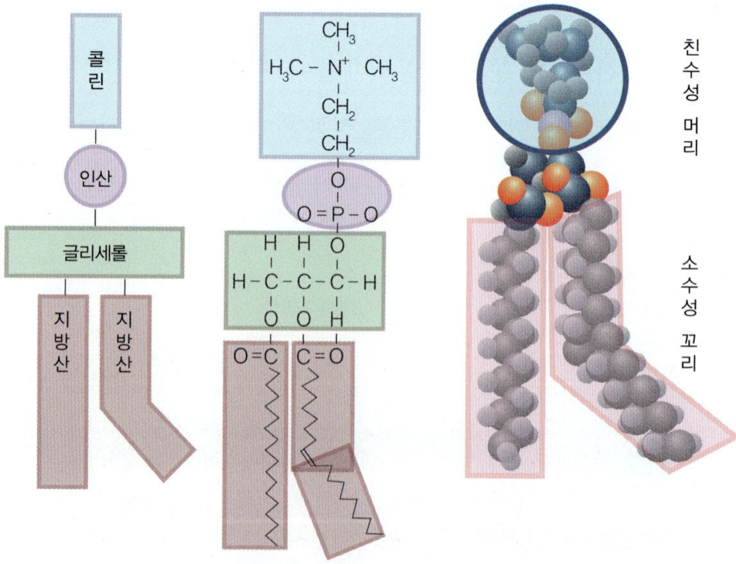

그림 5-2 포스파티딜콜린의 구조

품 제조 과정에서는 레시틴의 형태로 마요네즈와 아이스크림 제조, 제과·제빵 등 여러 식품에 첨가되어 유화제의 기능을 수행하고 있다.

읽어봅시다

유화제의 작용기전과 종류

서로 혼합될 수 없는 두 종류의 용액 중 한 용액의 작은 방울들이 다른 용액 중에 분산되어 있는 상태를 유화액(emulsion)이라고 한다. 대부분의 경우 유화액은 친수성(수용성, 극성) 용액과 소수성(지용성, 비극성) 용액 사이에 형성된다.

유화제는 에멀션의 상태를 안정시켜 두 용액이 서로 분리되지 않도록 하는 역할을 한다. 계면활성제 또는 표면활성제라고도 하며 식품 제조와 생체 내 여러 생리적 구조 형성에 중요한 역할을 한다. 유화제는 친수성 용액과 소수성 용액에서 더 작은 방울로 분산된 용액의 입자 경계면에 흡착층을 형성함으로써 미셀 구조를 형성하여 에멀션의 안정화를 이끈다. 이와 같은 역할을 위해서 유화제의 분자는 두 용액에 모두 녹을 수 있는 성질을 지녀야 한다. 식품첨가물로 사용하는 대표적 유화제인 레시틴과 생체 내 소화 과정에서 유화제로 작용하는 담즙산염은 한 분자 내에 친수성과 소수성의 성질을 모두 가지고 있다.

그림 5-3 인지질이 형성한 미셀 구조

3) 중성지방과 인지질의 중요 성분인 지방산

중성지방에는 세 개의 지방산이 포함되며, 인지질에는 두 개의 지방산이 포함된다. 결합된 지방산의 종류에 따라 중성지방과 인지질의 물리적, 화학적 성질이 영향받으므로 지방산은 이들 지질에 있어서 중요한 구성성분이다.

식사로 섭취하는 지질의 대부분은 중성지방이 차지하며, 각 중성지방의 특성은 구성 지방산의 종류에 기인한다(그림 5-4). 지방산은 탄소의 수, 이중결합의 수, 이중결합의 위치, 이중결합의 구조 등 다양한 방법에 의해서 분류될 수 있다(표 5-1). 중성지방과 인지질에 결합된 지방산은 모두 다른 종류일 수도 있고 모두 같은 종류일 수도 있지만, 확률상 대개의 경우 다른 종류이다.

지방산은 여러 개의 탄소들이 일렬로 결합한 화학구조를 이루고 있는데, 자연

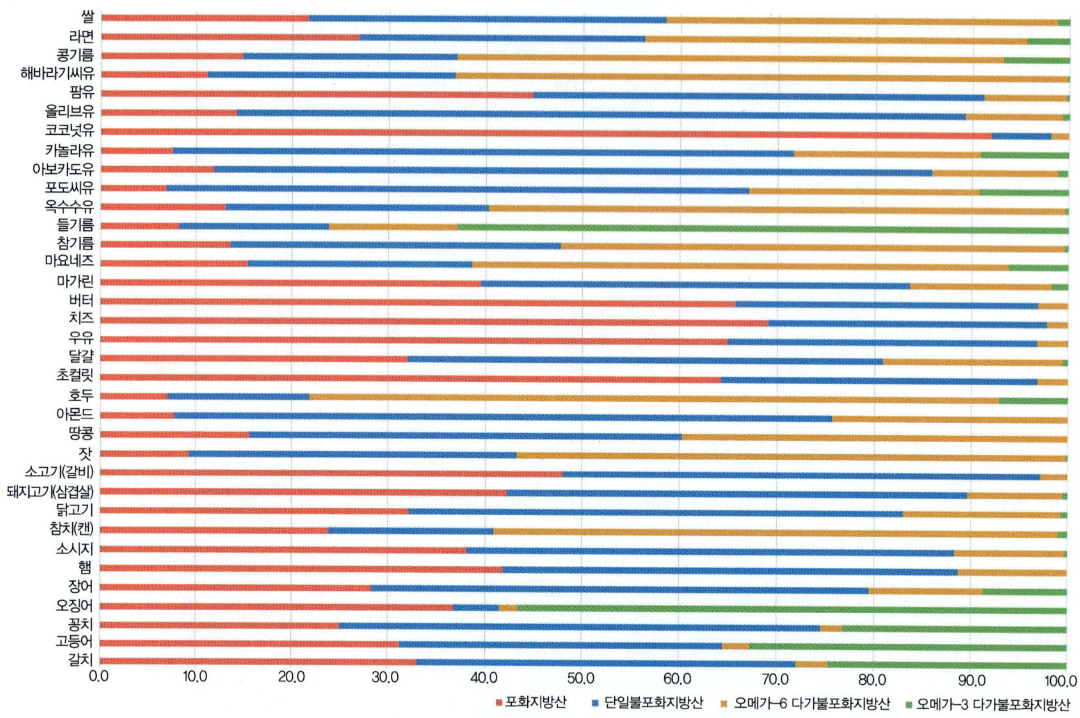

그림 **5-4** **상용 식품 중 포화, 단일불포화, 다가불포화지방산 조성**

자료: Moallem, U. (2018). Invited review: Roles of dietary n-3 fatty acids in performance, milk fat composition, and reproductive and immune systems in dairy cattle. Journal of dairy science, 101(10), 8641-8661.
정은경 & 백희영(1993). 한국인 주요 지방급원 식품의 지방산 함량. 한국영양학회지, 26(3), 254-267.
https://palmdoneright.com/

표 **5-1** **지방산의 분류**

분류 방법	종류
탄소수	짧은사슬지방산, 중간사슬지방산, 긴사슬지방산
이중결합 수	포화지방산, 단일불포화지방산, 다가불포화지방산
이중결합 위치	오메가-3, 오메가-6, 오메가-7, 오메가-9
이중결합 구조	시스형, 트랜스형

계에 존재하는 거의 대부분의 지방산은 짝수 개의 탄소로 구성되며 일반적으로 12~22개 범위에 있다. 지방산은 구성하는 탄소의 수에 따라 짧은사슬지방산, 중간사슬지방산, 긴사슬지방산으로 분류될 수 있고, 탄소 간 결합 방식에 따라 포화지방산과 불포화지방산으로 구분될 수도 있다. 일반적으로 탄소의 수가 14개 이상인

경우 긴사슬지방산이라고 분류하는데 탄소의 수가 많아질수록 녹는점은 높아지고 물에 대한 용해도는 낮아진다.

포화지방산은 탄소들이 모두 단일(공유)결합으로 연결되어 있는 지방산인 반면, 불포화지방산은 단일결합과 함께 최소 1개 이상의 이중(공유)결합으로 연결된 지

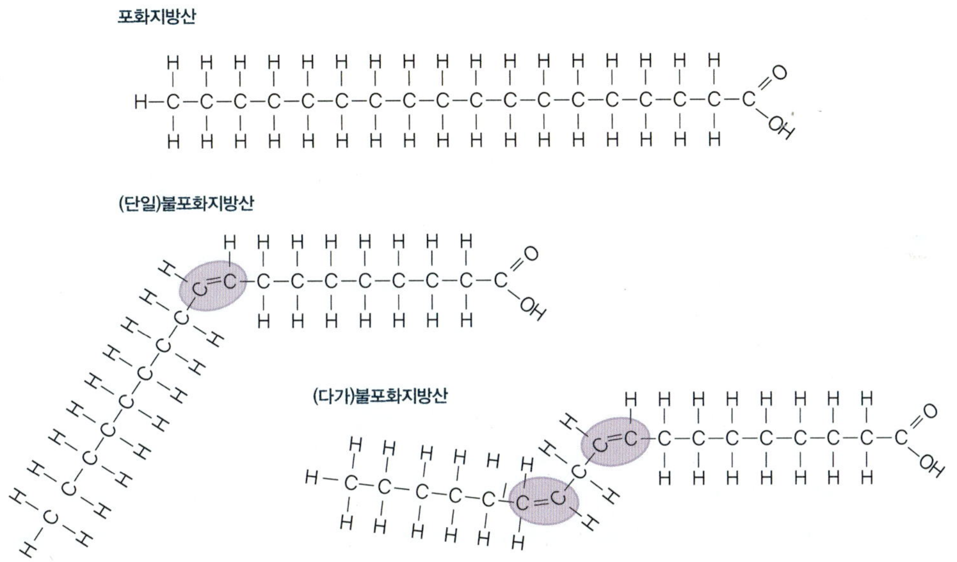

그림 5-5 포화지방산과 불포화지방산의 분자구조

그림 5-6 포화, 단일불포화, 다가불포화 지방산의 입체구조

방산이다. 불포화지방산은 다시, 구조 내에 단 1개의 이중결합이 있는 단일불포화지방산과 최소 2개 이상의 이중결합이 있는 다가불포화지방산으로 분류된다(그림 5-5). 탄소의 수가 같은 지방산일 경우 이중결합이 많을수록 분자 간 거리가 멀어져 인력이 약하게 작용하게 되어 녹는점은 낮아지게 된다(그림 5-6).

읽어봅시다

유화제의 작용기전과 종류

중성지방에서 포화지방산의 비율이 높으면 상온에서 고체, 즉 굳기름이 된다. 이러한 지질에는 쇠기름, 돼지기름, 마가린, 버터 등 동물성 지질이 있다. 반면, 다가불포화지방산 비율이 높으면 상온에서 액체 상태인데 주로 식물성 지질인 콩기름, 참기름, 들기름 등이 대표적이다. 그러나 예외인 경우도 있는데 팜유와 팜핵유는 기름야자의 과육과 과실의 씨에서 짜낸 식물성 지질이지만 포화지방산의 함량이 높아 상온에서 굳기름이다. 반면, 생선기름은 다가불포화지방산을 많이 함유하고 있어서 동물성 유지임에도 불구하고 상온에서 액체 상태이다.

이처럼 물리적 특성을 기준으로 지질을 분류하는 간단한 방법에 따라, 상온에서 고체인 굳기름은 지방(fat), 액체인 지질은 기름(oil)으로 분류할 수 있다.

'지질'과 '지방'을 혼동하여 사용하는 경우를 흔히 볼 수 있지만, 이와 같은 기준에 의하면 지방은 상온에서 고체인 굳기름으로 명확히 분류할 수 있다. 한편, 유지라는 용어는 지질과 비슷한 의미로 사용되는데 굳기름인 지방과 기름을 모두 아우르는 의미의 용어이다.

그림 5-7 대표적 지방, 버터

그림 5-8 대표적 기름, 식용유

(1) 오메가-6, 오메가-3 지방산

지방산의 탄소 사슬에 두 개 이상의 이중결합이 존재하는 다가불포화지방산은, 이중결합의 위치에 의해 오메가-3와 오메가-6 지방산으로 분류할 수 있다. 탄소

번호에 따른 마지막 탄소에서 가장 가까운 이중결합의 위치가 3번째 탄소에 위치한 경우 오메가-3 지방산으로 분류하며, 오메가-6 지방산은 마지막 탄소로부터 6번째 탄소에 가장 가까운 이중결합이 위치한다.

오메가-3 지방산인 알파-리놀레산은 들기름에 풍부한 것으로 알려져 있는데, 체내에서 EPA와 DHA 등의 긴사슬 오메가-3 지방산으로 전환될 수 있다. EPA와 DHA는 식품 중에는 고등어, 참치, 정어리, 연어, 꽁치와 같은 등푸른생선에 많이 함유되어 있다. 오메가-3 지방산인 EPA로부터 체내에서 생성되는 아이코사노이드라는 물질은 심혈관질환의 위험을 낮추는 효과가 있는 것으로 알려졌다. 이러한 사실은 등푸른생선과 해양동물을 많이 섭취하는 식습관을 가진 이누이트족에서 심장병 발병률이 낮다는 연구를 통해 밝혀지게 되었다. 하지만 항응고제를 복용하는 환자의 경우에는 오메가-3 지방산을 과잉섭취하면 혈액 응고시간 지연 등의 문제가 발생할 수 있으므로 주의해야 하며, 등푸른생선의 지방조직에는 먹이사슬을 통해 지용성 오염물질과 중금속이 축적되므로 과잉섭취하지 않도록 유의해야 한다. 식품의약품안전처는 임신부와 수유부의 경우 일반 어류와 참치통조림은 일주일에 400g 이하, 심해어류는 일주일에 100g 이하 섭취하고, 1~2세 유아의 경우 일반 어류와 참치통조림은 일주일에 100g 이하로 제한하여 섭취하도록 권고하고 있다.

콩기름, 옥수수유, 포도씨유, 해바라기씨유, 참기름 등 조리에 사용되는 식물성

그림 5-9 오메가-6이 풍부한 튀김과 오메가-3이 풍부한 등푸른생선

기름에는 오메가-6 지방산인 리놀레산이 풍부하다. 최근 아동·청소년 및 청년층에서 선호 현상이 뚜렷한 튀김, 부침, 볶음 등의 조리방법은 오메가-6 지방산의 섭취를 늘리는 요인이 될 수 있다. 오메가-6 지방산과 오메가-3 지방산 섭취는 균형을 이루는 것이 중요한데 이들 두 지방산이 체내 대사 과정에서 서로 경쟁 관계에 있기 때문이다. 따라서 평상시 다량의 식용유로 조리한 식품을 많이 섭취하는 사람은 오메가-6 지방산과 오메가-3 지방산 섭취의 균형을 신경 쓸 필요가 있다.

(2) 필수지방산

인체는 여러 대사 과정에서 리놀레산과 알파-리놀렌산 및 이들을 전구체로 하여 생성된 긴사슬 다가불포화지방산이 반드시 필요하다. 리놀레산은 오메가-6 지방산이며 알파-리놀렌산은 오메가-3 지방산이다. 생리적인 중요성에도 불구하고 리놀레산과 알파-리놀렌산은 체내에서 전혀 합성되지 않기 때문에 식품으로 섭취해야 하며, 이러한 의미에서 이들 두 지방산을 필수지방산이라고 한다. 필수지방산이 결핍되면 피부 건조, 피부염, 지방간, 면역기능 손상 등이 나타나고 어린이에서는 성장이 지연될 수 있다.

생체 내에서는 각각 리놀레산과 알파-리놀렌산을 전구체로 하여 오메가-6 지방산인 아라키돈산과 오메가-3 지방산인 DHA가 생성되는데, 성인과는 다르게 매우 빠르게 성장하는 태아 및 영유아 시기에는 체내에서 생성되는 아라키돈산과 DHA만으로는 생리적 필요량을 만족시킬 수 없다. 특히 긴사슬 오메가-3 지방산인 DHA는 신경조직과 눈의 망막을 구성하는 역할을 하는데 체내에서 알파-리놀레산으로부터 전환되는 양이 충분하지 않다. 따라서 임신기 어머니는 아기의 뇌 발달과 감각 기능 및 시력 형성을 위하여 이들 지방산의 섭취에 신경써야 하며, 출생 후에는 모유와 조제유를 통한 공급에 주의해야 한다. 만일 이 시기에 아라키돈산과 DHA가 결핍되면 두뇌발달과 시력 및 감각 기능의 저하 등 증상이 나타날 수 있다.

(3) 트랜스지방산

탄소의 이중결합은 시스형이나 트랜스형의 구조를 가질 수 있다(그림 5-10). 자연계에서 불포화지방산의 이중결합은 대부분 시스형이지만, 식물성 기름에 수소를 가하여 불포화지방산을 부분적으로 경화시키거나 높은 온도에서 가열하는 과정을 거치는 동안 남아있는 이중결합의 화학적 구조는 트랜스형으로 바뀌게 된다. 이처럼 트랜스형의 이중결합을 가지고 있는 지방산을 트랜스지방산이라고 하는데, 트랜스지방산의 과잉섭취는 혈중 LDL-콜레스테롤 수치를 높이고, HDL-콜레스테롤 수치를 낮추어 심혈관계 질환의 위험을 높일 수 있다. 따라서 '2020 한국인 영양소 섭취기준'에서는 심혈관 질환의 위험 감소를 위해 트랜스지방산을 전체 에너지의 1% 미만으로 섭취하도록 권고하고 있으며, 식품의약품안전처는 2007년 12월부터 가공식품에 트랜스지방산 함량을 의무적으로 표기하도록 하고 있다. 최근에는 트랜스지방산 저감화 기술의 발달로 국내에서 생산되는 경화유지의 트랜스지방산 함량은 높지 않은 것으로 보고되고 있다.

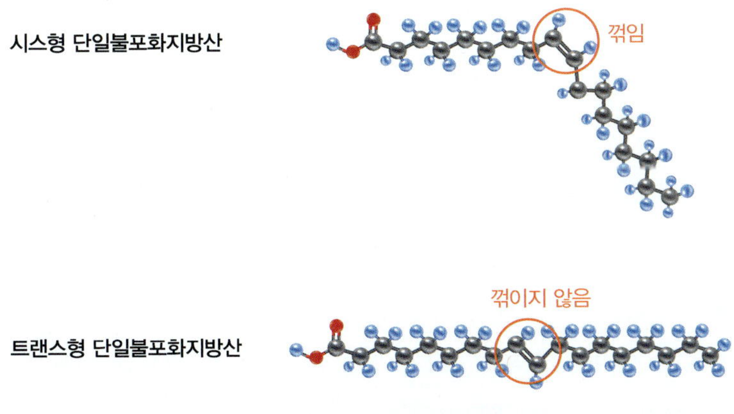

그림 5-10 시스형과 트랜스형 단일불포화지방산

4) 콜레스테롤

스테롤은 4개 고리로 이루어진 스테로이드 핵을 특징으로 하는 1가 알코올이다(그림 5-11). 탄화수소 곁사슬기와 고리 내 이중결합을 가지고 있는 콜레스테롤은 대

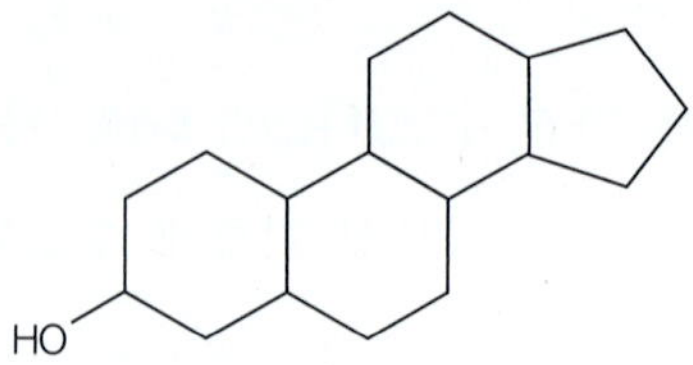

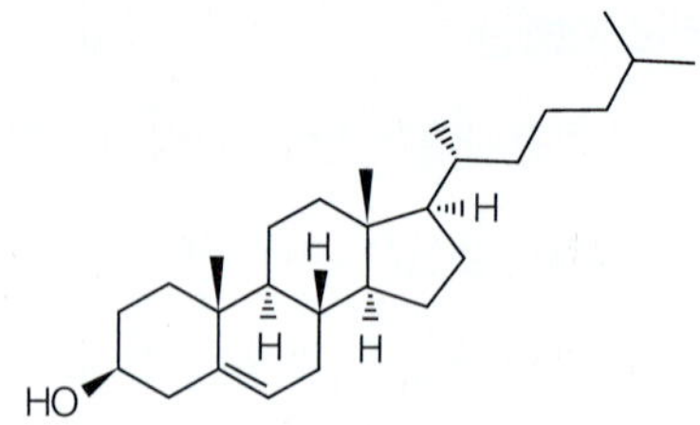

그림 5-11 스테롤과 콜레스테롤의 구조

표적인 동물성 스테롤이다. 콜레스테롤은 세포막의 중요 구성성분인 동시에, 스테로이드 호르몬, 비타민 D, 담즙산염의 전구체이기도 하다. 담즙을 구성하는 중요 성분 중 하나인 담즙산염은 물과 기름에 모두 잘 녹는 양쪽친매성 물질이기 때문에 지방 소화 과정에서 유화제로 작용하여 소화효소의 작용을 돕는다. 십이지장으로 분비된 담즙산염의 대부분은 흡수되어 재활용되지만, 흡수되지 않고 대변으로 배출되는 담즙산염은 콜레스테롤이 체외로 배출되는 수단이 된다.

우리 몸의 콜레스테롤 중 70% 이상은 체내 합성에 기인하며 대부분은 간에서 합성된다. 나머지인 30% 정도의 체내 콜레스테롤은 식사를 통해 공급되지만 변동폭이 크기 때문에 체내 콜레스테롤의 항상성은 합성에 의해 유지되고 있다.

2. 지질의 생리적 기능

1) 필수지방산 공급

인체의 정상적인 생리 기능 및 성장과 발달을 위해 꼭 필요한 지방산인 리놀레산과 알파-리놀렌산 등 필수지방산은 주로 식물성 식품에 함유된 다가불포화지방산이다. 중성지방은 이들 두 필수지방산을 공급하는 중요한 공급원이다.

2) 에너지 저장

중성지방은 매우 효율적인 에너지의 저장 수단이다. 과량의 탄수화물을 섭취하여 얻은 여분의 에너지는 우선적으로 글리코겐으로 저장되지만 그 양에는 한계가 있다. 하지만 지방조직에 저장되는 에너지에는 이론적으로 한계가 없기 때문에 매우 많은 양의 에너지를 중성지방의 형태로 저장할 수 있다. 중성지방은 글리코겐과 달리 체내 저장 시 수분을 거의 함유하지 않으므로 단위질량 당 더 많은 에너지를 저장할 수 있다는 장점도 있다. 체지방조직 1kg은 약 7500kcal의 에너지를 저장하고 있으며, 일반적으로 성인 남성은 체중의 15~18%, 성인 여성은 체중의 18~24% 체지방을 보유하고 있다.

섭취된 지방은 탄수화물, 단백질과 함께 대사 과정을 통해 에너지를 발생하는 열량 영양소이다. 단백질과 탄수화물은 각 1g당 4kcal의 에너지를 생성하지만 지방은 이보다 훨씬 많은 9kcal의 에너지를 생성할 수 있다. 한편, 지방을 많이 함유한 음식을 섭취하면 음식물이 위에 머무는 시간이 길어져 오래도록 포만감을 느끼고 공복감을 늦출 수 있다.

3) 신체 구성

생체막은 세포 및 세포 소기관의 범위를 구분하는 기능을 한다. 세포막을 구성하는 지질인 인지질과 콜레스테롤은 세포막의 중요 구성성분으로서 유동성을 부여하는 역할을 하며, 세포 안팎으로의 물질 이동을 조절하고 있다. 세포막은 이온, 유기물질, 영양소 등을 선별적으로 투과시키는 조절기능을 수행하고 있다.

4) 지용성 물질의 체내 이용

중성지방은 지용성 비타민과 지용성 약물의 용매로 작용함으로써 소화를 돕는다. 따라서 지용성 비타민 흡수를 위해서는 중성지방의 섭취가 동반되어야 한다. 소장 점막세포 내로 지용성 물질이 흡수되는 과정에서 유화제의 역할을 담당하는 성분은 담즙을 구성하는 인지질과 담즙산염이다. 소장에서 흡수 후 필요한 조직으로 운반될 때는 인지질로 구성된 지단백질 입자에 실려 혈액을 통해 운반된다.

5) 기온 변화와 외부 충격으로부터 보호

피하에 저장된 지방은 외부 온도 변화에 대한 절연체 기능을 함으로써 체내에서 발생된 열이 외부 방출되는 것을 막아주어 체온을 유지할 수 있도록 한다. 또한 복강 내 신장, 심장 등의 장기 사이에 발달하여 있는 내장지방은 장기의 위치와 모양을 지지해주고 외부의 물리적 충격으로부터 내장기관이 손상입지 않도록 보호하는 기능을 수행한다.

6) 신체 기능 조절

탄소수 20개인 지방산으로부터 형성되는 물질인 아이코사노이드는 혈관의 수축과 이완, 혈전 형성, 염증반응 등 다양한 생리기능의 조절 능력이 있다.

3. 지질의 섭취기준

지방의 과도한 섭취는 비만 등 만성질환의 위험을 높일 수 있다. 지방은 탄수화물이나 단백질의 두 배 이상 에너지를 제공하기 때문이다. 하지만 전체 에너지섭취량과 에너지적정비율을 고려하지 않고 지방의 섭취를 과도하게 제한하게 되면 상대적으로 탄수화물 섭취가 증가할 수 있음에 유의해야 한다. 이러한 점들을 모두 고려한 지방 섭취의 에너지적정비율은 15~30%이다(표 **5-2**).

이상지질혈증 등 심혈관계 질환에서는 섭취하는 지방의 총량보다 섭취하는 지방산의 종류가 중요한 것으로 알려져 있다. 포화지방산의 과잉섭취는 혈중 LDL 콜레스테롤 수치를 높일 수 있으며 트랜스지방산의 과잉섭취는 혈중 LDL 콜레스테롤 수치를 높이고 HDL 콜레스테롤 수치를 낮추어 심혈관계 질환의 위험을 높일 수 있다. 따라서 한국인 영양소 섭취기준에서는 심혈관 질환의 위험을 낮추기 위해 20대 성인에서 포화지방산은 7% 에너지 미만, 트랜스지방산은 1% 에너지 미만으로 권고하고 있다(표 **5-2**).

표 **5-2** 지질 섭취의 에너지적정비율

성별	연령	지방(%)	포화지방산(%)	트랜스지방산(%)
영아	0~5(개월)	–	–	–
	6~11	–	–	–
유아	1~2(세)	20~35	–	–
	3~5	15~30	8 미만	1 미만
남자	6~8(세)	15~30	8 미만	1 미만
	9~11	15~30	8 미만	1 미만
	12~14	15~30	8 미만	1 미만
	15~18	15~30	8 미만	1 미만
	19~29	15~30	7 미만	1 미만
	30~49	15~30	7 미만	1 미만
	50~64	15~30	7 미만	1 미만
	65~74	15~30	7 미만	1 미만
	75 이상	15~30	7 미만	1 미만
여자	6~8(세)	15~30	8 미만	1 미만
	9~11	15~30	8 미만	1 미만
	12~14	15~30	8 미만	1 미만
	15~18	15~30	8 미만	1 미만
	19~29	15~30	7 미만	1 미만
	30~49	15~30	7 미만	1 미만
	50~64	15~30	7 미만	1 미만
	65~74	15~30	7 미만	1 미만
	75 이상	15~30	7 미만	1 미만
임신부		15~30		
수유부		15~30		

자료: 보건복지부·한국영양학회, 2020 한국인 영양소 섭취기준.

표 **5-3** 지방산의 1일 섭취기준 – 충분섭취량

성별	연령	지방 (g/일)	리놀레산 (g/일)	알파-리놀렌산 (g/일)	EPA+DHA (mg/일)	DHA (mg/일)
영아	0~5(개월)	25	5.0	0.6		200
	6~11	25	7.0	0.8		300
유아	1~2(세)		4.5	0.6		
	3~5		7.0	0.9		
남자	6~8(세)		9.0	1.1	200	
	9~11		9.5	1.3	220	
	12~14		12.0	1.5	230	
	15~18		14.0	1.7	230	
	19~29		13.0	1.6	210	
	30~49		11.5	1.4	400	
	50~64		9.0	1.4	500	
	65~74		7.0	1.2	310	
	75 이상		5.0	0.9	280	
여자	6~8(세)		7.0	0.8	200	
	9~11		9.0	1.1	150	
	12~14		9.0	1.2	210	
	15~18		10.0	1.1	100	
	19~29		10.0	1.2	150	
	30~49		8.5	1.2	260	
	50~64		7.0	1.2	240	
	65~74		4.5	1.0	150	
	75 이상		3.0	0.4	140	
임신부			+0	+0	+0	
수유부			+0	+0	+0	

자료: 보건복지부·한국영양학회, 2020 한국인 영양소 섭취기준.

콜레스테롤의 항상성은 체내 합성 콜레스테롤에 의해서 조절되고 있지만 콜레스테롤 섭취량이 과다할 경우 혈중 LDL 콜레스테롤 수준을 올려 심혈관 질환의 위험이 높아질 수 있다. 또한 당뇨병의 위험과도 관련된 것으로 알려져 있다. 따라서 19세 이상 성인남녀에서 콜레스테롤 섭취의 권고량은 300mg/일 수준으로 설정되었다.

리놀레산과 알파-리놀렌산의 섭취기준은 영아에서는 모유 함유량을 근거로, 그 외 연령에서는 연령대별 평균섭취량을 근거로 하여 충분섭취량이 설정되어 있다. DHA 결핍은 두뇌발달, 시력저하 등에 영향을 줄 수 있으므로 모유의 DHA 함유량을 근거로 영아의 충분섭취량을 설정하고 그외 연령에서는 만성질환과의 관련성을 근거로 EPA + DHA의 충분섭취량이 설정되어 있다(표 **5-3**).

4. 급원식품

지질은 식물의 종자와 동물의 지방조직에 많이 존재하는 성분이다. 따라서 지질은 다양한 동물성 식품과 식물성 식품을 통해 섭취할 수 있다. 식물성 급원식품은 식물의 종자 및 종자로부터 추출한 유지와 견과류이며, 동물성 급원식품에는 돼지고기, 소고기, 우유, 달걀, 고등어, 오리고기, 장어 등이 있으며 버터와 등푸른생선도 지질을 공급하는 급원식품이다.

전 세계적으로 식물성 유지 중 가장 많이 소비되는 것은 콩기름, 해바라기씨유, 유채씨기름 등 종자유와 팜유, 팜핵유, 코코넛유 등의 열대유지인데, 소비되는 유지의 종류는 각국의 문화와 식사 습관에 따라 다르다. 우리나라에서는 콩기름, 참기름, 유채씨기름, 들기름 등이 대표적으로 소비되는 식물성 유지이며, 이밖에도 땅콩, 아몬드 등의 견과류와 백미와 두부도 지질의 주요 급원식품이다(표 **5-4**).

표 5-4 지방의 주요 급원식품

급원식품 순위	급원식품	함량 (g/100g)	급원식품 순위	급원식품	함량 (g/100g)
1	돼지고기(살코기)	11.3	16	요구르트(호상)	3.8
2	소고기(살코기)	17.0	17	김	49.2
3	콩기름	99.3	18	고등어	13.3
4	우유	3.3	19	초콜릿	34.4
5	달걀	7.4	20	크림	45.0
6	마요네즈	75.7	21	대두	15.4
7	과자	22.8	22	오리고기	19.0
8	라면(건면, 스프 포함)	11.5	23	아이스크림	7.8
9	참기름	99.6	24	치즈	21.3
10	백미	0.9	25	배추김치	0.5
11	두부	4.6	26	땅콩	46.2
12	빵	4.9	27	아몬드	51.3
13	샌드위치/햄버거/피자	13.2	28	만두	6.6
14	케이크	18.9	29	징어	17.1
15	유채씨기름	99.9	30	들기름	99.9

2017년 국민건강영양조사의 식품별 지방함량 자료를 활용하여 지방 주요 급원식품 상위 30위 산출.
자료: 보건복지부·한국영양학회, 2020 한국인 영양소 섭취기준.

1) 식물성 유지

유지는 조리에 사용하게 되면 특유의 식감과 풍미를 주기 때문에 조리학적으로 식품의 향미에 가장 큰 영향을 미치는 성분이다. 튀김, 볶음, 부침 등에 사용된 유지는 식품에 안정적으로 열을 제공하는 매체로서 수분을 수증기로 제거하고 특유의 바삭바삭한 식감을 부여하는 기능을 한다. 한편, 제과제빵에서 사용되는 쇼트닝 등 경화유지는 조직 내에 기체가 포함되게 함으로써 가열 과정에서 제품의 팽창을 도와 적당한 부피와 다공질의 조직을 형성하고 특유의 식감을 제공하는 효과를 가져온다.

우리나라 식물성 유지의 원료 중에는 대두가 가장 많은 양을 차지하고 있다. 식물성 유지는 주로 압착법과 추출법에 의해서 채취되는데 압착법은 기계의 힘으로 원료를 압착하는 방법이며, 추출법은 용제를 이용하여 원료 중의 기름을 추출하는 방법이다. 일반적으로 원료 중 지질의 함유량이 높은 경우에는 압착법을, 함유량이 높지 않은 경우에는 추출법을 이용하여 원료의 유지를 추출한다.

(1) 콩기름(대두유)

파쇄한 대두에 용제를 이용하여 추출한 후 정제한 것이다. 식물성 기름을 경화시킨 쇼트닝의 원료로 많이 사용된다.

(2) 옥수수기름

옥수수 전분을 제조하고 남은 배아를 추출법에 의해 채취한 뒤 정제한 것이다. 발연점이 높아서 튀김유로 많이 사용하고 마가린 제조 시 경화유의 원료로 많이 사용된다.

(3) 카놀라유

채종유는 유채의 씨앗을 압착 또는 추출법에 의해 채취하고 정제한 것이다. 재래 채종유와 최근 시장에서 판매되는 채종유 또는 카놀라유는 성분이 전혀 다르다. 재래 채종유는 인체에 해로운 지방산 성분으로 식용이 금지되었지만 그 이후 개량을 통해 이 성분을 획기적으로 낮춘 카놀라라는 유채의 품종이 등록되었고 현재 시장에서 판매되고 있는 카놀라유는 여기에서 추출한 기름이다.

(4) 참기름

참깨를 볶아 압착법으로 짠 것으로 적갈색을 띤다. 특유의 향취를 가지기 때문에 음식에 사용되어 향미를 제공한다. 참깨 자체에 함유된 항산화물질인 세사몰은 참깨를 고열로 볶는 동안 세사몰린으로부터 생성되는 물질이다. 참기름은 세사몰 등 다양한 리그난이 가지고 있는 강력한 항산화능으로 인해 들기름과 달리 상온에 보관해도 된다.

(5) 들기름

들깨를 볶아 압착법으로 짠 것으로 노란빛을 띤다. 특유의 향취를 가지며 전 세계에서 유일하게 우리나라에서 가장 많이 사용되는 기름이다. 오메가-3 지방산인 알파-리놀렌산의 함량이 특징적으로 높지만, 산화에 매우 취약하기 때문에 반드시 냉장 보관해야 한다. 들기름은 채취 과정에서 이미 한번 가열하였기 때문에 산화의 진행이 매우 빨라질 수 있기 때문이다. 이러한 점 때문에 최근 시장에서는 저온 압착법에 의해서 추출한 들기름이 판매되기도 한다.

(6) 팜유

팜 야자나무 열매의 과육을 압착법으로 짠 것이다(그림 **5-12**). 동남아시아와 아프리카에서 주로 재배되며 베타-카로틴을 함유하여 색은 적갈색이다. 팜유를 정제한 것이 팜올레인유, 팜스테아린유 등이다. 팜핵유는 팜 야자나무 열매의 씨앗을 압착법으로 짠 것인데 색깔은 무색이다. 팜유와 팜핵유는 식물성 유지임에도 불구하고 포화지방산의 함량이 높기 때문에 상온에서 고체의 물성을 가지는데, 일반적으로 팜핵유의 포화지방산 함량이 팜유보다 더 높다.

그림 **5-12** 팜과 코코넛 야자나무 열매

(7) 야자유

코코넛유라고도 한다. 건조한 코코넛 야자나무 열매의 과육이나 씨앗을 압착하여 짠 것이다(그림 5-12). 포화지방산 함량이 높아 상온에서 고체이다. 대부분 경화유나 부분경화유로 가공하여 커피크림, 스낵, 라면 제조 등에 사용한다.

(8) 목화씨기름(면실유)

면화를 채취하고 남은 씨앗을 용매를 이용하여 추출한 것이다. 유독 성분인 고시폴을 정제 제거하여 사용하며, 샐러드유, 마가린 제조, 드레싱 등의 용도로 사용한다.

(9) 해바라기유

해바라기의 씨앗을 용매를 이용하여 추출한 것이다. 발연점이 높아 튀김 용도로 많이 사용한다. 리놀레산과 단일불포화지방산인 올레산의 함량이 높은 것으로 알려져 있다. 가공과정을 거쳐 고리놀레산(리놀레산 69%), 고올레산(올레산 82%), 중올레산(올레산 65%) 등의 상품으로 생산되기도 한다.

(10) 올리브유

올리브과육을 물리적 또는 기계적인 방법에 의하여 압착·여과하거나 정제한 것으

그림 5-13 올리브 기름 착유

로 단일불포화지방산인 올레산의 함량이 특징적으로 높다(**그림 5-13**). 올리브 열매를 따서 24시간 이내에 기름을 짠 압착 올리브유는 발연점이 180℃로 낮다. 한편, 탈산, 탈색, 탈취 등 처리 과정을 거친 정제 올리브유는 발연점(240℃)이 높아 부침이나 튀김에도 많이 이용한다.

읽 어 봅 시 다

올리브유의 종류

올리브유는 본래 전통적으로 생과육을 압착하여 짜내어 제조한다. 그러나 최근에는 기계화가 진행되면서 품질의 규격화를 위해 국제기구인 IOOC(International Olive Oil Council, IOC)에서 분류 기준을 3등급으로 규정하여 발표하였다. 정제 및 가공 방식에 따라 엑스트라 버진, 버진, 퓨어로 나뉜다.

(1) 엑스트라 버진: 올리브 과육을 저온에서 압착하여 가장 처음으로 얻은 기름이다. 전체 올리브유 생산량의 10% 정도를 차지한다. 과육과 함께 폴리페놀, 토코페롤 등 성분이 높은 것으로 알려져 있다. 엑스트라 버진 올리브유의 발화점은 대략 180℃ 정도로 일반 식용유에 비해서는 낮은 것으로 알려져 있다.

갓 수확한 올리브를 압착하여 얻은 순수한 올리브 주스는 물과 기름이 약 50%의 비율로 섞여 있는데 여기에서 수분을 제거한 뒤 국제올리브협의회(International Olive Oil Council, IOC) 표준에서 정한 맛, 향 등 감각검사 결과와 100g당 0.8g 이하의 유리산도(올레산 당량) 측정결과를 종합하여 엑스트라 버진 등급을 부여한다. 모든 등급의 올리브유 중 최상품에 해당한다.

(2) 버진: IOC 표준의 감각검사 결과와 100g당 2g 이하 유리산도 측정결과를 종합하여 분류한다. 엑스트라 버진 등급보다 발연점이 낮아서 요리로는 사용하기 어렵다. 전체 올리브 생산 시장에서 50~60%를 차지하고 있다.

(3) 오디너리 버진/퓨어: IOC 표준의 감각검사 결과와 100g당 3.3g 이하 유리산도 측정결과를 종합하여 오디너리 버진으로 분류한다. 일반적으로 시장에서 판매되고 있는 퓨어 올리브유는 산가 조정된 정제 올리브유에 엑스트라 버진 올리브유를 섞은 것으로 IOC의 분류인 오디너리 버진 등급과는 차이가 있으나 우리나라 등 몇 국가에서는 병용하고 있다.

2) 동물성 유지

우지(소기름), 돈지(돼지기름), 어유(생선기름) 등 동물성 원료에서 추출한 유지를 말한다. 물과 함께 원료에 압력을 가해 가열함으로써 지질 성분을 녹여내는 습식 용출법을 많이 사용한다.

(1) 식용우지

소의 지방조직을 원료로 하는 고체지방이다. 일반적으로 도축하고 남은 부분인 콩팥과 장 부위를 이용하여 추출한 원료우지를 식용에 적합하게 처리한 것이다. 팔미트산과 스테아르산 등 포화지방산의 함량이 높기 때문에 상온에서 고체이다. 올레산도 비교적 많은 양 함유되어 있다.

(2) 식용돈지

원래는 돼지의 콩팥 또는 콩팥 주변의 지방 덩어리에서 추출하였으나 최근에는 돼지의 모든 지방조직을 원료로 추출한 고체지방을 식용에 적합하게 처리한 것을 총칭한다. 부드럽고 특유의 풍미가 있으며 발연점도 높은 편이어서 중국요리에 많이 사용한다.

(3) 버터

버터는 엄밀하게는 유가공품에 속한다. 원유 또는 우유류에서 분리한 유지방분인 크림을 발효시킨 것으로 유지방분이 80% 이상이다.

읽 어 봅 시 다

버터의 제조공정

우유를 원심분리하면 지방이 많은 부분이 분리되는데 이를 크림이라고 한다. 크림의 지방함량은 30~40% 정도로, 모아서 살균한 뒤 여러 단계의 온도로 처리하면서 숙성시킨다. 숙성 과정은 최종 제품의 향미와 점성에 영향을 주게 된다. 이 과정을 통해 크림의 지방구는 액체 상태에서 고체 상태로 결정화된다.

숙성이 완료된 크림을 강한 힘으로 계속해서 치대어 섞으면 지방 입자들이 충돌하면서 입자의 막이 파괴된다. 지방 입자의 막은 입자들끼리 서로 뭉치는 것을 방지하는 기능을 하고 있었지만 막이 파괴되면서 분산되어 있던 작은 지방 입자들끼리 뭉치게 되고 덩어리가 형성된다.

지방을 제외한 나머지 부분은 수분으로 분리되며 이를 버터우유라 한다. 뭉쳐진 덩어리 부분을 2~3회 물로 씻어 단백질, 유당, 미생물이 포함된 버터우유를 완전히 제거한 후 천연 색소나 소금 등을 추가하면서 반죽하면 균일한 분포의 덩어리가 얻어지는데 이것이 버터이다.

그림 5-14 버터의 제조공정

3) 가공유지

식물성 또는 동물성 유지에 수소를 첨가하거나 에스터 교환 등을 통해 유지의 물리적, 화학적 성상을 변화시킨 것을 가공유지라고 한다. 가공유지와 다른 유지를 배합하여 제품화한 것이 쇼트닝과 마가린이다. 이들 지질에는 모두 소량의 트랜스 지방산이 포함될 수 있다.

(1) 쇼트닝

제과제빵에서 많이 사용하는 유지로서 반고체상이다. 정제한 유지, 경화유 등에 탄산가스, 질소가스, 공기 등을 혼합하여 급냉한 것이다.

(2) 마가린

정제된 식물성 또는 동물성 유지에 경화유를 배합한 뒤 소금, 발효유, 유화제, 착색료 등을 혼합하고 식염수를 첨가하여 유화한 버터 대용품이다.

5. 지방의 산패

식용유지를 함유한 식품은 저장, 가공, 조리 과정 동안에 냄새와 맛이 나쁘게 변하며, 색깔이 달라지고 끈끈해지는 등 변화가 나타난다. 이와 같은 지질의 변화를 산패라고 하는데 식품의 품질을 떨어뜨리고 체내에서 유해한 작용을 하는 등 문제를 일으킬 수 있다. 유지의 산패는 화학 변화에 따라 산화형, 가수분해형, 케톤형 등 3가지 형태로 분류할 수 있다.

1) 산화적 산패

자동산화(autoxidation)는 지질이 공기 중 산소와 결합하여 일으키는 연쇄적인 화학반응으로, 불포화지방산의 이중결합이 산소에 의해 산화된 결과물로서 과산화물을 형성하게 된다. 자동산화의 연쇄반응에 의해서 형성되는 물질을 활성산소족(reactive oxygen species)이라고 하는데(**표 5-5**), 이들 중 많은 것들이 짝 안 지은 전자(unpaired electron)를 가진 유리라디칼(free radical)이다. 일반적으로 짝 안 지은 전자는 가장 높은 에너지 궤도에 위치하며 여러 단계 반응에 관여한다. 유리라디칼은 안정화를 위해 다른 짝 안 지은 전자를 가진 물질과 전자쌍을 만들려고 하기 때문에 결합 반응성이 매우 크며 쉽게 화학반응을 일으킨다.

자동산화는 불꽃이나 전기 없이 단지 산소와의 반응에 의해서만 야기되는데 유리라디칼 연쇄반응으로서 하이드로과산화물과 관련 퍼옥시라디칼을 발생하는

표 **5-5** 활성산소족의 종류

산화물	명칭
• O_2–	초과산화물 라디칼(superoxide radical)
H_2O_2	과산화수소(hydrogen peroxide)
• OH	하이드록실 라디칼(hydroxyl radical)
ROOH	하이드로과산화물(hydroperoxide)
RO •	알콕시 라디칼(alkoxy radical)
ROO •	퍼옥시 라디칼(peroxy radical)
HOCl	차아염소산(hypochlorous acid)
ONOO–	퍼옥시아질산염(peroxynitrite)

것이 일반적인 메커니즘이다. 자동산화는 개시-전파-분기-종결 등의 단계를 거치게 된다(그림 **5-15**). 일단 반응이 시작되면 점차적으로 산소의 흡수가 가속화되면서 자동 촉매반응의 속도는 빨라지게 된다.

과산화물은 인체에 유해한 물질이므로 섭취하지 않도록 주의해야 한다. 식품을 고온으로 튀기거나 볶는 과정에서 일어나는 자동산화 과정에 의해서 합성되는 과

개시

Polymer ⟶ P • + P •

전파

P • + O_2 ⟶ POO •

POO • + PH ⟶ POOH + P •

분기

POOH ⟶ PO • + OH •

PH + OH • ⟶ P • + H_2O

PO • ⟶ Chain scission reactions

종결

POO • + POO • ⟶ 교차 결합에 의한 비 라디칼 물질 생성

POO • + P • ⟶ 교차 결합에 의한 비 라디칼 물질 생성

P • + P • ⟶ 교차 결합에 의한 비 라디칼 물질 생성

그림 **5-15** 자동산화의 과정

읽 어 봅 시 다

활성산소족과 항산화제

활성산소족의 높은 반응성은 체내에서는 세포 파괴와 돌연변이를 일으킬 수 있고 식품에서는 산패의 원인이 된다. 이들의 형성이나 작용을 억제하고 제거함으로써 연쇄반응에 의한 산화를 방지하는 물질을 항산화물질이라고 한다.

우리가 산소를 호흡하며 효소, 산화환원반응 등 대사 기능과 생리기능을 수행하는 동안 체내에서는 매우 많은 양의 활성산소족이 끊임없이 생성되는데 과도하게 형성된 활성산소족은 독성작용을 일으키거나 질병을 유발할 수 있다. 생리 반응의 과정 뿐 아니라 공해나 농약 등 화학물질, 광화학반응 등에 의해서도 활성산소족은 생성될 수 있다. 특히 초과산화물 라디칼은 반응성이 매우 큰 유리라디칼에 해당하는 활성산소족이다. 인간은 이와 같은 활성산소족으로부터 신체 손상을 막기 위해 항산화 효소 체계를 스스로 발달시켰지만 신체 내에서 지속적으로 형성되는 활성산소족의 공격을 전적으로 방어하기에는 역부족이므로 식사를 통한 항산화물질의 섭취가 추가로 필요하다. 체내에서 항산화 기능을 수행하는 항산화물질에는 항산화 효소(SOD, GSH-Px, 카탈레이즈)와 함께, 항산화 비타민(비타민 E, C, 카로티노이드), 항산화 무기질(Se, Cu, Fe, Mn) 등의 영양소가 있다.

활성산소족은 생체 내에서 유익한 작용을 하기도 하는데 비교적 낮은 농도에서 신호전달 과정과 유전자 발현과정의 조절자로 작용하기도 하며, 식세포 기능을 통해 감염에 대항하는 핵심적 방어체계가 되기도 한다. 따라서 생체 기능의 정상적 작동을 위해서 적절한 수준의 활성산소족은 필요하다. 그러나 활성산소족의 형성이 급격히 증가하면 우리 몸은 심각한 수준의 세포 손상 등 산화적 스트레스 상태에 이르게 되므로 활성산소족과 항산화물질은 적당한 균형 상태를 이루는 것이 중요하다.

산화물들은 중합 또는 축합하여 고분자물질을 생성할 수 있는데 이로 인하여 유지의 점도가 증가되고 색이 짙어지며 거품 생성과 발연점 저하가 초래된다.

식품 중 지질 등의 성분은 여러 가지 원인에 의해 산화적 산패 또는 부패의 과정을 겪기 쉬우므로 식품에 함유된 불포화지방산의 산화를 막기 위한 식품첨가물로서 산화방지제가 사용된다. 이를 통해 식품의 영양 손실 및 유해물질의 생성이 억제되어 식품의 품질 저하를 방지할 수 있다.

- 산화방지제 사용식품: 껌, 식용유, 마요네즈 등
- 대표적인 산화방지제: 디부틸히드록시톨루엔, 루틴, 무수아황산, L-아스코브산

나트륨, d-알파-토코페롤, 아황산나트륨, EDTA이나트륨 등

2) 가수분해형 산패

유지가 가수분해되어 생성된 유리지방산이 산패의 주원인일 경우를 가수분해형 산패로 분류한다. 버터, 팜유, 야자유 등과 분자량이 작은 기름에 쉽게 일어난다.

3) 케톤형 산패

미생물에 의해 기름의 불포화결합이 산화, 분해되어 휘발성의 알데히드나 케톤이 생성되는 경우이다. 일반적으로 올레산 함량이 높은 기름에서 쉽게 일어난다.

6. 지질 섭취와 관련된 영양건강문제

1) 비만

지방은 반드시 필요한 영양소지만 탄수화물과 단백질의 두 배 이상 에너지를 함유하므로 과도한 양 섭취하게 되면 비만의 위험을 높일 수 있다.

2) 심뇌혈관 질환

포화지방산의 과잉섭취는 혈중 LDL 콜레스테롤 수치를 높일 수 있으며, 많은 양의 트랜스지방산 섭취는 혈중 LDL 콜레스테롤 수치를 높이고 HDL 콜레스테롤 수치를 낮추어 심뇌혈관 질환의 위험을 높일 수 있다.

정상 수준의 혈중 지질을 유지하기 위해서는 적정 체중 유지와 규칙적 운동이 필요하며 포화지방산의 섭취를 줄이고 트랜스지방산의 섭취에 유의해야 한다. 정상 혈중 지질 농도는 총콜레스테롤 200 mg/dL 이하, LDL 콜레스테롤 100 mg/dL 이하, HDL 콜레스테롤 60 mg/dL 이상, 중성지방 150 mg/dL 이하이다.

3) 당뇨

최근 탄수화물과 포화지방이 많은 식사는 인슐린 저항성을 높이는 것으로 보고되었다. 또한 이미 진행된 당뇨병 환자에서는 저탄수화물, 고지방(저탄고지) 식사요법을 실시하면 혈중 중성지방과 케톤체가 조절되지 않고 급격히 증가함으로써 케톤산증이 유발될 수 있다. 따라서 당뇨병의 예방과 관리에서 적절한 수준의 지질 섭취는 중요한 문제이다.

4) 암

과도한 지방의 섭취는 체지방 축적으로 이어지고 특히 증가한 내장 지방은 전신 염증반응을 증가시켜 대장, 담낭, 췌장, 유방, 자궁 내막, 난소, 신장, 전립선 등의 발암 위험을 증가시킨다고 알려져 있다. 또한 일부 지방산은 비만과 관련 없이 독립적으로 암을 촉진할 수 있는 요인이기도 하다.

5) 담석증

많은 양의 콜레스테롤과 지방 섭취는 담즙 중 콜레스테롤의 양을 비정상적으로 증가시켜 침전을 일으키고 담석을 유발하는 위험인자가 될 수 있다.

CHAPTER 6

무기질 식품과 영양

CHAPTER 6

무기질 식품과 영양

개요

무기질은 탄소(C), 수소(H), 산소(O), 질소(N)를 제외한 나머지 원소들로 식품이 완전히 연소되고 남은 재(회분, ash)의 성분이다. 탄소, 수소, 산소 및 질소 등의 원소가 결합되어 구성된 물, 탄수화물, 지질, 단백질 등의 영양소와 달리 단일원소 그 자체가 바로 영양소이며 우리 신체의 약 4%를 차지하고 있다. 소장에서 흡수되기 위해 따로 소화 과정을 거치지 않는다.

신체에서 발견되는 무기질은 10여 종이며 사람이 정상적으로 성장하고 건강을 유지하기 위해 무기질을 필요로 한다. 무기질의 체내 주요 기능은 뼈와 치아 등의 골격 구성, 혈액과 체액의 pH 및 삼투압 조절, 효소의 보조인자 작용, 신경 자극에 대한 감수성 유지, 근육의 탄력 유지, 혈액 응고, 심장박동의 정상 유지 등의 역할을 한다.

무기질의 장내 흡수율은 다양한 요인들에 의해 영향을 받는데 한 종류의 무기질을 다량 섭취하게 되면 다른 무기질의 흡수와 대사를 방해하기도 한다. 그 중에서 체내 무기질 필요량이 가장 큰 영향을 미친다. 그 밖에 식이 내 다른 영양성분의 영향을 받기도 한다. 예를 들어 비타민 C는 철의 흡수를 촉진하고 유당은 칼슘의 흡수를 촉진하는 반면 식이섬유는 거의 모든 무기질의 흡수를 방해하고 시금치에 많이 함유된 수산은 칼슘의 흡수를 저해한다. 무기질은 생체 에너지원으로 사용되지 않고 필요량은 적으나 한 가지라도 결핍된다면 건강에 큰 문제를 일으키게 되므로 무기질 간의 균형을 가지는 것이 중요하다. 특히 보충제를 통하여 장기간 동안 무기질을 섭취하게 되면 무기질 간의 불균형과 독성이 나타날 수 있다.

1. 무기질의 분류

무기질은 다량무기질(macrominerals)과 미량무기질(microminerals 또는 trace elements)로 구분되는데 체중의 0.01% 이상이거나 하루 섭취필요량이 100mg 이상인 경우를 다량무기질이라고 하며 다량무기질에는 칼슘(Ca), 인(P), 나트륨(Na), 염소(Cl), 칼륨(K), 마그네슘(Mg), 황(S)이 있다.

1) 다량 무기질

(1) 칼슘

칼슘(Calcium, Ca)은 인체에 가장 많이 존재하는 중요한 무기질로 체중의 1.5~2.2%를 차지한다. 체내 칼슘의 약 99%는 뼈대와 치아에 함유되어 있으며 주로 인산 칼슘의 형태로 존재한다. 나머지 칼슘은 연조직, 세포막 및 세포질의 구성성분으로 존재하면서 근육의 수축과 이완, 신경전달, 혈액 응고, 세포대사 등과 같은 체내 생리기능 조절에 관여한다. 혈중 칼슘 농도를 유지하는 생체 물질에는 부갑상샘호르몬, 활성형 비타민 D, 갑상샘분비호르몬인 칼시토닌이 있다. 칼슘이 결핍되면 성장기의 경우 성장지연, 뼈와 치아의 질 저하, 뼈의 기형 및 구루병이 나타나고 성인기에는 골연화증, 골다공증이 되어 골절이 되기 쉽다. 칼슘 부족은 근육강직 현상인 테타니를 나타내기도 한다. '2020 한국인 영양소 섭취기준'에 따르면 우리 국

표 **6-1** 칼슘 주요 급원식품(100g 당 함량)

급원식품 순위	급원식품	함량 (g/100g)	급원식품 순위	급원식품	함량 (g/100g)
1	멸치	2,486	6	두부	64
2	우유	113	7	미꾸라지	1,200
3	배추김치	50	8	치즈	626
4	요구르트	141	9	과자	137
5	달걀	52	10	열무김치	134

〈표 계속〉

표 **6-1** 칼슘 주요 급원식품(100g 당 함량) 〈계속〉

급원식품 순위	급원식품	함량 (g/100g)	급원식품 순위	급원식품	함량 (g/100g)
11	건미역	1,109	21	명태	109
12	상추	122	22	콩나물	53
13	들깻잎	296	23	대두	158
14	백미	5	24	굴	428
15	라면(건면, 스프 포함)	48	25	어패류젓	592
16	채소음료	95	26	아이스크림	80
17	무	23	27	양배추	45
18	깨	854	28	양파	15
19	과일음료	20	29	가당음료	32
20	빵	26	30	홍어	305

2017년 국민건강영양조사의 식품별 섭취량과 식품별 칼슘 함량(국가표준식품성분표 DB 9.1 [87]) 자료를 활용하여 칼슘 주요 급원식품 상위 30위 산출.

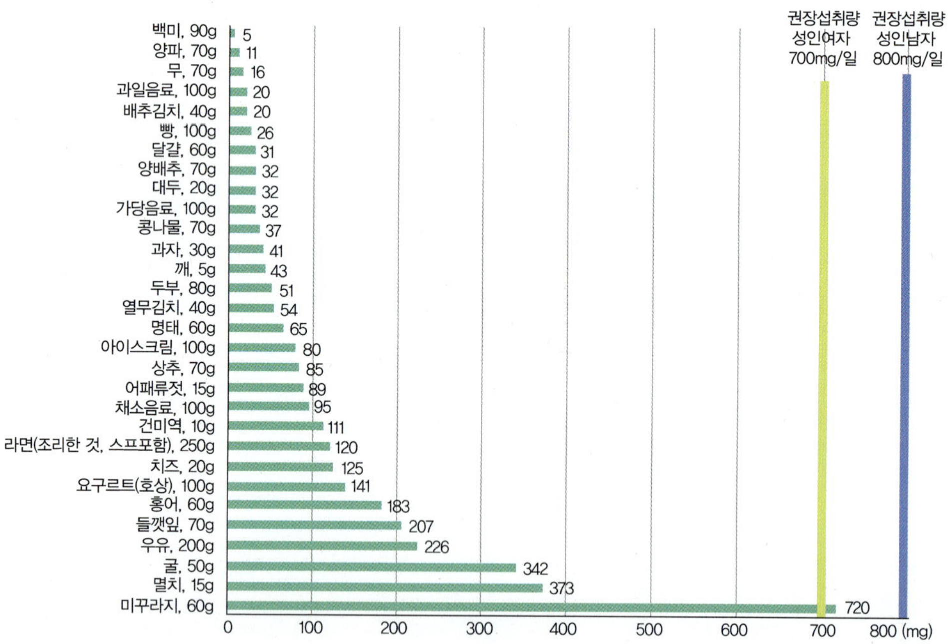

그림 **6-1** 칼슘 주요 급원식품(1회 분량 당 함량)

2017년 국민건강영양조사의 식품별 섭취량과 식품별 칼슘 함량(국가표준식품성분표 DB 9.1 [87]) 자료를 활용하여 칼슘 주요 급원식품 상위 30위 산출 후 1회 분량(2015 한국인 영양소 섭취기준 [53])을 적용하여 1회 분량 당 함량 산출, 19~29세 성인 권장섭취량 기준(2020 한국인 영양소 섭취기준)과 비교.

민은 영아기를 제외한 모든 연령대에서 하루 칼슘 권장량보다 적은 양을 섭취하고 있는 실정이다. 칼슘의 급원식품은 우유 및 유제품, 뼈째 먹는 생선, 콩 및 콩제품 등이며 육류나 곡류, 과일 등에는 대체로 칼슘 함량이 낮다. 시금치와 같은 녹색채소에도 칼슘이 함유되어 있으나 칼슘의 흡수를 방해하는 수산의 함량이 높아 체내 흡수 이용률이 높지 않다.

(2) 인

인(Phosphorus, P)은 체중의 약 0.7~1.1%를 차지하며 칼슘 다음으로 인체에 많은 무기질이다. 체내에 있는 양의 85%는 인산칼슘의 형태로 골격과 치아를 구성하고,

표 6-2 인 주요 급원식품(100g 당 함량)

급원식품 순위	급원식품	함량 (g/100g)	급원식품 순위	급원식품	함량 (g/100g)
1	백미	95	16	새우	390
2	돼지고기(살코기)	183	17	오징어	270
3	닭고기	251	18	고등어	290
4	멸치	1,867	19	감자	62
5	우유	84	20	보리	161
6	달걀	191	21	돼지 부산물(간)	241
7	배추김치	50	22	무	37
8	두부	158	23	간장	127
9	소고기(살코기)	131	24	명태	202
10	현미	275	25	맥주	14
11	햄/소시지/베이컨	266	26	된장	218
12	요구르트(호상)	105	27	소 부산물(간)	497
13	치즈	857	28	찹쌀	151
14	대두	570	29	고구마	55
15	빵	78	30	국수	49

2017년 국민건강영양조사의 식품별 섭취량과 식품별 인 함량(국가표준식품성분표 DB 9.1 [81]) 자료를 활용하여 인 주요 급원식품 상위 30위 산출.

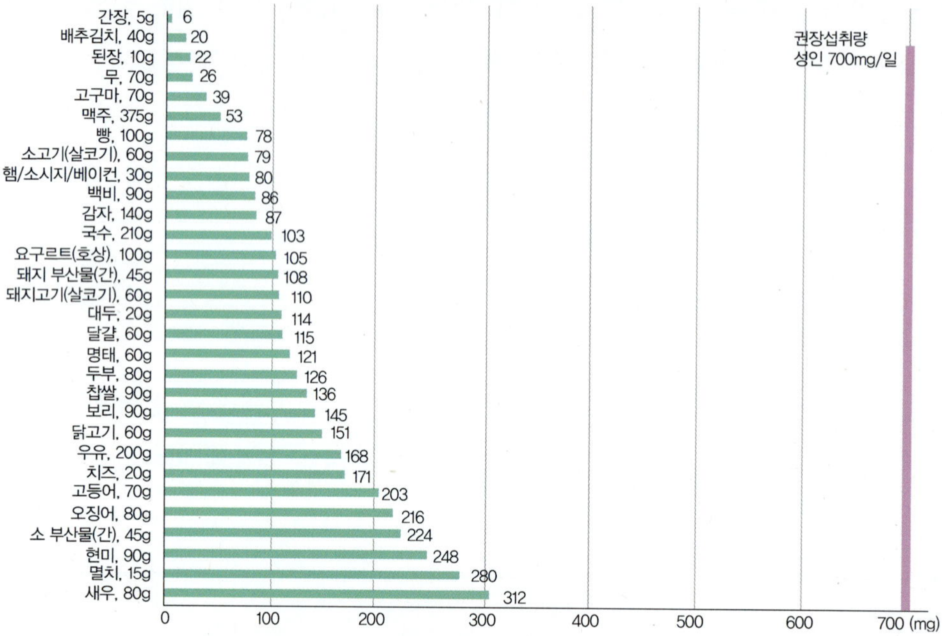

그림 6-2 인 주요 급원식품(1회 분량 당 함량)

2017년 국민건강영양조사의 식품별 섭취량과 식품별 인 함량(국가표준식품성분표 DB 9.1 [81]) 자료를 활용하여 인 주요 급원식품 상위 30위 산출 후 1회 분량(2015 한국인 영양소 섭취기준 [82])을 적용하여 1회 분량 당 함량 산출, 19~29세 성인 권장섭취량 기준(2020 한국인 영양소 섭취기준)과 비교.

나머지 15% 정도는 지방과 결합하여 인지질을 형성하여 세포막을 구성한다. 또한 DNA와 RNA의 구조에 있어서도 중요한 역할을 담당하며 음이온의 형태로 체액의 산·염기 평형 조절에도 기여한다. 인은 체내에서 인산의 형태로 존재하면서 산화적 인산화에 의한 ATP 생성 등 에너지 대사에서 중요한 역할을 하는 필수영양소이다. 인은 곡류, 어패류, 육류, 견과류 등에 풍부하게 함유되어 있어 결핍증은 드물게 나타난다. 그러나 인을 많이 섭취하고 칼슘을 적게 섭취하면 칼슘 배설이 증가해 흡수율이 낮아지므로 뼈가 분해되어 뼈의 손실을 가져온다. 효율적인 골격 형성을 위한 칼슘과 인의 섭취 비율은 1 : 1 혹은 1 : 1.5 정도이다. 그러나 최근 인 함유량이 높은 가공식품과 탄산음료의 소비가 증가하는 추세로 균형적인 칼슘과 인의 섭취 비율을 유지하는 것이 바람직하다.

(3) 나트륨

나트륨(Sodium, Na)은 주로 세포외액에 존재하며 삼투압과 수분평형, pH를 조절하는 데 관여하며 산과 알칼리 평형을 유지한다. 또한 나트륨은 충격을 근육에 전달하고 신경을 자극하는 기능을 가지고 있다. 나트륨은 주로 소금(NaCl)의 형태로 섭취하지만, 식품 자체에 함유된 나트륨의 형태로 섭취하기도 한다. 우유, 육류, 어류 등의 동물성 식품에 나트륨 함량이 높고, 채소, 과일, 곡류에는 나트륨 함량이 낮은 편이다. 그러나 조리 가공 시 나트륨을 첨가물로 사용하는 경우 식품의 나트륨

표 6-3 나트륨의 주요 급원식품(100g 당 함량)

급원식품 순위	급원식품	함량 (g/100g)	급원식품 순위	급원식품	함량 (g/100g)
1	소금	33,417	16	과자	577
2	간장	5,476	17	깍두기	501
3	배추김치	548	18	불고기양념	1,964
4	라면(건면, 스프 포함)	1,338	19	열무김치	510
5	된장	4,339	20	어묵	699
6	고추장	2,486	21	달걀	131
7	빵	516	22	총각김치	692
8	어패류젓	11,828	23	메밀 국수	455
9	멸치	2,377	24	샌드위치/햄버거/피자	378
10	국수	395	25	우유	36
11	건미역	7,535	26	돼지고기(살코기)	49
12	햄/소시지/베이컨	759	27	청국장	3,083
13	쌈장	2,619	28	짜장	3,227
14	분말조미료	15,836	29	치즈	928
15	떡	261	30	동치미	533

2017년 국민건강영양조사의 식품별 섭취량과 식품별 나트륨 함량(국가표준식품성분표 DB 9.1 [55]) 자료를 활용하여 나트륨 주요 급원식품 상위 30위 산출.

함량이 높아지며, 화학조미료로 사용되는 MSG(monosodium glutamate)도 나트륨 성분을 갖는다. 나트륨은 주로 결핍보다 과잉섭취의 영양문제를 야기한다. 수분 보유 경향이 커서 세포 주위에 수분을 증가시키므로 과량의 나트륨 섭취는 순환 혈액의 양 증가로 혈압 상승의 원인이 된다. 나트륨은 과잉섭취시 비만과 고혈압, 심장 질환, 뇌졸중 등의 심혈관 질환의 위험을 높이는 것으로 알려져 있다. 우리나라의 경우 김치, 국, 찌개, 면류 등을 통한 나트륨섭취량이 높으며 가공식품의 이용률이 점점 높아지고 있어 나트륨섭취를 줄이려는 노력이 필요하다. 한국인의 평균 나트륨섭취량은 3,255mg/일(2018년 기준)으로 전 연령대에 걸쳐 매우 높은 섭취량을 보이고 있어 이에 대한 관리가 요구되는 상황이다.

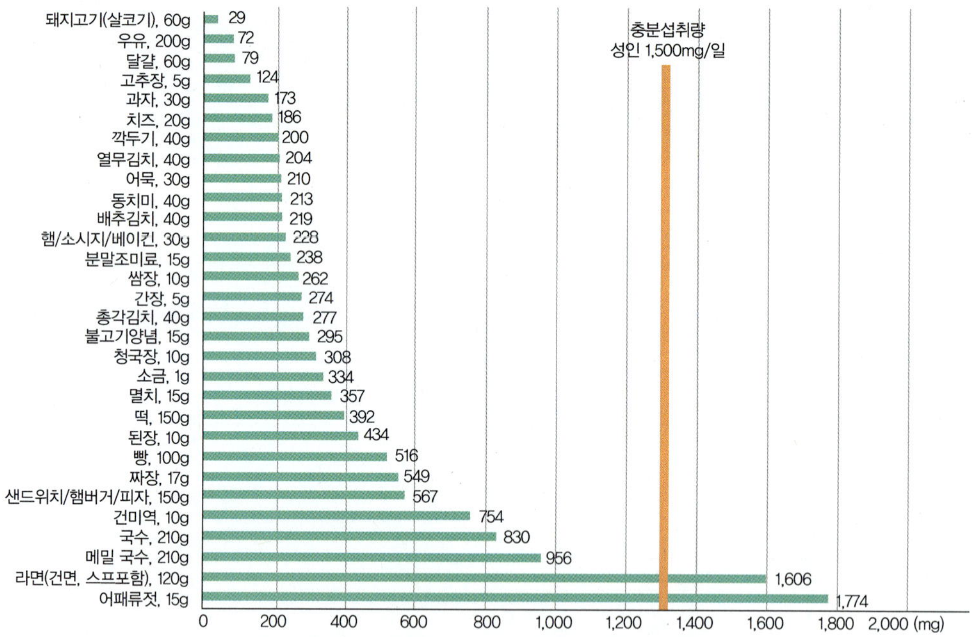

그림 **6-3** **나트륨 주요 급원식품(1회 분량 당 함량)**

2017년 국민건강통계 '영양소별 섭취량의 주요 급원식품' 결과 중 상위 30개 식품 [30]에 대해 국가표준식품성분 DB 9.1 [55]의 영양소 함량과 '2015 한국인 영양소 섭취기준 [28]의 1회 분량을 적용하여 1회 분량 당 함량 산출.

가공식품의 나트륨 함량

가공식품에 첨가되는 나트륨의 약 90%는 소금의 형태이다. 소금은 식품의 풍미를 증진시키고, 조직을 변화시키며, 식품 중에 있는 미생물의 성장을 조절하여 오랫동안 식품을 보존할 수 있게 한다. 예를 들어, 빵을 구울 때 첨가하는 소금은 빵 반죽에 점성과 탄력성을 증가시키고, 발효속도를 조절해주어 빵의 조직과 풍미에 영향을 준다. 또 발효과정에서도 소금을 넣어 소금에 강한 미생물만을 성장시켜 원하는 제품을 만들 수도 있다. 소금의 형태 외에도 나트륨은 맛, 보존성, 발색을 위해 사용되는 첨가제에도 함유되어 있어 가공식품에는 자연식품보다 훨씬 많은 양의 나트륨이 들어가게 된다.

소금 섭취를 줄이는 조리방법

- 양념을 할 때 식초, 겨자, 후추, 파, 마늘, 양파, 참깨 등을 사용한다.
- 간장, 고추장, 된장 등은 평소의 2/3만 사용한다.
- 소금보다는 간장으로 간을 한다.
- 모든 음식에 간을 세게 하기보다는 한두 가지 음식에만 간을 하고, 나머지 음식은 간을 심심하게 한다.
- 음식이 끓을 때는 간을 맞추지 않는다.

(4) 칼륨

칼륨(Potassium, K)은 주요 세포내액의 양이온으로 존재하며 체액의 전해질 균형 유지, 근육의 전기·화학적인 자극의 전달과 근육섬유의 수축을 조절하고 신경의 자극 전달하는 데 관여한다. 칼륨은 나트륨과 반대로 수분 배설을 증가시켜 혈압을

표 6-4 칼륨의 주요 급원식품(100g 당 함량)

급원식품 순위	급원식품	함량 (g/100g)	급원식품 순위	급원식품	함량 (g/100g)
1	배추김치	313	6	과일음료	330
2	돼지고기(살코기)	325	7	무	268
3	백미	89	8	감자	335
4	닭고기	371	9	소고기(살코기)	248
5	우유	143	10	고구마	379

〈표 계속〉

표 6-4 칼륨의 주요 급원식품(100g 당 함량)〈계속〉

급원식품 순위	급원식품	함량 (g/100g)	급원식품 순위	급원식품	함량 (g/100g)
11	사과	107	21	달걀	131
12	고춧가루	2,541	22	오이	196
13	대두	1,804	23	요구르트(호상)	174
14	시금치	790	24	멸치	770
15	참외	450	25	고추장	422
16	바나나	346	26	두부	132
17	양파	145	27	열무김치	349
18	라면(건면, 스프 포함)	272	28	복숭아	188
19	토마토	250	29	양배추	241
20	간장	422	30	배추	331

2017년 국민건강영양조사의 식품별 섭취량과 식품별 칼륨 함량(국가표준식품성분표 DB 9.1 [38]) 자료를 활용하여 칼륨 주요 급원식품 상위 30위 산출.

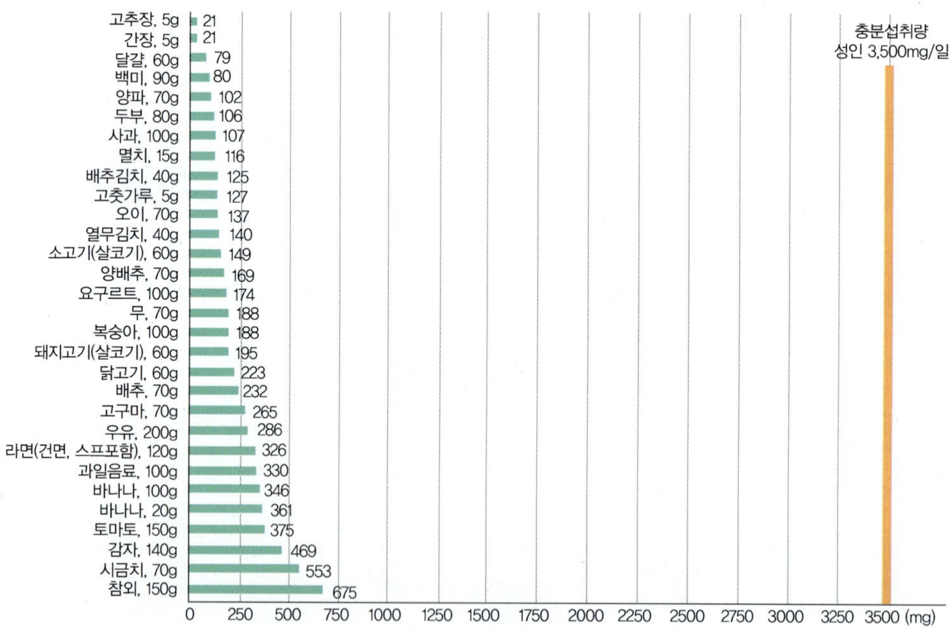

그림 6-4 칼륨 주요 급원식품(1회 분량 당 함량)

2017년 국민건강영양조사의 식품별 섭취량과 식품별 칼륨 함량(국가표준식품성분표 DB 9.1 [38]) 자료를 활용하여 칼륨 주요 급원식품 상위 30위 산출 후 1회 분량(2015 한국인 영양소 섭취기준 [39])을 적용하여 1회 분량 당 함량 산출, 19~29세 성인 충분섭취량 기준(2020 한국인 영양소 섭취기준)과 비교.

낮추는 역할을 하므로 나트륨 섭취에 의한 혈압의 상승을 억제할 수 있다. 칼륨은 동·식물성 식품에 널리 함유되어 있으며 그중에서도 특히 시금치, 쑥, 밀 배아, 두류, 감자, 바나나 등의 신선한 과일이나 채소에 풍부하다. 결핍증으로는 피로, 근육 경련 등의 증상을 보이는 저칼륨혈증, 과잉증으로는 신장 기능에 문제가 있는 고칼륨혈증에 의한 심장박동 정지가 알려져 있다.

(5) 염소

염소(Chlorine, Cl)는 거의 대부분 음식에 들어있는 염화나트륨(NaCl), 즉 소금을 통해 섭취되며 체내에서 염소 이온으로 흡수된다. 흡수된 염소 이온은 세포외액에 존재하는 음이온으로 나트륨, 칼륨 이온과 함께 체내 수분 평형과 전해질 균형, 삼투압 유지와 산 염기의 균형 조절에 관여한다. 또한, 신경자극 전달에도 중요한 역할을 하고 소장에서 탄수화물과 아미노산의 흡수를 돕는다. 염소는 결핍 시 식욕저하, 무기력, 알칼리혈증, 고나트륨혈증, 고칼륨혈증 등을 유발한다. 염소는 동·식물성 식품에 널리 함유되어 있고 나트륨과 결합하여 소금의 형태로 존재하기 때문에 나트륨이 풍부한 모든 식품에 함께 함유되어 있다. 염소의 결핍은 극히 드물지만 극도의 소금 섭취 제한 또는 장기간의 구토 및 설사 시 나타날 수 있다.

(6) 마그네슘

마그네슘(Magnesium, Mg)은 체내 존재량의 50% 이상이 인산 마그네슘의 형태로 골격, 치아의 구성성분으로 존재하고 나머지는 근육조직과 혈액에 존재한다. 마그네슘은 칼슘, 칼륨, 나트륨과 함께 신경자극 전달과 근육의 긴장 및 이완작용 조절을 하고 ATP에 의존한 다양한 대사과정에 관여하는 효소의 보조인자로 작용한다. 마그네슘은 식물의 엽록체의 구성원소이므로 녹엽 채소, 견과류, 두류, 전곡류, 초콜릿 등에 많이 함유되어 있다. 전곡류에 많이 함유되어 있으나 곡류 외피에 있는 피트산(phytic acid)과 마그네슘이 불용성 염을 형성하여 흡수율은 낮은 편이다. 마그네슘 과잉증은 정상 식이로는 거의 나타나지 않으며 결핍 시 신경성 근육 경

표 **6-5** 마그네슘 주요 급원식품(100g 당 함량)

급원식품 순위	급원식품	함량 (g/100g)	급원식품 순위	급원식품	함량 (g/100g)
1	백미	209	16	맥주	6
2	소금	84	17	간장	47
3	배추김치	15	18	빵	19
4	두부	27	19	감자	20
5	멸치	151	20	바나나	28
6	닭고기	32	21	고추장	53
7	돼지고기(살코기)	21	22	보리	54
8	현미	100	23	고춧가루	155
9	건미역	901	24	소고기(살코기)	13
10	우유	10	25	된장	74
11	대두	209	26	라면(건면, 스프포함)	20
12	시금치	84	27	달걀	11
13	과일음료	15	28	열무김치	36
14	고구마	27	29	깍두기	30
15	들깻잎	151	30	콩나물	27

2017년 국민건강영양조사의 식품별 섭취량과 식품별 마그네슘 함량(국가표준식품성분표 DB 9.1 [75]) 자료를 활용하여 마그네슘 주요 급원식품 상위 30위 산출.

련을 동반하는 마그네슘 테타니(tetany)가 나타날 수 있다.

(7) 황

황(Sulfur, S)은 함황아미노산의 구성성분으로 체내 모든 세포에 존재하며 체중의 약 0.25%를 차지한다. 황은 함황아미노산인 메티오닌, 시스테인의 성분으로 결합 조직에 들어가 콜라겐의 합성과 머리카락, 피부, 손톱 등을 구성한다. 또한 점성 다당류의 일종인 황산콘드로이틴의 성분으로 연골, 힘줄, 뼈 등에 존재한다. 뇌, 간 등에 있는 황지질을 구성하며 췌장 호르몬인 인슐린과 항응고제인 헤파린의 성분

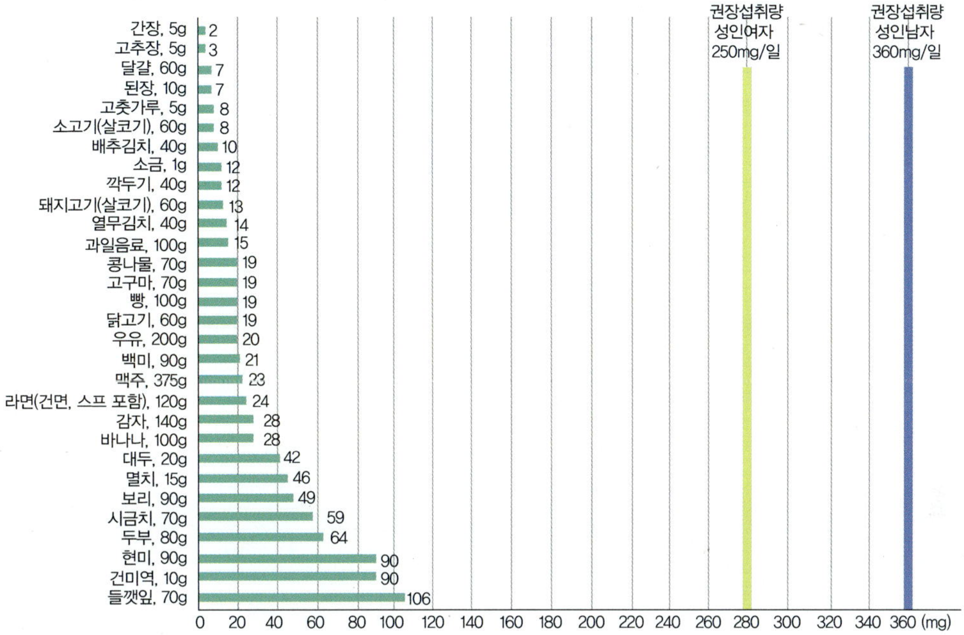

그림 6-5 마그네슘 주요 급원식품(1회 분량 당 함량)

2017년 국민건강영양조사의 식품별 섭취량과 식품별 마그네슘 함량(국가표준식품성분표 DB 9.1 [75]) 자료를 활용하여 마그네슘 주요 급원식품 상위 30위 산출 후 1회 분량(2015 한국인 영양소 섭취기준 [76])을 적용하여 1회 분량 당 함량 산출, 19~29세 성인 권장섭취량(2020 한국인 영양소 섭취기준)과 비교.

으로 작용한다. 또한 항산화제로 작용하는 글루타치온의 구성성분으로 작용하며, 세포대사에서 조효소로 작용하는 여러 비타민(티아민, 판토텐산, 비오틴, 리포산) 등의 구성성분이다. 황은 육류, 어류, 우유, 달걀, 콩류에 존재하고, 특히 함황 채소인 파, 부추, 마늘, 양파, 무, 배추 등에 존재한다. 황은 단백질 합성과 관계가 있으므로 부족 시 성장지연이 발생한다.

표 6-6 다량무기질의 기능 및 함유 식품

종류	생리작용	결핍증	함유 식품
칼슘 (Calcium, Ca)	골격과 치아의 형성 혈액 응고 촉진 근육의 수축이완작용 신경 흥분 억제 효소의 활성화(ATPase)	골격과 치아의 발육 부진, 골연화증, 구루병, 혈액 응고 불량, 내출혈	멸치, 우유, 치즈, 콩, 해조류, 달걀노른자
인 (Phosphorus, P)	골격과 치아의 형성 에너지 대사에 관여 삼투압 및 pH 조절 지방산의 이동	골격과 치아의 발육 부진, 골연화증, 성장부진, 구루병	멸치, 우유, 달걀노른자, 새우, 채소류, 육류
나트륨 (Sodium, Na)	삼투압 및 pH 조절 신경 흥분 억제 타액 효소(ptyalin)의 활성화	식욕부진, 소화불량, 과잉증(삼투압으로 인한 부종)	소금, 우유, 육류, 당근
칼륨 (Potassium, K)	삼투압 및 pH 조절 근육 수축 신경자극 전달 글리코겐 및 단백질 합성	근육이완, 발육부진, 체액의 이동, 구토, 설사	곡류, 채소류, 과일류
염소 (Chloride, Cl)	삼투압 및 pH 조절 위액의 산성 유지 소화에 관여	위액의 산도 저하, 식욕 부진, 소화불량	소금
마그네슘 (Magnesium, Mg)	골격과 치아의 형성 근육과 신경의 흥분 억제 당질대사 효소의 조효소 구성 성분	신경계 자극 감수성 촉진, 혈관 확장, 경련, 과잉증(칼슘의 배설 촉진, 골연화증)	곡류, 두류, 감자, 육류
칼륨 (Potassium, K)	삼투압 및 pH 조절 근육 수축 신경자극 전달 글리코겐 및 단백질 합성	근육이완, 발육부진, 체액의 이동, 구토, 설사	곡류, 채소류, 과일류

2) 미량무기질

체중의 0.01% 이하이거나 하루 섭취필요량이 100mg 이하인 경우를 미량무기질이라고 하며 미량무기질에는 철(Fe), 요오드(I), 아연(Zn), 셀레늄(Se), 구리(Cu), 망간(Mn) 등이 있다.

(1) 철

철(Iron, Fe)은 혈색소인 헤모글로빈(hemoglobin)과 근육색소인 미오글로빈(myoglobin)의 구성성분으로서 산소를 운반하거나 공급, 저장하는 일에 관여하며 면역 기능 유지에도 필요하다. 또한 철은 Fe^{3+} 또는 Fe^{2+}의 형태로 존재하면서 에너지를 생산하는 화학반응에서 촉매 역할을 한다. 철의 급원식품으로는 육류, 가금류, 간, 난황, 시금치 등이 있다. 철은 크게 헴철(heme iron)과 비헴철(nonheme iron)로 나뉘는데 헴철은 헤모글로빈과 미오글로빈과 결합되어 있는 철의 형태이며 비헴철은 다른 유기물질과 결합하지 않고 유리된 상태로 존재하는 형태를 말한다. 헴철은 비헴철에 비해 흡수율이 높고 동물성 식품에 많이 함유되어 있다. 또한 비타민 C를 함유한 식품에 존재하는 철은 흡수가 더 잘 되는데 비타민 C가 흡수가 거의 안 되는 Fe^{3+}를 흡수가 잘 되는 Fe^{2+} 형태로 전환시키기 때문이다. 비타민 C와 철이 많이 함유된 식품으로는 깻잎, 시금치, 브로콜리 등이 있다. 철 결핍 증상으로는 철 결핍성 빈혈로 학년 전 아동, 사춘기 청소년 및 가임기 여성에게서 나타나기 쉬우며 증상은 피부가 창백해지고 식욕감퇴나 무기력증, 학습능력의 저하 및 면역능력의 감소 등이 나타날 수 있다.

(2) 요오드

요오드(Iodine, I)는 80% 정도가 갑상샘에서 발견되며 갑상샘 기능과 밀접한 관계를 가지고 있다. 요오드는 갑상샘에서 분비되는 호르몬인 티록신의 구성성분으로 대사율을 조절하고 성장과 발달을 촉진하게 하므로 정상적인 대사 유지를 위해 중요하다. 요오드의 결핍증은 갑상샘호르몬 생산의 감소로 갑상샘이 비대해지는 단순갑상샘종이 발생할 수 있으며 임산부에게 결핍되었을 때 태아의 정신 박약, 성장 장애, 왜소증이 나타나는 크레틴병이 있다. 과다섭취 시에는 갑상샘 기능이 항진되거나 그 반대로 저하될 수도 있다. 급원식품으로는 김, 미역, 다시마 같은 해조류 및 해산물에 풍부하게 함유되어 있으며 우리나라는 해조류의 이용이 높은 편이고 토양에도 충분한 요오드가 있어 결핍증은 흔하지 않다. 2016~2018년 국민

건강영양조사 결과 한국인은 일상적으로 해조류를 섭취하기 때문에 권장섭취 기준의 2.8~4.8배에 달하는 요오드 섭취량을 보였다. 특히 다시마, 미역, 김이 요오드를 많이 함유한 3대 해조류로 알려져 있다. 해조류는 바다에서 자라는 식물의 총칭으로 약 20,000여 종의 다른 해조류가 있지만 수백 가지 정도만이 동남아시아, 하와이, 아이슬란드 등 일부 지역에서 식용으로 사용되고 있다. 요오드 섭취 수준은 갑상샘 질환 발병과 관련이 있으며 특히 가임기 여성의 요오드 섭취 부족은 생식능력 저하의 원인이 될 수 있다.

(3) 아연

아연(Zinc, Zn)은 성장 발달, 생식, 면역기능 조절에 필요한 영양소로 최근 생리적인 중요성이 크게 주목받고 있다. 췌장호르몬인 인슐린과 항산화효소인 슈퍼옥사이드 디스뮤테이즈(superoxide dismutase, SOD) 등 수백 가지 효소의 구성성분이면서 미각과 후각을 감지하는데 관여한다. 아연은 거의 모든 식품에 들어 있으며 특히 굴에 다량 함유되어 있고 간, 육류, 달걀, 견과류, 영양소를 강화한 시리얼 등도 아연의 좋은 급원이다. 동물성 식품은 단백질 함량이 많고 아연 흡수를 저해하는 성분이 적어서 생체이용률이 높으나 식물성 식품은 피트산이나 섬유소가 아연과 불용성 화합물을 만들어 이용률이 낮다. 굴에 들어 있는 아연은 가식부 100g에 16mg으로 20대 성인 여자의 권장섭취량의 2배에 달한다. 아연이 부족하면 식욕부진, 미각 이상, 성장부진 등을 초래하고 감염성 질환에 걸리기 쉽다.

(4) 구리

구리(Copper, Cu)는 비타민 C 산화효소, 폴리페놀 산화효소 등의 각종 효소성분으로 존재한다. 구리는 소화기관을 통해 흡수된 철을 헤모글로빈 합성에 이용될 수 있는 형태로 전환시키는 반응에 관여하므로 인체 내에서 헤모글로빈의 합성 시 중요한 역할을 한다. 따라서 빈혈의 대부분은 철 결핍성 빈혈이지만 철이 충분히 있어도 구리가 부족하면 철분 결핍성 빈혈이 된다. 또한 구리는 활성산소로부터 세포를 보호하는 역할에도 도움을 준다. 구리의 급원으로는 동물의 간, 굴을 포함한 어패류, 밀의 배아, 콩류, 감자, 포도, 토마토, 바나나, 버섯 등이 있다.

(5) 셀레늄

셀레늄(Selenium, Se)은 글루타티온 과산화효소의 성분으로 체내에서 강력한 항산화 작용을 하고 비타민 E의 활성을 높인다. 두 인자 간에 상호절약 작용이 있어 셀레늄의 농도가 적절하면 비타민 E의 요구를 감소시킬 수 있다. 이처럼 항산화 영양소로 세포막을 보호해주고 노화의 원인인 활성산소를 제거하는 역할을 한다. 면역 기능을 증진시키고 갑상샘호르몬 T4를 T3로 활성화시키는데도 관여한다. 셀레늄은 동물의 내장, 육류, 해산물, 달걀 흰자, 우유, 브라질너트와 같은 견과류와 종실류에 많이 함유되어 있다. 결핍증은 근육 약화, 성장 장애, 심장 장애 등으로 알려져 있다. 최근 셀레늄의 섭취를 강조하는 것은 토양에 셀레늄이 결핍된 지역에서는 심장질환, 관절염, 암 발생이 보고되었기 때문이다. 셀레늄의 과잉섭취 시 독성을 나타낼 수 있다.

(6) 불소

불소(Fluorine, F)의 95% 정도가 뼈와 치아에 존재한다. 체내에서 불소의 기능은 충치 예방과 골다공증에 대한 보호 작용을 한다. 식수에 불소를 첨가하기도 하는데 음료수에 불소를 1ppm 첨가하였을 때 매우 소량으로도 독성을 일으킬 수 있으므로 논란의 여지가 있다. 불소는 해조류, 어류에 함유되어 있다. 이외에도 불소화된 물, 불소화된 치약이나 불소 치료로 불소를 공급받기도 하는데, 과량의 불소 섭취는 치아침착증을 발생시킨다.

(7) 망간

망간(Manganese, Mn)은 다양한 효소들의 보조인자로 탄수화물, 단백질, 지질 대사에 관여한다. 망간의 급원식품으로는 굴, 밀의 배아, 콩류, 녹색채소, 견과류 등이 있으며 망간의 결핍증은 거의 일어나지 않는다.

(8) 코발트

코발트(Cobalt, Co)는 코발라민이라 불리는 비타민 B_{12}의 구성성분으로 동물성 식품에 널리 분포하며 식물체에는 거의 없다. 그렇기 때문에 채식 위주의 식사를 하는 사람에게 부족하기 쉬운 무기질이다. 코발트는 적혈구의 형성에 관여하므로 코발트가 결핍되면 비타민 B_{12}의 결핍과 함께 악성빈혈을 초래할 수 있다. 코발트의 급원식품으로는 어패류, 생선 및 다시마 등이 있으며 인체에서는 합성할 수 없으므

표 6-7 미량무기질의 기능 및 함유식품

종류	생리작용	결핍증	함유식품
철 (Iron, Fe)	• 헤모글로빈의 구성성분 • 산화적 호흡 촉매작용 • 조효소의 성분 • 효소의 활성화	저혈색소성 빈혈, 피로, 유아 발육부진, 손·발톱의 편평	간, 달걀 노른자, 육류, 녹황색 채소(시금치)
요오드 (Iodine, I)	• 갑상샘호르몬의 성분(기초대사 촉진)	갑상샘증	해조류, 무, 당근
아연 (Zinc, Zn)	• 췌장호르몬인 인슐린 성분 • 카보닉 인히드라제(carbonic anhydrase)의 구성 성분	발육장해, 탈모 증상, 빈혈	곡류, 두류, 채소류
구리 (Copper, Cu)	• 헤모글로빈의 합성 촉진 • 철의 산화작용 • 철의 흡수와 운반에 관여	저혈색소성 빈혈	간, 해조류, 채소류, 달걀
셀레늄 (Selenium, Se)	• 항산화 작용	갑상샘종, 갑상샘기능비대증	견과류, 도정하지 않은 곡류, 육류
불소 (Fluorine, F)	• 골격, 치아의 경화 • 충치 예방	과잉증(반상치), 결핍증(심근장해)	해조류, 음료수
망간 (Manganese, Mn)	• 발육에 관여 • 단백질 대사에 관여 • 포도당 산화작용 • 지방산의 합성반응 활성화	생식작용 불능, 성장장해	곡류, 채소류, 두류, 코코아
코발트 (Cobalt, Co)	• 비타민 B_{12} 구성성분 • 적혈구 생성에 관여	비타민 B_{12}의 결핍, 악성빈혈	채소류, 동물의 간장, 곡류

표 6-8 다량무기질과 미량무기질의 성별, 연령별 섭취기준

종류		남자 19~29(세)	남자 30~49(세)	남자 50~64(세)	여자 19~29(세)	여자 30~49(세)	여자 50~64(세)
다량무기질	칼슘(mg/일)	800	800	750	700	700	800
	인(mg/일)	700	700	700	700	700	700
	나트륨(g/일)[1)]	1,500	1,500	1,500	1,500	1,500	1,500
	칼륨(g/일)[1)]	3,500	3,500	3,500	3,500	3,500	3,500
	마그네슘(mg/일)	360	370	370	280	280	280
미량무기질	철(mg/일)	10	10	10	14	14	14
	아연(mg/일)	10	10	10	8	8	8
	요오드(μg/일)	95	95	95	150	150	150
	셀레늄(μg/일)	60	60	60	60	60	60

[1)]충분섭취량: 권장섭취량을 산출하기 어려울 경우 제시되며 대상 인구집단의 건강을 유지하는데 충분한 양을 설정한 수치

자료: 보건복지부·한국영양학회. 2020 한국인 영양소 섭취기준.

로 음식물로 섭취해야 하고 반드시 비타민 B_{12}의 성분으로 흡수되어야 생리적으로 활성이 있다.

2. 산성 식품과 알칼리성 식품

식품은 식품 자체의 산도(pH)에 따라 산성과 알칼리성으로 나누기도 하지만, 구성 무기질에 따라 산성 식품과 알칼리성 식품으로 나눈다. 식품에 존재하는 무기질은 알칼리를 생성하는 원소와 산을 생성하는 원소로 나눌 수 있는데, 연소되었을 때 양이온을 생성하는 나트륨(Na), 칼륨(K), 칼슘(Ca), 마그네슘(Mg), 철(Fe), 구리(Cu), 망간(Mn), 코발트(Co), 아연(Zn) 등은 연소되어 양이온(Na^+, K^+, Ca^{2+}, Mg^{2+}, Fe^{2+}, Cu^{2+}, Mn^{2+}, Co^{2+}, Zn^{2+})을 생성하므로 알칼리 생성 원소라 부른다. 반면 인(P), 황(S), 염소(Cl), 브롬(Br), 요오드(I) 등의 무기질은 연소되어 음이온(PO_4^{3-}, SO_4^{2-}, Cl^-, Br^-, I^-)

을 생성하므로 산 생성 원소라 부른다.

식품의 산도 및 알칼리도는 식품 자체의 신맛과는 무관하다. 과일 중 사과, 밀감 등은 대체로 신맛을 가지고 있지만 신맛의 주체인 유기산은 체내에서 산화되어 이산화탄소와 물로 분해되며, 함유 무기질이 알칼리성 생성 원소이기 때문에 알칼리성 식품에 속한다. 곡류는 탄수화물을 많이 가지고 있어 체내에서 산화, 분해되어 이산화탄소와 물로 생성되어 체내에서 탄산으로 되어 산성식품이다. 육류와 어류는 단백질과 지방을 많이 함유하고 있으며, 단백질에는 황을, 지방에는 인을 많이 가지고 있다. 황산과 인산을 생성하여 산성화되므로 이들 식품은 산성 식품이라 한다. 나트륨, 칼륨, 칼슘, 마그네슘이 많이 함유된 대부분의 채소, 과일, 우유는 알칼리성 식품이지만 채소 중에서 파, 아스파라거스 등은 산성 식품이다.

일반적으로 신체는 체액과 혈액의 산도를 약알칼리성으로 일정하게 유지하도록 하는 항상성 기전을 지니고 있기 때문에 건강한 사람의 경우 체액의 pH는 섭취하는 식품의 종류에 의해 영향을 받지 않고 항상 7.35~7.45를 유지하도록 조절된다.

3. 식품 조리 가공 중의 변화

식품 중 무기질의 화학적 변화는 pH 변화에 의한 염류와 이온의 가역반응, 효소에 의한 유기태와 무기태의 가역반응이 약간 일어날 뿐이며, 본질적인 화학 변화는 거의 일어나지 않는다. 또한 채소를 가열 조리하면 세포 안팎의 삼투압의 차이에 의하여 무기질 및 수분의 유출이 일어나며 유출의 정도는 온도가 높을수록 빠르다.

세포 속의 삼투압이 높을 때 세포 속의 무기질은 세포 밖으로 유출되고, 세포 밖의 수분은 세포 내외의 삼투압과 같아지려고 한다. 그래서 세포는 흡수 팽윤하게 되고, 세포외액에 무기질이 많아진다.

한편, 소금 등의 무기질에 의하여 끓는점이 상승하거나 빙점은 내려간다. 이는 용액의 무기질 농도에 비례하고, 조미료의 종류에 따라서 세포막을 통과하는 속도가 다르다. 물, 간장, 설탕의 순서로 분자량이 적을수록 빨리 통과한다. 만일 채소에 설탕의 단맛을 들여 조리하려면 우선 설탕에 재운 다음 간장을 넣는 것이 좋다.

알 아 봅 시 다

1. 한국인은 모든 연령대에서 칼슘 섭취이 부족한 실정이다.
이와 관련하여 칼슘 흡수를 높일 수 있는 방안에 대해 알아보자.

식품 중의 칼슘의 흡수는 칼슘과 인의 비율이 1:1 (1 : 1~1.5) 정도일 때 가장 좋다. 최근 가공식품, 탄산음료 등의 섭취 증가로 식품첨가물로 사용되는 인산염의 섭취가 높아지는 추세이다. 인의 섭취량이 칼슘에 비해 많아지면 골격 형성에 부정적 영향을 미치게 되므로 칼슘의 흡수 또는 뼈의 건강을 고려한다면 이를 과잉섭취하지 않도록 해야 한다. 주요한 칼슘 급원식품으로는 우유 및 유제품, 뼈째 먹는 생선 등이다. 또한 칼슘의 흡수는 단백질, 유당, 비타민 C, 비타민 D와 함께 섭취할 때 더욱 좋아진다. 채소 및 과일 속의 수산, 곡류에 함유된 피트산(phytic acid)과 섬유소 등은 칼슘의 흡수를 저해하기도 한다. 브로콜리, 시금치 등의 녹색채소에 칼슘이 많지만 칼슘의 흡수를 방해하는 수산이 있어서 칼슘의 좋은 급원은 아니다. 칼슘 급원식품 중 하나인 치즈의 경우 일반적으로 연질 치즈보다 경질 치즈에 더 많은 양의 칼슘이 함유되어 있다. 요거트나 일부 코티지 치즈(자연치즈)처럼 pH의 조절을 통해 카제인을 응고시켜 치즈를 제조 하는 경우 (+)전하를 띠는 칼슘이 떨어져 나가므로 칼슘 함량이 낮아지게 된다. 경질 치즈의 경우 레닛과 같은 응유효소를 첨가하여 pH를 낮춘 후 카제인을 침전시키는 경우에는 칼슘이 함유된 카제인 응고물을 만들기 때문에 칼슘 함량이 더 높다. 이 외에 육류, 어류, 곡류 등에는 상대적으로 낮은 함량의 칼슘이 들어 있다.

CHAPTER 7

비타민 식품과 영양

CHAPTER 7

비타민 식품과 영양

개요

비타민은 물질 대사와 생리 기능 조절 등 체내 대사 과정에 반드시 필요한 유기물질이다. 작용 과정에 필요한 비타민의 양은 매우 미량에 불과하지만, 체내에서 합성되지 않거나 합성되더라도 그 양이 충분하지 않을 수 있기 때문에 식품을 통해 섭취해야 하는 영양소이다.

"Vitamine"이라는 용어는 생화학자인 풍크(Casimir Funk, 1884~1967)가 1912년에 제안한 복합 단어인데, 각종 결핍증을 예방하기 위해 필수적(vital)이며 화학적으로는 아민(amine) 물질임을 나타내기 위하여 합성한 것이다. 그러나 이후 비타민 C를 비롯한 다른 비타민 중 아민이 아닌 성분들이 있음이 밝혀지면서 "vitamine"은 오늘날의 "vitamin"으로 변경되었다.

1. 비타민 발견의 역사

일반적으로 식품 중 비타민은 미량이 함유되어 있다. 따라서 영양섭취가 불량한 인구에서 비타민 결핍증은 과거로부터 흔했고 그로 인하여 비타민의 발견은 시작되었다.

현재까지 밝혀진 비타민은 4종의 지용성 비타민과 9종의 수용성 비타민이다(**표 7-1**). 각 비타민 뒤에 붙는 알파벳은 발견 순서에 따라 붙여졌지만, A와 B는 조금 다르다. 1910년, 결핍 시 각기병(beriberi)을 일으키는 것으로 밝혀지게 된 비타민은 질병명에서 유래하여 비타민 B로 이름 붙여졌다. 그 후 1913년, 실험용 쥐에서 우유의 역할을 연구하면서 밝혀진 비타민은 비타민 B에 대립하는 의미로서 비타민 A라 이름 붙여졌다. 이후 과학자들은 비타민 A가 지용성, 비타민 B가 수용성임을 밝혀냈다. 다음부터는 발견 순서에 따라 비타민 C, D, E의 순서로 알파벳을

표 7-1 현재까지 발견된 비타민

이름	발견 연도	분류	활성 물질 또는 다른 이름
비타민 A	1913	지용성	레티놀, 레티날, 레티노산, 카로티노이드(일부)
비타민 B_1	1910	수용성	티아민
비타민 B_2	1920	수용성	리보플라빈
니아신	1936	수용성	니코틴아미드, 니코틴산
판토텐산	1931	수용성	·
비타민 B_6	1934	수용성	피리독살, 피리독신, 피리독사민 등
비오틴	1936	수용성	·
엽산	1941	수용성	·
비타민 B_{12}	1948	수용성	코발라민
비타민 C	1920	수용성	아스코르브산
비타민 D	1920	지용성	칼시페롤(콜레칼시페롤, 에르고칼시페롤)
비타민 E	1922	지용성	토코페롤, 토코트리에놀
비타민 K	1929	지용성	필로퀴논, 메나퀴논

붙여 명명하였다. 비타민 K는 발견 순서와 상관이 없이 독일어 'koagulation(응고)'에서 첫 글자를 따왔다.

비타민은 각각이 고유한 생리적 기능이 있으며, 화학구조와 물리적인 성질도 다르다. 비타민은 유기화합물이며 스스로는 에너지를 형성하지 않는 영양소이다. 다량 영양소이자 열량 영양소인 탄수화물, 지질, 단백질 대사에 관여하며, 생존에 필수적인 다른 여러 대사 과정에 관여한다.

지용성 비타민은 이름에서 알 수 있듯 기름에 잘 녹는다. 일단 체내로 흡수되어 들어온 지용성 비타민은 소변으로 배설되지 않고, 간이나 지방조직에 저장될 수 있다. 그렇기 때문에 많은 양을 오랜 기간에 걸쳐 지속적으로 섭취하면 과잉으로 인한 유해 증상이 나타날 수 있다. 지용성 비타민에는 비타민 A, D, E, K 등 4가지가 있다.

2. 지용성 비타민

지용성 비타민은 이름에서 알 수 있듯 기름에 잘 녹는다. 일단 체내로 흡수되어 들어온 지용성 비타민은 소변으로 배설되지 않고, 간이나 지방조직에 저장될 수 있다. 그렇기 때문에 많은 양을 오랜 기간에 걸쳐 지속적으로 섭취하면 과잉으로 인한 유해 증상이 나타날 수 있다. 지용성 비타민에는 비타민 A, D, E, K 등 4가지가 있다.

1) 비타민 A

(1) 정의와 종류

영양학적으로 비타민 A로 정의할 수 있는 물질은 레티놀, 레티날, 레티노산 등 세 가지 레티노이드와 알파-카로틴, 베타-카로틴, 베타-크립토잔틴 등 카로티노이드이다. 자연계에서 발견되는 수백 가지의 카로티노이드 중에서 생체 내에서 비타민 A

로 전환될 수 있는 카로티노이드는 전구체 비타민 A라고 한다. 일반적으로 레티노이드는 동물성 식품에만 함유되어 있고 카로티노이드는 식물성 식품에 함량이 높다.

(2) 기능과 결핍증

비타민 A는 시각, 성장과 발달, 면역과 같은 생체 내 중요 과정에서 역할을 한다. 하지만 우리 몸에서는 합성되지 않으므로 반드시 식품을 통해서 섭취해야 하는 필수 영양소이다.

관여하는 과정이 많은 만큼 비타민 A의 부족 시에는 여러 특징적 증상들이 발생한다. 실제로 이러한 사실은 비타민 A의 발견과 연구에 핵심적인 역할을 하였다.

① **시각 작용** 망막은 빛에 대한 정보를 전기적 정보로 전환하여 뇌로 전달하는 기관이다. 망막의 원뿔세포와 막대세포는 각각 밝은 곳과 어두운 곳에서 색을 구분하고 사물을 인지하는 반응을 일으킨다. 원뿔세포와 막대세포 등 눈을 구성하는 세포가 정상적으로 분화하기 위해서는 비타민 A가 필요하며, 이들 세포가 시각 기능을 수행하는 과정에서 비타민 A는 시각 색소 형성에 관여하는 핵심적

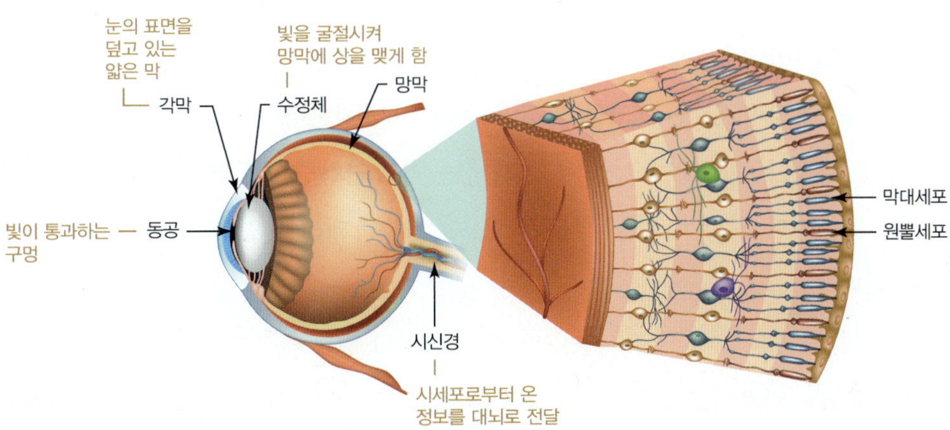

그림 7-1 망막의 시각세포

역할을 한다.

갑자기 밝은 곳에서 어두운 곳으로 이동할 때 막대세포는 비타민 A를 이용하여 시각 색소를 빠르게 재생성함으로써 어둠 속에서 사물을 인지하는 암순응 과정을 일으킨다. 만일 비타민 A가 부족하게 되면 색소의 생성이 느려지거나 부족해지고 암순응이 잘 일어나지 않는 질환인 야맹증이 발생하게 된다. 역사적으로 야맹증은 비타민 A의 발견에 큰 단서를 제공하였다.

② 면역 기능 레티노이드는 림프구의 활성화와 백혈구의 성장 및 분화 과정에 관여함으로써 면역 기능을 수행하고 있다. 따라서 비타민 A가 부족하면 면역계가 제대로 작동하지 않는다. 실제로 비타민 A가 결핍된 임산부에서 태어난 아기는 각종 감염성 질환의 발생 위험이 높은 것으로 알려져 있다.

③ 성장과 발달 비타민 A는 세포의 성장과 분화 과정에 관여한다. 학령 전 아동의 비타민 A 결핍은 성장지연을 초래한다.

④ 상피세포 정상화 비타민 A는 각막, 폐, 피부, 장 등 상피세포에서 점액 합성에 관여함으로써 상피세포 점막을 보호하고 간접적으로 면역반응에 관여하고 있다. 분비된 점액은 각 조직이 외부로부터 침입하는 이물질에 대해 방어 능력을 갖도록 하는데, 만일 비타민 A가 부족하게 되면 점막 조직이 각질화되면서 정상적인 점액 분비가 이루어지지 않아 건조증과 같은 문제가 발생한다. 이와 같은 문제가 눈에 발생하면 각막이 건조해지고 눈이 흐려지는 각막연화증이 나타나게 되는데 비타민 A를 보충하지 않고 방치할 경우 각막 궤양과 박테리아 감염 등의 문제가 발전할 수 있다.

⑤ 항산화 기능 카로티노이드는 항산화물질로 작용함으로써 세포 물질들을 산화적 손상으로부터 보호할 수 있다. 이러한 기능은 비타민 A의 전구체 카로티노이드뿐

아니라 비타민 A로 전환되지 않는 카로티노이드에 의해서도 이루어진다. 이러한 항산화능은 체내 산화스트레스를 억제하여 발암물질의 대사를 조절하고 발암 유전자의 발현을 억제함으로써 암과 같이 산화적 손상에 의해 위험이 높아지는 질병을 예방하는 효과를 가져올 수 있다.

(3) 섭취기준과 급원식품

과량의 비타민 A를 오랜 기간에 걸쳐 섭취하면 간 손상, 기형아 출산, 뼈와 연골 손상, 두통, 탈모 등이 발생한다는 보고가 있다. 따라서 한국인 영양소 섭취기준에서는 권장섭취량과 함께 상한섭취량이 제시되어 있다. 한편 카로티노이드를 많은 양, 오랜 기간 섭취하면 피하지방에 카로티노이드가 침착되면서 피부색이 노랗게 변하게 될 수 있다. 따라서 비타민 A는 평균필요량과 함께 권장섭취량이 설정되어 있는 동시에, 상한섭취량도 설정되어 있다(표 **7-2**).

비타민 A는 동물성 식품인 육류(특히 간), 달걀, 장어 등에 레티놀과 레티놀 에스터의 형태로 함유되어 있다. 카로티노이드는 시금치, 당근, 상추, 깻잎 등 녹황색 채소와 수박, 망고 등 주황색, 빨간색 과일로부터 얻을 수 있다.

(4) 식품 제조와 가공

카로티노이드는 주황색, 빨간색 등 색깔을 띠기 때문에 식품 가공에서 지용성 착색료로 이용될 수 있다. 카로티노이드의 화학구조는 많은 이중결합으로 인하여 불안정하기 때문에 햇빛, 공기 등에 노출되면 쉽게 산화되어 퇴색한다. 카로티노이드 중에는 루테인과 베타-카로틴 등의 성분이 식품에 착색료로서 이용되고 있다.

표 **7-2** 한국인의 1일 비타민 A 섭취기준

성별	연령	비타민 A(μgRAE/일)			
		평균필요량	권장섭취량	충분섭취량	상한섭취량
영아	0~5(개월)			350	600
	6~11			450	600
유아	1~2(세)	190	250		600
	3~5	230	300		750
남자	6~8(세)	310	450		1,100
	9~11	410	600		1,600
	12~14	530	750		2,300
	15~18	620	850		2,800
	19~29	570	800		3,000
	30~49	560	800		3,000
	50~64	530	750		3,000
	65~74	510	700		3,000
	75 이상	500	700		3,000
여자	6~8(세)	290	400		1,100
	9~11	390	550		1,600
	12~14	480	650		2,300
	15~18	450	650		2,800
	19~29	460	650		3,000
	30~49	450	650		3,000
	50~64	430	600		3,000
	65~74	410	600		3,000
	75 이상	410	600		3,000
임신부		+50	+70		3,000
수유부		+350	+490		3,000

자료: 보건복지부·한국영양학회, 2020 한국인 영양소 섭취기준.

읽 어 봅 시 다

비타민 A의 급성 중독증 일화

비타민 A를 한 번에 너무 많은 양을 섭취하면 급성 중독증으로 인해 사망할 수 있다. 역사 속에 이러한 기록이 있다.

네덜란드 탐험가인 빌렘 바렌츠와 그의 선원들은 1596년 북극 탐험에서 조난을 당한다. 그들은 1년의 조난 기간에 북극곰 3마리와 여우 26마리를 잡아먹으며 버텼다. 그 과정에서 북극곰 간으로 만든 스튜를 먹은 선원들이 사망하는데, 증상은 피부가 벗겨져 나가고 머리카락이 빠졌으며 복통, 구토, 설사, 어지러움, 졸음 등이었다. 과거에는 이를 북극곰의 저주라고 생각했다.

북극곰은 비타민 A가 풍부한 북극 동물들의 먹이사슬 정점에 있다. 때문에 북극곰 간에는 인간 간에 저장된 비타민 A의 40~60배가 들어 있다. 이 정도면 북극곰 간을 한 입만 먹어도 비타민 A의 급성 중독에 이를 수 있는 치사량에 가까운 양이다.

북극에서 대대로 살아온 이누이트는 북극곰 사냥 후 간은 바다에 버리거나 눈 속에 묻어버린다. 북극곰의 간을 먹으면 죽는다는 사실을 경험에 의해 알기 때문이다. 혹시라도 누군가가 또는 키우는 동물이 먹을까 배려하는 전통이다.

현재 북극 노르웨이령 스발바르 제도에는 바렌츠부르크라는 탐험가 바렌츠의 이름을 딴 도시가 있다.

그림 **7-2** **북극곰**

2) 비타민 D

(1) 정의와 종류

비타민 D는 칼슘, 마그네슘, 인 등 무기질 대사와 관련된 여러 생체 내 과정에서 조절작용을 하는 비타민이다. 비타민의 한 종류이지만 다른 비타민들과 다르게

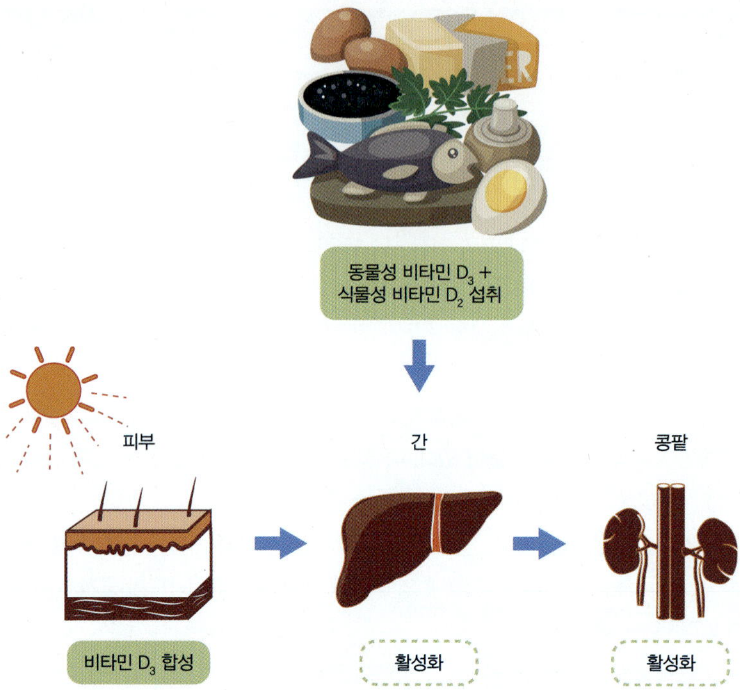

그림 7-3 비타민 D의 대사과정

체내 합성이 가능하다.

비타민 D는 비타민 D_2(에르고칼시페롤)와 비타민 D_3(콜레칼시페롤)의 두 가지 형태가 있는데 비타민 D_3는 피하에 존재하는 7-디하이드로콜레스테롤이 자외선을 받아 전환되거나 동물성 식품을 통해 섭취할 수 있는 형태이고, 비타민 D_2는 버섯, 효모 등의 식물성 식품을 통해서 섭취할 수 있는 형태이다. 이들 비타민은 섭취 후 모두 혈액을 통해 간과 콩팥으로 이동되어 활성형으로 전환된다(그림 7-3).

(2) 기능과 결핍증 & 독성

비타민 D는 활성형일 때 생리적 기능을 한다. 활성화를 위해서는 두 단계의 수산화 과정을 거쳐야 한다. 첫 번째는 간에서 25번 탄소에 수산기(-OH)가 붙는 과정이며, 두 번째는 신장에서 1번 탄소에 두 번째 수산기(-OH)가 붙는 과정이다. 이렇게 형성된 활성형 비타민 D는 골격 대사 및 성장과 발달에 관여한다.

① 무기질 대사 비타민 D의 가장 잘 알려진 기능은 부갑상샘호르몬과 함께 혈중 칼슘 농도를 일정하게 유지하고 골격 건강에 관여하는 것이다. 비타민 D가 관여하는 무기질에는 이 밖에도 마그네슘과 인이 있다. 식사 섭취 수준에 상관없이 일정 수준의 혈중 무기질 농도는 골격 무기질화를 위해 필요하며, 근육과 신경계의 정상적인 기능을 위해서도 필수적이다. 비타민 D는 소장, 콩팥, 골격 등 세 곳의 표적기관에 작용하여 무기질의 농도를 조절한다.

② 면역 및 성장과 발달 조절 T면역세포, 대식세포, 단핵구 등 세포의 분화와 세포주기 조절에 관여함으로써 면역기능을 하고 있다. 다양한 세포와 조직의 성장을 조절하는 기능을 통해 성장과 발달에도 관여한다. 이 밖에도 암세포의 성장을 억제하는 기능도 있는 것으로 보고되고 있다.

③ 결핍증과 독성 비타민 D 영양 상태는 골격 건강과 직결되어 있다. 결핍 시 어린이에서는 구루병, 노년기 이후에는 골다공증의 위험이 높아진다. 실제로 식품을 통한 비타민 D 섭취량은 많지 않기 때문에 햇빛 노출 시간이 제한적일 경우에 비타민 D 결핍증이 나타날 수 있다.

한편, 비타민 D는 과잉섭취로 인한 독성이 매우 강한 비타민으로 많은 양의 비타민 D를 지속적으로 섭취하는 경우 고칼슘혈증과 함께 연조직의 석회화, 콩팥과 심혈관계 손상이 일어날 수 있다.

(3) 섭취기준과 급원식품

일반적으로 청정지역에서는 여름철 12분, 오염지역에서는 겨울철 37분 정도 햇빛을 받으면 하루 필요한 권장량 수준의 비타민 D가 피부에서 합성될 수 있다고 한다. 하지만 인종, 거주지역, 계절, 생활습관, 연령, 의복 등 다양한 요인에 의해 편차는 크다.

일차적으로는 자외선에 의한 피부 합성이 비타민 D의 주요 급원이지만 그렇지

표 **7-3** 한국인의 1일 비타민 D 섭취기준

성별	연령	비타민 D(μg/일)			
		평균필요량	권장섭취량	충분섭취량	상한섭취량
영아	0~5(개월)			5	25
	6~11			5	25
유아	1~2(세)			5	30
	3~5			5	35
남자	6~8(세)			5	40
	9~11			5	60
	12~14			10	100
	15~18			10	100
	19~29			10	100
	30~49			10	100
	50~64			10	100
	65~74			15	100
	75 이상			15	100
여자	6~8(세)			5	40
	9~11			5	60
	12~14			10	100
	15~18			10	100
	19~29			10	100
	30~49			10	100
	50~64			10	100
	65~74			15	100
	75 이상			15	100
임신부				+0	100
수유부				+0	100

못한 경우에는 식품을 통한 섭취를 신경써야 한다. 하지만 개인에 따라 합성되는 비타민 D의 양에는 편차가 크기 때문에 식품을 통한 필요량을 설정하는 것은 매우 어렵다. 한국인 영양소 섭취기준에는 충분섭취량이 설정되어 있다. 또한 과잉섭

취로 인한 독성 예방을 위해 상한섭취량도 설정되어 있다(표 **7-3**).

비타민 D의 급원식품은 등푸른생선, 오리고기, 달걀, 메추리알, 버섯류 등으로 우리나라에서 비타민 D가 풍부한 식품의 종류는 많지 않다. 최근에는 비타민 D를 강화한 우유, 시리얼 등도 판매되고 있다. 버터와 마가린 등에 함유된 비타민 D는 함량이 낮아 실제 기여도는 높지 않은 편이다.

(4) 식품 제조와 가공

식품의 영양 강화를 목적으로 사용되는 식품첨가물을 영양강화제라고 한다. 다양한 비타민들이 식품에 영양강화제로 사용되고 있는데, 비타민 D는 칼슘 흡수 증진을 위한 용도로서 음료 및 우유와 유제품 등 식품에 비타민 D_2 또는 비타민 D_3의 형태로 사용된다.

3) 비타민 E

(1) 정의와 종류

비타민 E(Vitamin E)는 4종류의 토코페롤(α, β, γ, δ)과 4종류의 토코트리에놀(α, β, γ, δ) 등 8가지의 광학이성질체 물질을 말한다. 가장 활성이 큰 비타민 E는 알파-토코페롤이다. 토코페롤이라는 용어는 '출산'을 뜻하는 그리스어에서 유래하였다.

(2) 기능

우리 몸의 구성 기본단위인 세포와, 혈액 내 지질 운송의 기능을 담당하는 지단백질의 막에는 많은 양의 다가불포화지방산이 함유되어 있다. 비타민 E는 세포막과 지단백질 막에서 항산화 기능을 수행함으로써 산화스트레스로 인한 손상으로부터 보호하는 기능을 한다. 세포막에서의 지질의 산패는 연쇄반응에 의해 이루어진다. 또한 비타민 E는 조직성분을 보호하고 염증을 억제하는 기능도 있는 것으로 알려져 있다. 일반적으로 식품을 통한 비타민 E의 섭취는 심혈관계 질환, 암, 중추신경계 질환 및 면역계 질환에 도움이 될 수 있다는 연구가 있다.

(3) 결핍증

비타민 E 결핍 시 근육과 신경 공조의 문제로 인한 운동실조, 골격근증, 색소침착 망막증 등이 보고되어 있다. 그러나 실제로 결핍 증상은 매우 드물며, 비타민 E 섭취 부족에 의하기보다는 지질 대사 문제로 인한 간접적 원인에 의한 경우가 대부분이다.

(4) 섭취기준과 급원식품

항산화 비타민인 비타민 E의 필요량은 다가불포화지방산 섭취량과 밀접하게 관련되어 있다. 다가불포화지방산은 체내에서 산화스트레스에 의해 쉽게 산화될 수 있기 때문이다.

지질 함량이 높은 식물성 식품들은 기본적으로 비타민 E를 함유한다. 면실유, 포도씨유, 해바라기유 등 식물성 기름과 헤이즐넛, 아몬드, 잣 등 견과류에 비타민 E가 풍부하다. 다가불포화지방산 산패로부터 보호하기 위한 자연의 섭리인 것이다. 그러나 유지의 가공 과정 중 비타민 E의 함량은 낮아지므로 정제유지를 통해 너무 많은 다가불포화지방산을 섭취하는 것은 체내 산화 위험을 높일 수 있다.

비타민 E는 산소, 금속, 빛, 가열에 파괴되기 쉬우므로 식물성 유지의 보관과 조리에도 주의가 필요하다.

한국인은 주로 알파-토코페롤과 감마-토코페롤 형태의 비타민 E를 식품을 통해 섭취하고 있지만, 한국인을 대상으로 한 비타민 E 섭취 수준에 관한 자료가 아직 충분히 축적되어 있지 않아 섭취기준으로는 충분섭취량을 설정하였다. 보충제의 형태로 많은 양의 알파-토코페롤을 섭취할 경우 건강에 유해하다는 증거들이 보고되면서 과잉섭취로 인한 위험을 예방하기 위하여 상한섭취량도 설정되어 있다(표 **7-4**).

표 7-4 한국인의 1일 비타민 E 섭취기준

성별	연령	비타민 E(mg α-TE/일)			
		평균필요량	권장섭취량	충분섭취량	상한섭취량
영아	0~5(개월)			3	
	6~11			4	
유아	1~2(세)			5	100
	3~5			6	150
남자	6~8(세)			7	200
	9~11			9	300
	12~14			11	400
	15~18			12	500
	19~29			12	540
	30~49			12	540
	50~64			12	540
	65~74			12	540
	75 이상			12	540
여자	6~8(세)			7	200
	9~11			9	300
	12~14			11	400
	15~18			12	500
	19~29			12	540
	30~49			12	540
	50~64			12	540
	65~74			12	540
	75 이상			12	540
임신부				+0	540
수유부				+3	540

(5) 식품 제조와 가공

지방의 산패와 색깔 변화 등 산화에 의한 품질 저하를 방지하여 저장기간을 연장시키는 식품첨가물을 산화방지제(항산화제)라고 한다. 알파-토코페롤은 지용성 산화방지제로서 식용유지, 조제유 등 다양한 식품에 이용되고 있다.

4) 비타민 K

(1) 정의와 종류

비타민 K(Vitamin K)는 '응고'를 뜻하는 독일어인 'koagulation'로부터 명명하였다. 자연계에서 발견되는 비타민 K에는 비타민 K_1(필로퀴논)과 비타민 K_2(메나퀴논) 두 종류가 있다. 주요 급원인 비타민 K_1은 식물이 광합성을 통해 합성하므로 식물성 식품에 들어있고, K_2는 장내 박테리아에 의해 K_1으로부터 전환된다. 화학적으로 합성한 비타민 K에는 K_3, K_4, K_5, K_6, K_7 등이 있으며, 이중 K_4, K_5, K_6, K_7은 혈액응고 시간 단축을 위한 의약품으로 사용되고 있다.

(2) 기능과 결핍증

혈액응고에 관여하는 인자들은 평상시에는 불활성화 상태로 존재하다가 필요시 간에서 재빨리 활성화된다. 이 과정에 비타민 K는 카르복실화효소의 조효소로서

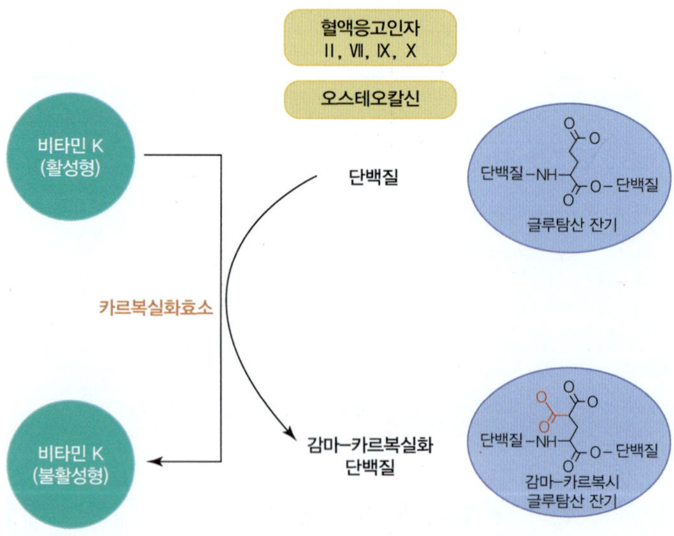

그림 7.4 비타민 K의 대사작용

관여한다. 같은 방식으로, 비타민 K는 오스테오칼신이라는 관련 단백질을 활성화시킴으로써 뼈의 대사 과정에도 관여한다(그림 7-4).

따라서 비타민 K 결핍 시에는 혈액 응고가 잘 일어나지 않고, 뼈가 약해지는 문제가 발생한다. 정상 성인과 어린이, 청소년에서는 결핍증이 매우 드물지만 영아에서는 결핍 위험이 상대적으로 높은데, 태반은 비타민 K를 거의 통과시키지 않아 태아는 엄마로부터 비타민 K를 전달받지 못하며, 모유도 비타민 K의 함량이 매우 낮기 때문이다.

(3) 섭취기준과 급원식품

성인에서 비타민 K의 결핍증은 매우 드물다. 노인기에 들어서면 지질 섭취량이 줄어들면서 비타민 K 흡수가 저하될 뿐 아니라 질환 발생률이 높아지면서 복용하는 항생제는 장내 박테리아에 의한 비타민 K_2의 생성에 영향을 주게 된다.

한국인 영양소 섭취기준에는 비타민 K의 섭취에 대한 과학적인 근거가 아직도 충분하지 않은 관계로 충분섭취량이 설정되어 있다. 비타민 K의 중요 급원식품은 녹색 채소이며 고춧잎, 들깻잎, 쑥 등에 특히 많이 함유되어 있다. 하지만 한국인에서 가장 기여도가 높은 식품은 배추김치이다. 이는 한국인의 배추김치 섭취량이 많은 것과도 관련 있지만, 식품 발효 시 비타민 K가 증가하는 현상에도 기인하는 것으로 생각된다. 일반적으로 섭취 비타민 K의 약 90%는 비타민 K_1이 차지하고 있으며 비타민 K_2는 10% 정도에 불과하다. 비타민 K는 곡류군, 어육류군, 과일군, 우유 및 유제품군 등에는 거의 함유되어 있지 않은 것으로 알려져 있다.

비타민 K는 간에 주로 저장되는데 다른 지용성 비타민에 비하면 그 양은 많지 않다. 또한 대사와 전환 속도가 빨라 저장된 비타민 K는 쉽게 소모되어 진다. 사람과 실험동물에서 비타민 K 과잉섭취에 대한 독성이 현재까지 보고된 바가 없기에 상한섭취량은 설정되어 있지 않다.

표 7-5 한국인의 1일 비타민 K 섭취기준

성별	연령	비타민 K(μg/일)			
		평균필요량	권장섭취량	충분섭취량	상한섭취량
영아	0~5(개월)			4	
	6~11			6	
유아	1~2(세)			25	
	3~5			30	
남자	6~8(세)			40	
	9~11			55	
	12~14			70	
	15~18			80	
	19~29			75	
	30~49			75	
	50~64			75	
	65~74			75	
	75 이상			75	
여자	6~8(세)			40	
	9~11			55	
	12~14			65	
	15~18			65	
	19~29			65	
	30~49			65	
	50~64			65	
	65~74			65	
	75 이상			65	
임신부				+0	
수유부				+0	

(4) 조리와 가공

비타민 K는 열, 공기, 습기 등에는 비교적 안정적이므로 조리에 의해서도 별로 파괴되지 않는다. 하지만 강한 산, 알칼리, 빛에 의해서는 쉽게 파괴되는 특징을 가진다.

3. 수용성 비타민

수용성 비타민에는 비타민 C와 비타민 B복합체가 있으며, 체내 세포의 대사, 성장 및 유지를 위해 미량 필요한 물질로 부족하게 되면 결핍증이 쉽게 발생하지만 결핍된 비타민을 공급하면 정상으로 회복되는 필수 성분이다. 수용성 비타민은 소장에서 흡수되어 혈액으로 방출되고, 혈류로 직접 운반되어 표적세포로 분포된다. 일반적으로 혈중 농도가 신장의 역치를 초과하면 요로 배설되기 때문에 체내에 과량 저장되지 않는다.

1) 비타민 C

비타민 C는 아스코르브산(ascorbic acid)이라고도 부르며, 과일과 채소에 풍부하게 들어있다. 비타민 C는 항산화제로 작용하고 여러 화학 반응의 보조인자로 기능하는 수용성 비타민이다. 비타민 C는 하루 30~200mg 정도 섭취할 경우 약 80~90% 정도 흡수되며, 흡수된 비타민 C는 모든 조직에 저장될 수 있다. 비타민 C를 과도하게 섭취하면 흡수율이 감소하고 신장을 통한 배설량이 증가한다. 청소년기의 경우 성장에 필요한 콜라겐 합성을 고려하여 남자가 여자보다 더 많은 비타민 C를 섭취하도록 권장하고 있다. 또한 흡연은 산화적 스트레스의 원인이 되므로 흡연자는 비흡연자보다 비타민 C를 더 많이 섭취하도록 권장한다.

(1) 기능

- 세포 내에서 수용성 항산화제로 작용하며 세포 대사과정에서 생성되는 자유라디칼을 제거하는 역할을 한다.
- 비타민 C는 결합조직을 구성하는 단백질인 콜라겐 합성에 필요하다. 콜라겐은 뼈, 인대, 근육 및 혈관의 기본 구조를 형성하는 단백질이다.
- 이 밖에도 소장에서 철의 흡수를 촉진하며, 산화된 비타민 E를 환원시켜 재활용하므로 비타민 E의 항산화기능을 증가시킨다.

• 상처 회복, 신경전달물질, 카르니틴, 헤모글로빈, 담즙, 스테로이드 호르몬, 퓨린 등의 생합성에도 관여한다.

(2) 결핍증 및 과잉증

비타민 C가 부족하면 괴혈병이 나타난다. 괴혈병의 임상증상은 점상 출혈, 관절통, 상처 회복 지연, 호흡곤란, 부종 등이 있다(그림 7-5). 또한 비타민 C 결핍 시 콜라겐 합성이 저해되어 연골과 근육조직이 변형되기도 하며 골격 형성이 방해되어 성장 지연, 골절 등이 나타난다.

비타민 C는 독성이 낮고 과량 섭취해도 소변으로 배설되기 때문에 심각한 유해효과는 나타나지 않는다. 과잉섭취로 인한 일반적인 증상은 오심, 구토, 복부팽만, 복통, 설사 등의 위장관장애이다. 그러나 신장질환자가 비타민 C를 과량 섭취하면 수산뇨증이 생기고 신장결석 위험이 증가하는 것으로 알려져 있다. 유전적으로 혈

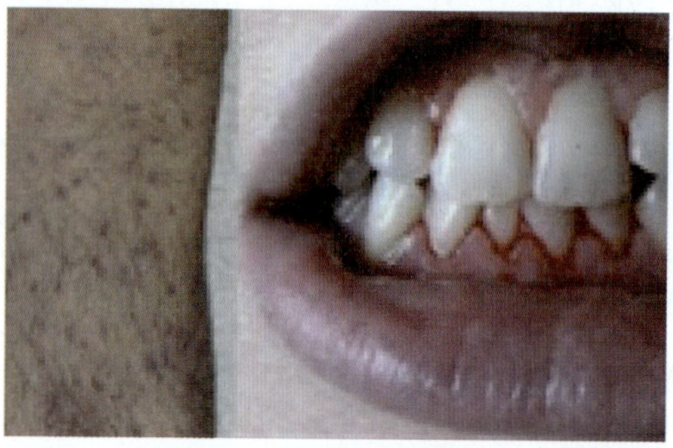

그림 7-5 괴혈병의 증상

그림 7-6 신대륙 발견을 위한 대항해 길에 발생한 괴혈병

색소증이 있는 사람은 장기간 비타민 C를 섭취할 경우 철이 과다하게 축적되어 유해효과가 나타난다고 보고되었다.

표 **7-6** 한국인의 1일 비타민 C 섭취기준

성별	연령	비타민 C(mg/일)			
		평균필요량	권장섭취량	충분섭취량	상한섭취량
영아	0~5(개월)			40	
	6~11			55	
유아	1~2(세)	30	40		340
	3~5	35	45		510
남자	6~8(세)	40	50		750
	9~11	55	70		1,100
	12~14	70	90		1,400
	15~18	80	100		1,600
	19~29	75	100		2,000
	30~49	75	100		2,000
	50~64	75	100		2,000
	65~74	75	100		2,000
	75 이상	75	100		2,000
여자	6~8(세)	40	50		750
	9~11	55	70		1,100
	12~14	70	90		1,400
	15~18	80	100		1,600
	19~29	75	100		2,000
	30~49	75	100		2,000
	50~64	75	100		2,000
	65~74	75	100		2,000
	75 이상	75	100		2,000
임신부		+10	+10		2,000
수유부		+35	+40		2,000

(3) 영양섭취기준과 급원식품

성인의 비타민 C 권장섭취량은 1일 100mg/일로 정했으며, 상한섭취량은 2,000mg/일이다(표 **7-6**). 흡연자, 알코올중독자, 임산부는 비타민 C의 필요량이 증가한다. 비타민 C는 채소와 과일류에 풍부하다. 비타민 C는 밀감, 레몬, 오렌지 등의 감귤류, 키위, 망고 등의 과일과 과일주스 및 풋고추, 시금치, 양배추, 피망, 콜리플라워, 브로콜리, 케일 등의 녹색 채소류와 토마토, 감자 등에 많이 들어 있다. 식품 중의 비타민 C는 산소, 수분, 열 등과 만나면 손실되기 쉬우므로 과일과 채소는 신선한 것으로 구입하고, 장기간 공기에 노출되지 않도록 한다. 조리할 때는 물에 오래 담가 두거나 장시간 가열하지 않도록 하고 신선한 것으로 섭취하도록 한다.

그림 **7-7** 비타민 C가 풍부한 밀감, 레몬, 오렌지 등의 감귤류

2) 에너지 대사에 관여하는 비타민 – 티아민, 리보플라빈, 니아신, 판토텐산

티아민, 리보플라빈, 니아신, 판토텐산은 에너지 대사에 관여하는 수용성 비타민이다. 티아민(thiamin)은 주로 인산화된 형태로 식물이나 동물조직에 존재하는데, 주로 활성형 형태인 티아민 피로인산(Thiaminpyrophosphate, TPP)이 조효소로 작용한다. 리보플라빈(riboflavin)의 생리적 활성형은 플라빈 아데닌 다이뉴클레오타이드(Flavin Mononucleotide, FMN)이며 알칼리와 자외선에 쉽게 파괴된다. 니아신(niacin)은 니코틴아미드(nocotinic acid amide), 니코틴산(nicotinic acid) 및 그 유도체 중 니코틴아미드 생리활성을 나타내는 화합물을 총칭한다. 아미노산의 한 종류인 트립토판이 체내에서 니아신으로 전환된다. 판토텐산은 CoA와 아실 운반 단백질(ACP)의 구성 성분으로 작용한다.

(1) 기능

탄수화물, 지방, 아미노산의 산화·환원반응에 관여하는 조효소로 체내 에너지 합성에 매우 중요한 역할을 한다. 따라서 에너지섭취량이 증가함에 따라 이들 비타민의 필요량이 증가한다.

(2) 결핍증 및 과잉증

티아민 결핍증인 각기병(beriberi)은 예로부터 쌀을 주식으로 하는 아시아 지역에서 많이 알려져 있다. 현대에는 만성 알코올 중독자나 백미를 지속적으로 섭취하는 경우에 결핍증이 발생한다. 티아민 결핍 시 나타나는 임상증상은 식욕감퇴, 체중감소, 우울증, 단기 기억상실, 혼란, 짜증, 말초신경증, 근육약화 등이다. 티아민 결핍증은 신경계, 심혈관계, 소화기계의 기능에 이상을 초래하며, 이상이 나타나는 유형에 따라 습성 각기와 건성 각기로 나뉜다.

리보플라빈의 결핍 증세는 설염, 입 주변의 조직이 갈라지는 구각염, 입에 염증이 생기는 구강염, 지루성 피부염, 중추신경장애 등이 있다. 리보플라빈의 기능은 비타민 B_6, 니아신, 티아민, 엽산 등과 연결되어 있기 때문에 리보플라빈의 결핍 증상은 다른 비타민 B 복합체의 부족에서도 올 수 있다.

옥수수를 주식으로 하는 나라에서 펠라그라가 많이 발생하는데 거의 모든 대사과정에서 NAD와 NADP가 관여하므로, 니아신 결핍은 신체에 다양한 손상을 준다. 펠라그라(pellagra)의 증상은 3Ds로 표현되는 치매(dementia), 설사(diarrhea), 피

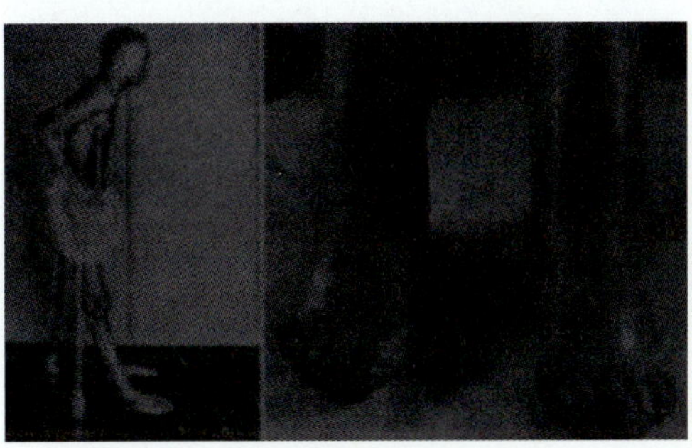

그림 7-8 각기병의 증상, 근육위축, 부종

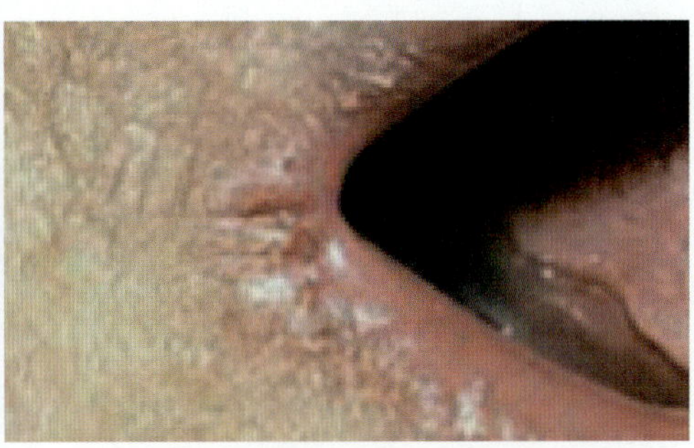

그림 7-9 리보플라빈 결핍증세, 구각염

부염(dermatitis)이며, 이 병을 조기에 치료하지 않으면 죽음(death)에까지 이르러 4Ds가 된다. 초기 증상으로는 식욕감퇴, 신체쇠약 및 체중감소 등이 나타난다. 니아신은 체내에서 필수아미노산인 트립트판으로부터 전환되어 충당될 수 있으므로, 니아신과 동물성 단백질이 동시에 부족할 때 결핍증이 발생한다. 니아신을 치료제나 보충제로 과량(50mg/일 이상) 복용할 경우에는 피부홍조, 가려움증, 메스꺼움, 간기능 이상, 혈청 요산 증가, 혈당 증가 등의 부작용이 나타난다.

판토텐산은 장내 세균에 의해 합성되므로 임상적으로 사람에게서 판토텐산 결핍증이 보고된 바 없다. 그러나 판토텐산 결핍 식이를 제공한 실험에서 9주 이후에 무관심, 피로, 두통, 불면증, 구토, 허약, 과민, 복통 증의 증세가 나타났다. 제2차 세계대전 당시 판토텐산이 심하게 결핍되었던 전쟁 포로들에게서 발의 통증과 정신 신경 증세가 발생하였는데 이를 '타는 듯한 발의 통증(burning feet syndrome)'이라 하였다. 판토텐산 결핍증은 다양한 영양소의 결핍과 함께 발생하는 경우가 많은 것으로 보이며, 알코올 중독자, 당뇨병 환자, 궤양성 대장염 환자에게서 가끔 나타난다.

표 7-7 에너지대사에 관여하는 비타민의 결핍증 및 급원식품

비타민	결핍증	급원식품
티아민 (비타민 B_1)	건성 각기증 : 허약함, 신경퇴화 습성 각기증 : 심부전, 부종	돼지고기, 해바라기씨, 전곡류, 내장육, 두류 및 종실류
리보플라빈 (비타민 B_2)	설염, 구순구각염, 피부염, 신경질환	육류, 닭고기, 생선, 우유, 요거트, 치즈 (햇빛 노출 시 쉽게 파괴됨)
니아신	펠라그라(피부염, 설사, 정신질환 동반)	버섯, 생선, 돼지고기, 닭고기, 소고기, 달걀, 우유
판토텐산	피로, 발 화끈거림	동물성 식품, 전곡류, 두류

(3) 영양섭취기준 및 급원식품

탄수화물 섭취량과 에너지 섭취량이 많을수록 티아민의 필요량은 증가한다. 열량 1,000kcal 섭취 당 0.5mg의 티아민을 섭취할 것을 권장하며 따라서 티아민의 권장

섭취량은 성인 남자 1.2mg, 성인 여자 1.1mg으로 설정하였다(표 **7-8**). 티아민이 풍부한 식품으로는 돼지고기, 해바라기씨, 콩류, 밀배아, 수박 등이 있다. 그 밖에 곡식류와 강화곡류들, 푸른 콩, 아스파라거스, 내장고기(간), 땅콩, 종자류와 버섯 등도 티아민의 좋은 급원이다.

리보플라빈의 필요량은 체격이나 에너지 필요량에 따라 다르다. 리보플라빈의 권장섭취량은 남자 1.5mg/일, 여자 1.2mg/일이다(표 **7-8**). 리보플라빈은 우유, 요구르트, 치즈, 육류, 푸른잎 채소 등에 많이 들어있다.

니아신의 섭취량 단위는 니아신 당량(niacin equivalent:NE)으로 나타내며, 1mgNE는 니아신 또는 60mg 식이의 트립토판을 의미한다. 펠라그라를 방지하기에 충분한 니아신의 양은 1,000kcal 당 4.4mgNE 정도이다. 니아신의 권장섭취량은 남자 16mgNE/일, 여자 14mgNE/일이다. 니아신의 상한섭취량은 간독성을 나타내지 않을 수준으로 성인 남녀 모두 니코틴산 35mgNE/일, 니코틴아미드 1,000mgNE/일으로 다르게 정하였다(표 **7-9**). 니아신은 육류와 가금류, 생선류에 풍부하게 들어있고, 곡류, 콩류에도 그 함량이 높다. 달걀과 우유는 니아신 함량이 적지만 트립토판 함량은 많으므로 니아신의 좋은 급원이다.

판토텐산은 충분한 자료가 부족하여 평균필요량을 산정할 수 없어서 권장섭취량 대신 충분섭취량이 설정되어 있다. 한국인 성인 남녀 모두 5mg/일을 권장하며 노인도 동일한 수준으로 권정한다. 임신기에는 하루에 1mg/일, 수유기에는 2mg/일을 추가 권장한다(표 **7-9**). 판토텐산은 동물과 식물의 세포 내에 존재하므로 거의 모든 식품 내에 들어 있다고 할 수 있으며, 특히 동물성 식품, 전곡류, 두류 속에 많이 함유되어 있다. 사람의 모유 1L에는 평균 2.6mg의 판토텐산이 함유되어 있으며, 우유에는 3.2mg/L가 함유되어 있다. 판토텐산은 일반적인 조리과정이나 저장 중에는 상당히 안정적이지만 pH 7 이상이나 pH 5 이하에서 고온 처리를 하면 파괴되기 쉽다.

표 7-8 한국인의 1일 티아민, 리보플라빈 섭취기준

성별	연령	티아민(mg/일) 평균 필요량	티아민 권장 섭취량	티아민 충분 섭취량	티아민 상한 섭취량	리보플라빈(mg/일) 평균 필요량	리보플라빈 권장 섭취량	리보플라빈 충분 섭취량	리보플라빈 상한 섭취량
영아	0~5(개월)			0.2				0.3	
	6~11			0.3				0.4	
유아	1~2(세)	0.4	0.4			0.4	0.5		
	3~5	0.4	0.5			0.5	0.6		
남자	6~8(세)	0.5	0.7			0.7	0.9		
	9~11	0.7	0.9			0.9	1.1		
	12~14	0.9	1.1			1.2	1.5		
	15~18	1.1	1.3			1.4	1.7		
	19~29	1.0	1.2			1.3	1.5		
	30-49	1.0	1.2			1.3	1.5		
	50~64	1.0	1.2			1.3	1.5		
	65~74	0.9	1.1			1.2	1.4		
	75 이상	0.9	1.1			1.1	1.3		
여자	6~8(세)	0.6	0.7			0.6	0.8		
	9~11	0.8	0.9			0.8	1.0		
	12~14	0.9	1.1			1.0	1.2		
	15~18	0.9	1.1			1.0	1.2		
	19~29	0.9	1.1			1.0	1.2		
	30~49	0.9	1.1			1.0	1.2		
	50~64	0.9	1.1			1.0	1.2		
	65~74	0.8	1.0			0.9	1.1		
	75 이상	0.7	0.8			0.8	1.0		
임신부		+0.4	+0.4			+0.3	+0.4		
수유부		+0.3	+0.4			+0.4	+0.5		

표 7-9 한국인의 1일 니아신, 판토텐산 섭취기준

성별	연령	니아신(mgNE/일)[1)] 평균 필요량	권장 섭취량	충분 섭취량	상한섭취량 니코틴산/니코틴아미드	판토텐산(mg/일) 평균 필요량	권장 섭취량	충분 섭취량	상한 섭취량
영아	0~5(개월)			2				1.7	
	6~11			3				1.9	
유아	1~2(세)	4	6		10/180			2	
	3~5	5	7		10/250			2	
남자	6~8(세)	7	9		5/350			3	
	9~11	9	11		20/500			4	
	12~14	11	15		25/700			5	
	15~18	13	17		30/800			5	
	19~29	12	16		35/1000			5	
	30~49	12	16		35/1000			5	
	50~64	12	16		35/1000			5	
	65~74	11	14		35/1000			5	
	75 이상	10	13		35/1000			5	
여자	6~8(세)	7	9		15/350			3	
	9~11	9	12		20/500			4	
	12~14	11	15		25/700			5	
	15~18	11	14		30/800			5	
	19~29	11	14		35/1000			5	
	30~49	11	14		35/1000			5	
	50~64	11	14		35/1000			5	
	65~74	10	13		35/1000			5	
	75 이상	9	12		35/1000			5	
임신부		+3	+4		35/1000			+1.0	
수유부		+2	+3		35/1000			+2.0	

[1)] 1mgNE(니아신 당량) = 1mg 니아신 = 60mg 트립토판

3) 비타민 B_6

비타민 B_6는 활성을 갖는 피리독살(pyridoxal), 피리독신(pyridoxine), 피리독사민(pyridoxamine)과 각각의 인산화 형태인 피리독살 5'-인산(pyridoxal 5'-phosphate, PLP), 피리독신 5'-인산(pyridoxine 5'-phosphate, PNP), 피리독사민 5'-인산(pyridoxamine 5'-phosphate, PMP) 등 6종의 유도체로 구성되어 있다. 단백질 대사에 관여하므로 단백질의 섭취량이 증가하면 비타민 B_6의 필요량도 증가하며, 임신, 수유부, 질병 및 수술 후 회복기 환자, 알코올 중독자의 경우 단백질과 함께 비타민 B_6의 필요량이 증가한다.

(1) 기능

비타민 B_6는 체내에서 100여 종의 단백질 및 아미노산 대사에 관여하는 효소의 조효소로 작용한다. 주로 탈탄산효소, 아미노전이효소 등에 관여하며, 탈탄산반응, 단일탄소대사, 아미노기전이반응, 헴 신생합성 및 지질 탄수화물대사 등을 통해 면역계 및 신경전달물질 합성, 스테로이드호르몬 작용을 조정하는 역할을 한다.

(2) 결핍증 및 과잉증

성인에서 비타민 B_6의 결핍증이 보고된 예는 거의 없으나 잠재적 결핍증은 흔히 볼 수 있다. 결핍 증상은 지루성 피부염, 구내염, 빈혈, 우울증 등이 나타날 수 있다. 노인, 경구피임약 복용자, 만성 알코올 중독자, 고단백 식사를 하는 사람에게서 비타민 B_6가 결핍될 수 있다.

월경전 증후군(premenstural syndrome)의 치료를 위해 보충제로 하루 200mg 이상의 비타민 B_6를 1~2개월 이상 지속적으로 섭취하면 과잉증상으로 신경장애를 초래하여 보행이상 및 손발 마비 증상이 나타난다.

(3) 영양섭취기준 및 급원식품

비타민 B_6의 영양섭취기준은 영양상태가 양호함을 나타내는 혈장 PLP 수준(> 30nmol/L)을 기준으로 설정하였으며 성인 남자 1.5mg/일, 여자 1.4mg/일이다. 성인의 상한 섭취량은 100mg/일로 설정하였다(표 **7-10**).

비타민 B_6는 생선, 돼지고기, 닭고기, 난류 등 동물성 식품에 주로 많이 함유되어 있으며, 식물성 식품으로는 현미, 대두, 귀리 등이 있다.

4) 엽산

식품에 들어있는 엽산(folic acid)의 주된 형태는 환원형(tetrahydrofolate, THF)으로서, 다양한 형태의 단일 탄소 단위를 운반하는 조효소 역할을 하므로 유도체들의 종류가 많고, 이들을 모두 엽산이라고 부른다. 반면, 엽산 보충제나 식품 중에 강화된 엽산은 비교적 안정한 엽산의 형태로 들어 있다. 엽산은 식품 중에 존재하는 형태에 따라, 생체 이용률에 큰 차이가 있으며 식품 중에 자연적으로 들어있는 다양한 형태의 엽산은 약 50% 정도 흡수된다.

(1) 기능

엽산은 적혈구, 백혈구 및 소장 세포 등의 세포분열에 관여하며 DNA 합성에 필요한 물질이 합성하는 과정에 조효소로서 작용하는 필수적인 영양소이다. 그러므로 유아기, 성장기, 임신기와 수유기 등 세포 성장 및 분열이 활발하게 일어나는 시기에 엽산의 섭취가 매우 중요하다. 또한 호모시스테인으로부터 메티오닌을 합성하는 반응에는 메티오닌 합성효소가 관여하는데, 이때 엽산과 비타민 B_{12}가 조효소로 함께 관여한다. 즉, 엽산과 비타민 B_{12}의 기능 및 대사는 생화학적으로 상호 연관되어 있다. 이 외에도 엽산은 뇌에서 신경전달물질이 합성되는 과정에 작용한다. 또한 엽산은 신경섬유 사이에서 절연체 역할을 하는 수초를 정상적으로 유지시켜 주는 기능을 한다.

(2) 결핍증 및 과잉증

엽산이 결핍되었을 때 나타나는 임상증세는 빈혈, 실명, 설사, 성장장애, 정신적 혼란, 신경장애 등이다. 엽산이 부족하면 빠른 속도로 교체되어야 하는 적혈구가 DNA를 합성할 수 없기 때문에 성숙한 적혈구로 분열되지 못하여 비정상적으로 미성숙한 거대적아구(megaloblast) 형태로 된다. 그러므로 엽산이 부족하면 혈액 내로 방출되는 성숙한 정상 적혈구 수가 감소되어 핵을 가진 대형 적혈구가 혈류에 나타나서 산소운반 능력이 저하되는 빈혈이 발생하는데, 이를 거대적아구성 빈혈(megaloblstic anemia)이라 한다(그림 7-10).

엽산은 많이 섭취하더라도 요로 배설되어 독성을 나타내는 일은 드물다. 그러나 엽산의 과잉섭취 시 비타민 B_{12} 결핍으로 인한 신경계 손상을 촉진하거나 악화시킬 수 있다.

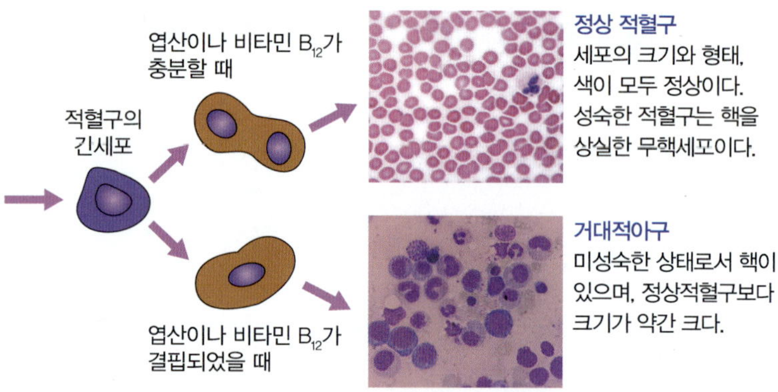

그림 7-10 거대적아구성 빈혈
자료: 구재옥(2019), 이해하기 쉬운 영양학.

(3) 영양섭취기준과 급원식품

성인의 엽산 영양섭취기준은 남녀 모두 400μgDFE/일이며, 상한섭취량은 1,000μgDFE/일이다(표 7-10). 엽산은 간, 콩류, 녹색 채소 등에 풍부하며, 특히 시금치, 양상추, 아스파라거스, 브로콜리, 오렌지주스, 밀 배아, 해바라기 씨, 콜리플라워, 양배추 등에 많이 들어 있다. 엽산은 열, 산화, 자외선에 의해 매우 쉽게 파괴되며, 식품 가공 처리나 조리과정에서 50~90%까지 파괴될 수 있다. 그러므로 신선한 과일과 채소는 조리하지 말고 생으로 먹는 것이 좋다.

표 **7-10** 한국인의 1일 비타민 B_6, 엽산 섭취기준

성별	연령	비타민 B_6(mg/일)				엽산(μgDFE/일)[1)]			
		평균 필요량	권장 섭취량	충분 섭취량	상한 섭취량	평균 필요량	권장 섭취량	충분 섭취량	상한 섭취량[2)]
영아	0~5(개월)			0.1				65	
	6~11			0.3				90	
유아	1~2(세)	0.5	0.6		20	120	150		300
	3~5	0.6	0.7		30	150	180		400
남자	6~8(세)	0.7	0.9		45	180	220		500
	9~11	0.9	1.1		60	250	300		600
	12~14	1.3	1.5		80	300	360		800
	15~18	1.3	1.5		95	330	400		900
	19~29	1.3	1.5		100	320	400		1,000
	30~49	1.3	1.5		100	320	400		1,000
	50~64	1.3	1.5		100	320	400		1,000
	65~74	1.3	1.5		100	320	400		1,000
	75 이상	1.3	1.5		100	320	400		1,000
여자	6~8(세)	0.7	0.9		45	180	220		500
	9~11	0.9	1.1		60	250	300		600
	12~14	1.2	1.4		80	300	360		800
	15~18	1.2	1.4		95	330	400		900
	19~29	1.2	1.4		100	320	400		1,000
	30~49	1.2	1.4		100	320	400		1,000
	50~64	1.2	1.4		100	320	400		1,000
	65~74	1.2	1.4		100	320	400		1,000
	75 이상	1.2	1.4		100	320	400		1,000
임신부		+0.7	+0.8		100	+200	+220		1,000
수유부		+0.7	+0.8		100	+130	+150		1,000

1) Dietary Folate Equivalents, 가임기 여성의 경우 400μg/일의 엽산보충제 섭취를 권장함.

2) 엽산의 상한섭취량은 보충제 또는 강화식품의 형태로 섭취한 μg/일에 해당됨.

5) 비타민 B_{12}

비타민 B_{12}는 무기질인 코발트를 포함하는 구조로서 코발아민(cobalamin)이라고도 한다. 장내 세균에 의해 합성되며, 동물성 식품을 통해서만 섭취할 수 있다.

(1) 기능

비타민 B_{12}는 세포분열과 DNA 합성과정에서 엽산이 활성형을 유지할 수 있도록 하는 데 필요하며 엽산과 함께 호모시스테인을 메티오닌으로 합성하는 데 필수적인 영양소이다. 비타민 B_{12}가 부족하면 엽산 조효소가 감소하여 거대적아구성 빈혈이 발생한다.

(2) 결핍증 및 과잉증

정상적인 식사를 하는 경우 비타민 B_{12} 섭취부족은 드물다. 그러나 비타민 B_{12}의 급원식품은 주로 동물성이기 때문에 채식주의자, 노인, 환자, 심한 다이어트를 하는 사람 등에서 비타민 B_{12} 섭취부족이 올 수 있다. 비타민 B_{12}가 부족할 때는 이차적으로 엽산 결핍증상이 나타나 거대적아구성 빈혈을 초래할 수 있으며 악성빈혈로 인해 비타민 B_{12}가 부족해질 수 있다. 또한 신경장애, 체중감소, 창백한 피부, 설염, 기억력 감퇴 등의 증상이 나타난다.

(3) 영양섭취기준과 급원식품

비타민 B_{12}는 장내 박테리아에 의해 합성되나 그 양이 필요량에 비해 부족하므로 반드시 식품을 통해 섭취해야 한다. 비타민 B_{12}는 어육류, 달걀, 우유 등 동물성 식품에 함유되어 있으며, 간, 신장, 심장 등 내장육에 특히 많다. 식물성 식품에는 비타민 B_{12}가 거의 함유되어 있지 않다.

표 **7-11** 한국인의 1일 비타민 B_{12} 섭취기준

성별	연령	비타민 B_{12}(μg/일)			
		평균필요량	권장섭취량	충분섭취량	상한섭취량
영아	0~5(개월)			0.3	
	6~11			0.5	
유아	1~2(세)	0.8	0.9		
	3~5	0.9	1.1		
남자	6~8(세)	1.1	1.3		
	9~11	1.5	1.7		
	12~14	1.9	2.3		
	15~18	2.0	2.4		
	19~29	2.0	2.4		
	30~49	2.0	2.4		
	50~64	2.0	2.4		
	65~74	2.0	2.4		
	75 이상	2.0	2.4		
여자	6~8(세)	1.1	1.3		
	9~11	1.5	1.7		
	12~14	1.9	2.3		
	15~18	2.0	2.4		
	19~29	2.0	2.4		
	30~49	2.0	2.4		
	50~64	2.0	2.4		
	65~74	2.0	2.4		
	75 이상	2.0	2.4		
임신부		+0.2	+0.2		
수유부		+0.3	+0.4		

표 **7-12** 비타민 요약: 기능, 결핍증, 과잉증 및 급원식품

분류	종류	기능	결핍증	과잉증	급원식품
지용성	비타민 A	시각 작용, 면역 기능, 성장과 발달 조절, 상피세포 정상화, 항산화 기능(카로티노이드)	야맹증, 감염성 질환, 성장 지연, 각막연화증	간 손상, 기형아 출산, 뼈와 연골 손상, 두통, 탈모	육류(특히 간), 달걀, 장어 카로티노이드: 시금치, 당근, 상추, 깻잎 등 녹황색 채소와 수박, 망고 등 주황색·빨간색 과일
	비타민 D	무기질 대사, 면역 기능, 성장과 발달 조절	구루병, 골다공증	연조직의 석회화, 콩팥과 심혈관계의 손상	등푸른생선, 오리고기, 달걀, 메추리알, 버섯류
	비타민 E	항산화 기능	운동실조, 근육병증, 색소침착 망막증	위장질환, 혈액응고에 문제	면실유, 포도씨유, 해바라기유 등 유지류, 땅콩, 아몬드, 잣 등 견과류
	비타민 K	혈액 응고, 뼈 대사	혈액 응고 시간 지연, 뼈 약화	–	고춧잎, 들깻잎, 쑥 등 녹색 채소
수용성	비타민 C	항산화 기능, 콜라겐 합성의 보조인자, 철 흡수 촉진	괴혈병, 연골과 근육조직 변형, 성장 지연, 골절	오심, 구토, 복부팽만, 복통, 설사 등 위장관장애	귤, 오렌지, 딸기, 파인애플, 시금치, 토마토, 고구마, 감, 양배추, 풋고추, 배추, 오이, 파프리카
	비타민 B_1	탄수화물, 지방, 단백질 등 다량 영양소의 에너지 대사 조효소	각기병, 베르니케 증후군	–	돼지고기(살코기와 부산물), 닭고기, 장어, 시리얼, 현미, 해바라기씨, 보리, 옥수수
	비타민 B_2		설염, 구순구각염, 구강염, 지루성 피부염, 중추신경장애	–	우유, 요구르트, 치즈, 육류, 녹색 잎채소
	니아신		펠라그라	피부홍조, 가려움증, 메스꺼움, 간기능 이상	육류, 가금류, 생선, 유제품, 곡류, 콩류 (달걀, 우유는 트립토판↑)
	판토텐산		정신 신경 증세, 피로, 발화끈거림 등 신경장애, 구토, 복통 등 위장장애	–	동물성 식품, 전곡류, 콩류
	비타민 B_6	아미노산 대사 및 헴 신생합성 조효소	지루성 피부염, 구내염, 빈혈, 우울증	보행 이상, 손발 마비, 입주위 감각상실 등 신경장애	생선, 돼지고기, 닭고기, 달걀, 현미, 대두, 귀리
	비오틴	포도당 및 아미노산 대사 조효소	피부질환, 모발질환, 신경장애	–	대두, 난황, 간, 견과류, 효모, 버섯, 밀
	엽산	DNA 합성 및 아미노산 대사 등	거대적혈모구성 빈혈, 신경	B_{12} 결핍 은폐로 인한 증세 악화	간, 콩류, 녹색 채소

CHAPTER 8

체중조절 식품과 영양

CHAPTER 8

체중조절 식품과 영양

개요

체중조절은 단순히 체중이 감소된 결과가 아니라, 건강 체중을 설정하고 현재의 자신의 체중과 체지방률 등을 감안하여 비만도를 판정하고 본인 식습관의 문제점을 파악하고 개선하는 장기간의 과정이다. 시중에 판매되는 다이어트용 건강기능식품이나 약물에 의존하기 보다는, 평생 함께 하는 식습관 및 생활습관 등을 배우고 익혀서 그 과정이 고통스럽지 않고 자연스럽게 여겨지는 그런 여정이라 할 수 있다. 이번 장에서는 건강체중을 위한 체중조절, 비만 판정법, 건강한 체중조절 방법들, 식사장애 및 체중조절용 건강기능식품에 대해 살펴보고자 한다.

1. 건강체중을 위한 체중조절

체중조절은 건강체중을 얻기 위해, 현재의 체중 상태를 판정하고 체중을 줄이거나 증가시키는 끈기있는 과정이다. 극도로 마르거나 극도로 살이 찐 상태가 아니라, 일시적인 유행에 따른 기준에 맞춘 상태가 아니다. 또한, 본인이 납득하고 특별히 심한 식이 조절을 하지 않아도 유지할 수 있는 상태로 궁극적으로 개인의 건강 상태를 최적으로 유지할 수 있는 체중을 위한 활동이다.

건강한 체중관리를 하려면 가장 먼저 자신의 표준체중(ideal body weight)을 정확히 알아야 한다. 표준체중은 개인의 신장과 체격(body frame)에 따라 달라질 수 있다. 일반적으로 사용되는 개인의 신장 차를 고려한 계산법(브로카지수, broca index)은 아래와 같다.

신장 〈 150cm의 경우	표준체중(kg) = 신장(cm) − 100
신장 150~160cm의 경우	표준체중(kg) = [신장(cm) − 150] × 0.5 + 50
신장 〉 160cm의 경우	표준체중(kg) = [신장(cm) − 100] × 0.9

2. 비만이란

비만(obesity)은 체지방량이 정상보다 많은 상태이다. 비만율은 전세계적으로 꾸준히 증가하고 있으며, 세계보건기구(WHO)는 비만을 질환으로 분류할 정도로 비만은 만성질환의 유발 원인 및 사회·경제적인 문제로 떠오르고 있다.

1) 비만의 판정

신체의 구성은 크게 지방조직과 제지방조직으로 나눌 수 있다. 지방조직은 에너지의 주요 저장 형태이며, 제지방조직은 주로 근육, 골격, 연조직으로 지방을 제외한 부분을 포함한다. 체중이 과체중인 경우라도 근육량이 많은 경우도 있어서 체지방률을 확인하여 비만 여부를 판정하도록 한다. 반대로 체지방이 심각하게 낮은 경우는 면역기능이 떨어지고 여성의 경우 무월경증 등 건강 이상이 생길 수 있다.

(1) 체격지수를 이용한 판정

① **표준체중** 일반적으로 표준체중의 10% 이상을 초과하면 과체중(overwight)이라 하고, 20% 이상 초과되면 비만(obesity)이라 한다.

$$\text{표준체중(kg)} = [\text{신장(cm)} - 100] \times 0.9$$

$$\text{비만도} = \frac{\text{현재 체중} - \text{표준체중}}{\text{표준체중}} \times 100$$

② **체질량지수**(Body Mass Index, BMI) 체중과 신장을 이용하여 체지방량을 비교적 잘 반영하여 성인기 이후의 비만판정에 이용한다. 체질량지수는 간편하고 국제적으로 가장 많이 사용된다.

$$\text{체질량지수(BMI)} = \frac{\text{체중(kg)}}{[\text{신장(m)}]^2}$$

한국인의 BMI는 18.5 이하는 저체중, 18.5~22.9는 정상, 23~25 미만이면 과제중, 25 이상이면 비만으로 정의한다. 반면, 서양인의 경우는 25~30 미만을 과체중, 30 이상이면 비만으로 진단한다. 한국인을 포함한 아시아인의 경우는 BMI가 23 이상일 때 심혈관 질환, 고혈압, 당뇨 등의 발생위험도가 증가하므로 23 이하를 유지하여 비만에 의한 합병증을 예방해야 한다. 또한 너무 마른 경우에도 소화기나 폐질환으로 인한 사망률이 증가하므로 적절한 BMI를 유지해야 한다.

(2) 체지방비율을 이용한 판정

① **생체전기저항법**(BioImpedence Analysis, BIA) 신체의 구성에서 지방조직은 제지방

그림 8-1 생체전기저항법을 이용한 측정방법

조직에 비해 전기 전도성이 적어 전기저항이 많이 발생하는 원리를 이용하는 방법이다. 인체에무해한 미세 전류를 통하게 하여 전기 저항을 측정하고, 저항값을 이용하여 나이, 체중, 성별 등에 따라 체수분량, 체지방량, 제지방량 등을 구한다. 체지방비율이 남자는 8~15%, 여자는 13~23%일 경우 정상체중으로 판정한다.

(3) 체지방 분포를 이용한 판정

① 허리-엉덩이둘레 비율(Waist-Hip Ratio) 엉덩이에 비해 허리둘레가 클수록 복부에 지방이 많이 분포되어 있음을 의미하며, 허리와 엉덩이 측정으로 통하여 허리둘레(cm)를 엉덩이둘레(cm)로 나눈 값이다. 허리둘레는 허리의 가장 날씬한 부분을, 엉덩이둘레는 엉덩이의 가장 큰 부분을 측정한다. 허리-엉덩이둘레 비율이 남자는 0.9 이상, 여자는 0.85 이상이면 복부비만으로 판정한다.

$$\text{WHR} = \frac{\text{허리둘레}}{\text{엉덩이둘레}}$$

② 허리둘레 측정 간단히 허리둘레 측정을 통하여 복부비만을 판정하는 지표이다. 대사증후군을 판정하는 지표 중의 하나로, 남자는 90cm 이상일 경우, 여자는

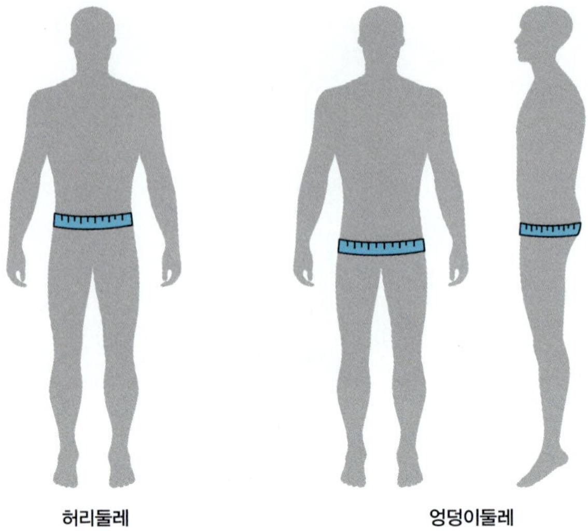

그림 **8-2** 허리둘레, 엉덩이둘레 측정

85cm 이상일 때 복부비만으로 판정한다.

2) 비만의 분류

(1) 체지방 분포에 의한 분류

체지방의 분포에 따라 남성형 비만과 여성형 비만으로 나눈다. 남성형 비만은 복

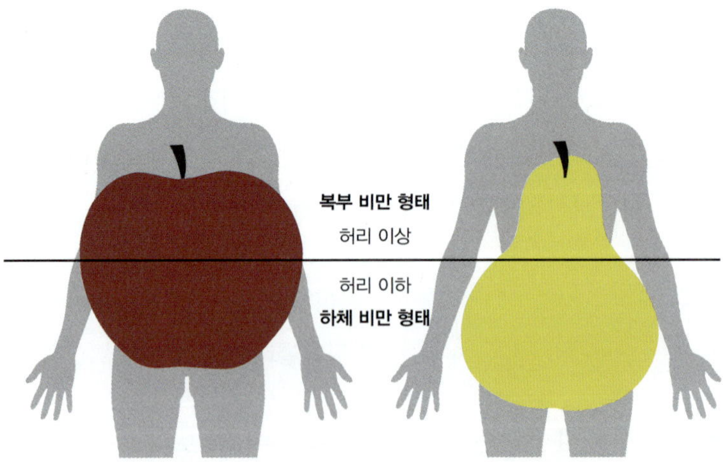

그림 **8-3** 사과형 비만(좌)과 서양배형 비만(우)

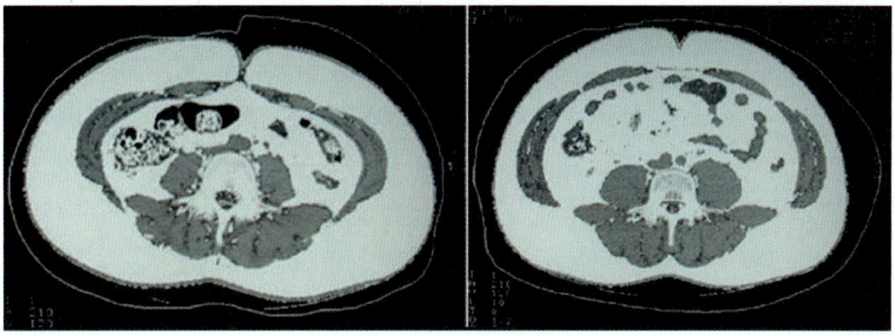

그림 8-4 내장지방형 비만(좌)과 피하지방형 비만(우)의 복부 CT 비교

부비만 형태(사과형 비만)로, 여성형 비만은 하체비만 형태(서양배형 비만)이다. 체지방의 분포는 성호르몬, 음주, 흡연, 생활습관 등에 따라 영향을 받으며 여성의 경우 폐경 이후에 복부비만 형태로 바뀌기 쉽다. 내장형 비만은 컴퓨터 단층촬영(CT)을 통하여 내장 주변에 지방이 분포했는지 판정할 수 있으며 내장지방형 비만인 경우 당뇨병, 고지혈증, 지방간, 고혈압 등 성인병 증가 위험이 있다.

(2) 지방세포 수와 크기에 따른 분류

지방세포 수는 생후 1년과 유아기에 급격히 증가하여 지방세포 증식형 비만은 어린이에게 흔히 나타난다. 일단 늘어난 지방세포 수는 줄어들기 어렵고, 소아 비만이 성인 비만으로 이행될 가능성이 정상체중 아동보다 75~80% 이상 높다. 특히 비만이 여러 가지 성인병 유발과 밀접한 관련이 있다는 점에서 소아비만을 예방해야 한다. 성인기에는 지방의 크기가 증가하는 지방세포 비대형 비만이 나타난다.

3) 비만의 원인

(1) 유전

부모 양쪽이 비만인 경우 자녀가 비만일 가능성은 80%, 부모 중 한쪽이 비만인 경우 자녀가 비만일 가능성은 50%이다. 다른 환경에서 자란 일란성 쌍둥이는 체중 증가의 형태나 체지방의 분포가 비슷하게 나타난다. 비만인 사람의 경우 유전적으로 기초대사율이 낮은 것이 특징이다.

(2) 과다한 에너지섭취와 운동 부족

활동량에 비해 과다한 식욕증가, 스트레스 등에 의한 과다 에너지섭취는 체지방으로 축적되어 쉽게 체중이 증가한다. 또한, 현대화된 사회에서 신체활동량 감소, 운동량 감소 등으로 섭취에너지가 소비에너지보다 많게 되면 체지방이 축적된다.

(3) 식사행동

야식이나 늦은 저녁식사 습관은 이른 저녁을 먹는 사람에 비해 비만이 될 가능성이 높다. 같은 열량이라도 식사 횟수가 적은 경우, 식사 속도가 빠른 경우, 고지방·고당류 음식을 과다 섭취하거나 식이섬유소의 섭취가 부족한 경우, 1회 분량이 많은 경우에 비만의 위험도가 증가한다.

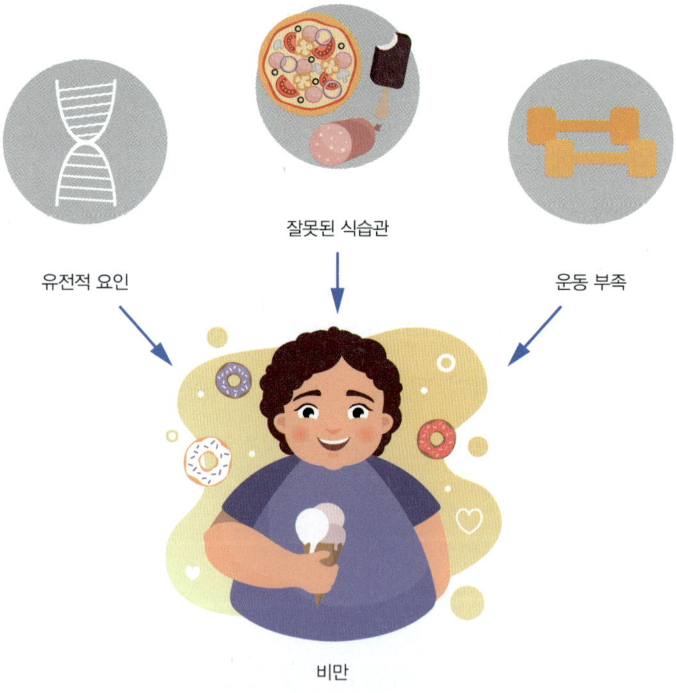

그림 8-5 비만의 원인

3. 건강한 체중조절 방법

체중조절을 하는 과정은 일시적인 이벤트가 아니라, 어찌보면 평생 같이 할 친구 같은 과정이라고 생각할 수 있다. 먹는 것을 조절하지 않고 마음대로 먹으면서 단순히 약만 복용하거나, 패치를 붙이거나 크림을 바르는 것만으로 체중감량이 되는 것은 꿈같은 일이다. 따라서 그런 광고에 현혹되서는 안 된다. 앞에서도 언급했듯이 건강한 체중을 얻기 위해 그 과정도 건강하고 건전해야 그 효과가 오래갈 수 있다. 체중조절은 식사요법, 운동요법 및 행동수정요법을 병행할 때 가장 효과가 크다. 또한 단기간보다는 중·장기적인 계획하에 실행하도록 한다.

1) 식사요법

비만 예방 또는 체중감량을 위해서는 섭취열량을 줄이는 것이 가장 중요하다. 섭취열량을 줄일 때는 유행하는 다이어트방법이나 원푸드 다이어트, 단식 등 극단적인 방법은 전체적인 영양소 섭취 부족 또는 심각한 합병증을 동반할 수 있으므로 피하도록 한다. 균형잡힌 영양을 공급하면서 열량이 상대적으로 낮은 음식을 선택하고 음식을 조리할 때는 열량이 낮은 조리법을 선택하여 조리해야 한다.

건강한 체중조절을 위해서는 일주일에 0.5kg을 줄여서 한 달에 2kg 정도 감량하는 것이 가장 안전하고 바람직한 방법이다. 이를 위해서는 하루 섭취열량을 500kcal씩 줄이면 1주일에 0.5kg 정도의 체지방을 감소시킬 수 있다.

체중조절을 위해 섭취열량을 감소시킬 때 고려할 점은, 에너지가 감소된 식단에 균형잡힌 영양소가 골고루 포함되어야 한다. 또한, 성공적인 체중조절식과 조리법을 위한 팁은 다음과 같다.

균형잡힌 체중조절식을 위한 원칙

- 단백질 섭취량 유지
- 단순당 섭취 제한
- 지방 섭취 감소
- 비타민, 무기질, 식이섬유 섭취

성공적인 체중조절을 위한 식사

- 기름기 적은 음식 위주로 섭취
- 음식은 싱겁게 먹기
- 인스턴트 식품, 가공식품, 패스트푸드 자주 먹지 않기
- 단 음료나 설탕이 첨가된 과일주스 줄이기
- 식이섭유소가 많은 음식을 충분히 섭취하기
- 폭식, 야식을 피하기

체중조절을 위한 조리법

- 육류는 볶음이나 튀김보다는 구이나 찜으로 하기
- 볶음 시 기름보다는 물을 사용하기
- 채소는 볶음보다는 무쳐 먹기
- 저지방 우유, 저지방 소스나 드레싱을 선택하기(마요네즈를 기본으로 하는 드레싱보다는 식초나 레몬즙 사용)
- 육류의 기름이나 닭껍질을 제거하고 사용하기
- 어묵, 유부, 라면 등은 물에 데쳐서 기름 빼기
- 가공식품보다는 생식품을 이용하기
- 삼겹살이나 갈비보다는 살코기가 많은 부위를 선택하기
- 자반고등어나 젓갈 등 짠 음식은 피하기
- 전이나 부침 등을 만들 때는 기름을 적게 사용할 수 있는 프라이팬 사용하기

2) 운동요법

체중조절의 목표는 체지방을 줄이는 것이고 근육량은 보존해야 한다. 식사요법만으로 체중감량을 하면 수분과 근육의 손실을 막을 수 없다. 운동은 활동에너지를 증가시켜 에너지 소모량을 증가시켜주고 근육량을 유지시켜주는 역할을 하여, 체

내 몸에 맞는 운동강도

- 적절한 운동 강도는 개인별 최대 맥박수의 60~75%를 권장한다.
- 적정 맥박수 = 개인별 최대 맥박수 × 0.6~0.75
- 최대 맥박수는 1분 동안 심장이 최대로 뛸 수 있는 최대치로 '최대 심박수 = 220 – 나이'로 구한다.
- 30세의 경우 최대 심박수는 190
  적정 맥박수 = 190 × 0.6~0.75 = 114~142회/분
  즉 분당 114회 이상, 142회 이하의 심박동이 되도록 운동하는 것이 적정 강도이다.

표 **8-1** 100kcal를 소모할 수 있는 운동 또는 활동

운동 또는 활동	소요시간 또는 횟수	운동 또는 활동	소요시간 또는 횟수
천천히 걷기	28분	빨리 걷기	10분
제자리 달리기	6분	제자리 높이뛰기	25회
계단 오르기	120계단	등산	24분
달리기	1.2km	정지된 자전거 타기	6분
줄넘기	18회	토끼뜀	12회
턱걸이	6회	윗몸 일으키기	18회
팔 굽혀펴기	12회	수영	10분
테니스	15분	배드민턴	12분
탁구	10분	배구	32분
농구	12분	볼링	16분
골프	19분	스케이팅	25분
스키	14분	세탁	35분

자료: 손숙미 외(2018). 임상영양학(3판). 교문사.

중감소와 함께 동반되는 기초대사량이 떨어지는 것을 막아주어 더 효과적인 감량 효과가 생길 수 있게 해준다. 그래서 체중감량을 위해서는 반드시 식사요법과 운동요법을 병행해야 효과를 볼 수 있다. 또한 운동은 심폐 기능을 튼튼하게 해주고, 심리적 스트레스를 해소시키는 데 도움을 주며, 당뇨병, 심혈관계 질환의 예방에 도움을 준다.

운동을 할 때는 자신의 체력 수준과 목적을 분명히 하고 그에 따라 적절한 강도와 방법을 선택하여 규칙적으로 안전하게 해야 한다. 체중감량을 위한 운동의 강도는 강하고 짧은 것보다는 낮지만 오래하는 것이 효과적이다. 장시간 저강도로 운동하는 것이 단시간 고강도로 운동하는 것보다 에너지 대사에서 지방의 연소비율이 높기 때문이다.

3) 행동요법

약물이나 질병으로 인한 체중 증가가 아니면, 비만은 생활습관으로 인한 질병이다. 따라서 행동수정을 통한 생활습관의 변화가 이루어져야 효과적으로 체중감량을 할 수 있다. 행동수정이란 비만을 일으킨 잘못된 생활습관(식습관 및 섭식행동)을 스스로 인식하고 수정하여 자기 스스로 행동을 통제하는 것이다. 행동수정이 병행되어야 감량한 체중을 오랜 기간 유지할 수 있다.

• **자기관찰** 먹는 음식과 먹는 행동에 영향을 주는 요인들을 추적하는 것으로, 체중조절일기를 쓰는 것이 해당된다. 체중조절일기를 쓰면 먹는 시간과 장소, 먹는 음식의 형태와 양, 함께 먹은 사람과 식사하면서 느낌 등을 기록하면서 문제점을 찾게 된다.

• **자극 조절** 체중조절을 방해하는 충동적인 요인들을 최소화하기 위해 환경을 변화시키는 노력을 하는 것이다.

• **보상** 자기감시 기록을 기준으로 충동조절을 잘하였을 때 상을 주거나, 특정 행동에 대해 특정 상을 주도록 계약을 설정하거나, 가족이나 친구들에게 잘한 행동동에 대해 상을 주도록 협조를 구하는 등의 강화 기법을 적용한다.

표 8-2 체중조절을 위한 행동수정 원리

원리	방법	내용
자기관찰	체중조절 일기쓰기	먹는 시간과 장소 기록하기
		먹은 음식의 형태와 양 목록 작성하기
		곁에 누가 있었는지와 느낀 점 기록하기
		이 기록으로부터 문제점 찾기
자극 조절	식품구매	배부른 상태에서 구매할 것
		구매목록 작성(충동구매 억제)
		냉동식품 및 인스턴트식품 사지 않기
		꼭 필요할 때까지 장보기를 연기하기
	계획	필요한 만큼만 먹도록 계획하기
		간식 먹는 시간에 운동하기
		세끼 식사와 간식을 정해진 시간에만 먹기(끼니 거르지 않기)
	실행	충동적으로 먹지 않도록 음식을 안 보이는 곳으로 치우기
		모든 먹는 것을 한 장소에서만 하기
		많은 음식을 냄비째 식탁에 놓지 않기
		식탁에 간장, 소스 등 치우기
		작은 크기의 그릇과 수저 사용하기
	명절이나 파티	술 적게 마시기
		파티 시작 전에 열량이 낮은 간식 먹기
		음식을 사양하는 공손한 태도 익히기
		간혹 실수해도 포기하지 않기
	먹는 방법	음식을 떠 넣는 사이마다 수저를 상에 내려놓기
		다음 음식을 먹기 전에 입 안의 음식을 완전히 씹기
		음식 약간 남기기
		식사 중에 잠깐 중단하기
		식사 중에 다른 일(TV 시청, 독서, 전화통화 등) 하지 않기
보상	보상	자기감시 기록을 기준으로 충동조절을 잘 했을 때 상 주기
		특정 행동에 특정 상을 주도록 계약 설정하기
		가족이나 친구에게 말이나 물질로 상을 주도록 협조구하기
		점차 스스로 보상할 수 있도록 훈련하기

자료: 손숙미 외(2018), 임상영양학(3판), 교문사.

4) 기타

• **약물요법** 비만 치료제는 작용 기전에 따라 식욕억제제, 흡수방해제, 대사항진제 등을 사용하고 구강 건조, 구역질, 식욕부진, 변비, 불면증, 어지러움증, 복부 팽만감, 복통, 설사, 지방변, 배변 증가, 배변실금 등 부작용이 나타날 수 있고 감소된 체중을 유지하기 어려워 체중감량 후 대부분 요요현상을 겪게 된다.

• **수술요법** 고도비만으로 표준체중의 200% 이상 또는 체질량지수(BMI)가 40 이상이거나 고혈압, 당뇨병, 특히 심장질환으로 조기 사망 위험이 있는 경우 수술 치료를 실시한다.

4. 식사장애

식사장애(eating disorder, 섭식장애)는 식행동에 대한 심리적 두려움으로 음식을 비정상적인 방법으로 섭취하는 질병이며, 신경성 식욕부진(anorexia nervosa), 폭식증(bulimia nervosa)로 구분할 수 있다. 최근 우리 사회는 체형에 대한 잘못된 인식과 마른 체형에 대한 지나친 집착 때문에 무리한 다이어트를 하는 여성들이 늘어나고 그 과정에서 섭식장애를 일으키는 사람들이 증가하고 있다. 섭식장애의 경우 신체적, 정신적으로 뚜렷한 장애가 오며 초기에 치료해야지 시간이 지날수록 심각한 문제를 초래할 수 있다. 섭식장애의 치료는 의학적·정신과적·심리학적·영양학적 면을 고려한 다각적이고 포괄적인 접근이 필요하다.

1) 식사장애의 종류

신경성 식욕부진(anorexia nervosa)은 의도적으로 굶거나 토하거나 운동을 많이 하여 체중을 조절하는 것이다. 왜곡된 신체 이미지를 가지고 있으며 마른 몸매에 대한 집착이 강하여, 실제로는 체중이 적고 수척해보임에도 자신이 뚱뚱하다는 인식으로 음식섭취를 거부하는 심리적 장애이다. 자신의 행동을 질병으로 인정하지 않기 때문에 치료에 관심이 없거나 치료를 거부하기도 한다.

폭식증(bulimia nervosa)은 무조건 음식을 거부하는 것이 아니고, 보통 사람들이 먹는 양보다 훨씬 많은 양의 음식을 한꺼번에 먹는다. 그리고 지나친 음식섭취로 인한 후회와 자책감 등으로 의도적으로 구토를 유도하거나 하제(laxative)를 이용하여 장을 비우거나 격렬한 운동을 하기도 한다. 폭식증은 폭식과 장비우기를 교대로 반복하는 섭식장애로, 젊은 여성에게 주로 나타난다.

2) 식사장애와 관련한 건강 이상 증상

신경성 식욕부진인 경우 극도의 체중 감소, 탈모, 심장박동수 감소, 골다공증, 치아 부식, 위무력증, 변비, 무월경 등이 나타날 수 있다.

폭식증인 경우는 심한 체중 변화, 심한 복통, 탈수로 인한 전해질 불균형, 구토로 인한 감염, 식도 손상, 위궤양, 월경 불순, 철결핍성 빈혈, 구토로 인한 치아 부식, 하제 복용으로 인한 변비 등이 나타날 수 있다.

3) 식사장애의 식사요법

신경성 식욕부진인 경우 자신에게 적절한 영양공급이 필요함을 인식하도록 도와야 한다. 음식섭취를 점차 증가시켜서 정상 체중으로 돌아오는 것을 목표로 하고, 심리상담을 통해 체형에 대한 올바른 인식을 가지도록 한다. 가족이나 가까운 친구 등이 격려하면서 치료를 돕는 것이 중요하다.

폭식증인 경우는 폭식과 강제 배설의 악순환을 중단하게 하고 규칙적으로 정상적인 식습관을 회복하는 것이 치료 목표이다. 하루에 세 번의 식사와 간식을 규칙적으로 하고 다이어트와 생활습관에 대한 올바른 가치관을 갖도록 하고 스트레스에 대처하는 방법을 지도한다.

5. 체중조절용 기능성 식품

체중조절용 기능성 식품은 체지방 감소를 위해서 체지방 흡수를 억제하거나 열량을 소비하거나 지방의 생산량을 줄이는 기전으로 체내에서 작용하는 기능성 원료를 포함한다. 체지방 감소 관련 건강기능식품 원료는 2018년 12월 기준으로 다음 표 **8-3**과 같다.

표 **8-3** 체지방 개선 건강기능성원료 현황(2018년 12월 기준)

고시형	개별인정형
녹차 추출물, 공액리놀레산, 가르시니아 캄보지아 추출물, 키토산/키토올리고당	그린커피빈 주정추출물, 락토바실러스 가세리 BNR17, 풋사과 추출 폴리페놀(applephenon), 와일드망고 종자 추출물, 중쇄지방산 함유 유지, 보이차 추출물, 그린커피빈 추출물, 발효식초 석류 복합물, 마테열수추출물, 핑거루트 추출분말, 돌외잎주정추출분말, 미역 등 복합추출물(잔티젠), 락토페린(우유정제단백질), 콜레우스 포스콜리 추출물, 레몬밤 추출물 혼합분말, L-카르니틴 타르트레이트, 서목태(쥐눈이콩) 펩티드 복합물, 다이글리세라이드 함유 유지, 깻잎 추출물, 대두배아열수 추출물 등 복합물, 그린마테 추출물, 히비스커스 등 복합추출물 FAC, 닭가슴연골분말, 참당귀 추출분말, 까마귀쪽나무열매 추징추출물

알 아 봅 시 다

시간제한 다이어트는 무엇인가요?

과거에는 무엇을 얼마나 먹는지, 즉 전체 칼로리가 중요했으나, 최근에는 언제 먹는지를 중요하게 생각하는 경향이 있다. 최근에 유행하는 간헐적 단식은 대개 16~24시간 단식을 하는 경우인데, 식사의 종류나 양에 제약을 두지 않아 다른 다이어트들과 다르게 스트레스가 적은 편이고, 칼로리 제한을 병행하면 체중감량 효과가 더 크다. 16 : 8 방법의 경우 하루의 14~16시는 금식을 하고 나머지 8시간 동안 식사를 하는 방법이다. 야간보다는 아침을 포함한 시간대를 정하는 것이 바람직하다. 5 : 2 방법의 경우 1주일에 5일은 일반 식사를 하고 비연속적인 2일은 칼로리를 제한하여 식사를 하는 방법이다. 우리 몸은 평상시에 포도당을 주된 에너지원으로 사용하지만, 16~24시간 금식을 하는 경우에는 우리 몸에서 포도당, 글리코겐을 먼저 에너지원으로 사용한 뒤 지방을 추가적으로 사용하게 된다. 간헐적 단식의 한 형태인 시간제한 식이(time-restricted feeding, TRF) 관련 동물 실험에서는 생체리듬(circadian rhythm)에 따른 체중감량 효과를 보고하였고, 사람을 대상으로 연구에서도 간헐적 단식을 하면 하루 섭취 칼로리도 줄고, 체중이 줄었다는 연구 결과가 보고되었다. 그러나 간헐적 단식을 하더라도 과식 등을 통해 에너지 섭취가 소비보다 많은 경우에는 체중감량의 효과를 기대하기 어려울 수 있다.

자료: 대한비만학회

CHAPTER 9

컬러푸드와 건강기능식품

CHAPTER 9

컬러푸드와 건강기능식품

개요

컬러푸드의 색은 식품의 파이토케미컬 성분에 의한 것이다. 파이토케미컬은 인체 내에서 항산화, 항암, 항노화, 면역력 향상 등 다양한 기능을 수행한다. 식물성 색소에는 클로로필, 카로티노이드, 플라보노이드 등이 있으며 색소의 종류에 따라 pH, 산소, 금속, 효소 등의 영향을 받아 색이 변화한다. 동물성 색소에는 미오글로빈과 카로티노이드가 있으며 산화, 가열, 가공과 저장 중에 색이 변화한다. 식품의 갈변에는 폴리페놀 산화효소에 의한 효소적 갈변반응과 마이야르반응, 아스코르브산 산화반응, 캐러멜화 반응과 같은 비효소적 갈변반응이 있다.

건강기능성식품은 인체에 유용한 기능성을 가진 원료나 성분을 사용하여 제조한 식품이며, 기능성 원료는 고시형 원료와 개별인정형 원료로 구분된다. 건강기능식품을 올바르게 섭취하기 위해서는 구입 시에는 인증마크와 영양 · 기능정보 등을 확인하고, 섭취량 및 섭취 시 주의사항 등을 확인하여 안전하게 섭취하는 것이 필요하다.

1. 컬러푸드

식품에는 각각 저마다의 고유의 색이 존재하며 각 천연의 색을 가지고 있는 식품을 컬러푸드(color food)라고 부른다. 일반적으로 노란색, 주황색, 빨간색, 밝은 녹색 등의 밝고 따뜻한 계열의 색은 부드럽고 달콤한 맛을 연상시키며 음식을 맛있어 보이게 한다. 파란색, 보라색, 짙은 녹색, 검은색 등의 차갑고 탁한 계열의 색은 쓰고 떫은맛을 연상시키며 음식의 맛을 감소시킨다고 한다. 컬러푸드의 색은 식품에 존재하는 파이토케미컬 성분에 의한 것이다. 파이토케미컬은 식품의 색 외에도 식품 고유의 독특한 향과 맛을 부여하며 항산화, 항암, 면역기능 향상 등의 기능을 한다.

1) 파이토케미컬

파이토케미컬은 식물성을 나타내는 '파이토(phyto)'와 화학을 의미하는 '케미컬(chemical)'의 합성어로 일부 질병의 위험성을 감소시키고 건강을 증진시키는 성분이다. 식물성 식품 속에 들어 있지만 6대 영양소에는 포함되지 않은 성분들을 통

표 9-1 컬러에 따른 파이토케미컬의 특성

구분	주요성분	효능	함유식품
레드 푸드	리코펜, 안토시아닌	항산화, 항암, 혈관건강, 면역력 향상, 노화방지 등	토마토, 사과, 체리, 석류, 고추, 비트, 수박 등
오렌지-옐로 푸드	카로티노이드	항산화, 항염, 면역력 향상, 혈액 개선 등	당근, 오렌지, 귤, 복숭아, 망고, 고구마 등
그린푸드	클로로필	간세포 재생 및 건강, 항암 등	시금치, 오이, 부추, 양상추, 브로콜리, 키위, 양배추, 청포도 등
퍼플&블랙 푸드	안토시아닌	항산화, 항노화, 항암, 면역력 향상, 심혈관계 질환의 위험을 감소, 기억력 향상 등	가지, 블루베리, 포도, 적양배추, 자색고구마, 검은콩, 흑미, 검은깨 등
화이트 푸드	안토잔틴	항균, 항산화	뿌리채소, 마늘, 양파, 도라지, 무, 배, 버섯 등

틀어 파이토케미컬이라고 한다. 파이토케미컬의 종류는 수만 가지이며, 대부분 하나의 식물에는 적어도 50~1,000개의 파이토케미컬이 존재하는 것으로 짐작되고 있다. 식품 속에 존재하는 파이토케미컬은 우리 몸에서 다양한 기능을 수행한다.

파이토케미컬은 과일, 채소, 전곡류, 견과류, 씨앗류, 콩 등의 식물성 식품에 존재한다. 체내에서 합성되지 않으므로 식품을 통해 섭취해야 하지만 권장섭취량이 정해져 있지 않다. 각 식품에서 추출한 파이토케미컬은 건강식품에서 볼 수 있으나 이것의 흡수는 식품에 존재하는 다른 파이토케미컬이나 영양소에 의존한다. 또한 파이토케미컬은 단일 성분으로 섭취했을 때 흡수가 제대로 이루어지지 않지만 여러 종류의 파이토케미컬은 상호작용하여 더 큰 효과를 발휘한다. 따라서 건강기능식품의 형태가 아닌 식품의 형태로 섭취하는 것을 권장하고 있다.

바람직한 파이토케미컬의 섭취 방법은 다양한 색의 식물성 식품을 골고루 섭취하는 것이다. 이를 통해 여러 종류의 파이토케미컬과 영양소를 함께 섭취하여 건강증진에 도움을 줄 수 있을 것이다. 서울아산병원에서는 암과 성인병의 위험을 감소하기 위해서는 매일 세 끼니 식사마다 잡곡밥과 고기, 생선뿐만 아니라 채소 1~2가지와 하루 1~2개 정도의 과일을 먹는 식습관을 권하기도 하였다. 그 외의 파이토케미컬 섭취방법은 표 **9-2**와 같다.

표 9-2 파이토케미컬의 섭취방법

섭취방법
1. 신선한 제철 채소와 과일을 먹는다. 신선할수록 파이토케미컬이 많다. 2. 매일 다섯 번 이상, 다섯 가지 색깔의 채소와 과일을 꾸준히 먹는다. 3. 색이 진한 채소와 과일을 먹는다. 색은 파이토케미컬의 양과 신선도를 나타낸다. 4. 자연 아래서 햇빛에 완전히 익힌 과일을 먹는다. 5. 과일은 가급적 껍질째 먹는다. 특히 껍질에 파이토케미컬이 많다. 6. 채소 특성에 맞게 조리하여 먹는다. 채소는 생으로 먹는 것도 있고, 익혀서 먹는 것이 좋은 것도 있다. 7. 매주 새로운 과일과 채소를 먹어보고, 파이토케미컬의 양을 늘려간다. 8. 콩류 섭취를 늘린다. 9. 전곡을 먹는다.

자료: 김선효 외(2013). 식생활과 건강. 파워북.

2) 식품의 색

식품의 색은 식품의 품질을 평가하는 중요한 요소이며, 소비자들이 식품을 선택하는 직접적인 요소로 작용한다. 식품은 종류에 따라 고유의 색을 나타내며, 자신만의 독특한 화학구조를 가지고 있다. 식품이 함유하고 있는 색소는 표 **9-3**과 같다.

표 9-3 급원에 따른 색소의 분류

급원		특성	색소	존재
식물성 색소	용해성	지용성	클로로필	녹색 채소와 과일
			카로티노이드	등황색, 녹색 채소와 과일
		수용성	안투잔틴	백색 채소와 과일
			안토시아닌	적·자색 채소와 과일
동물성 색소	구조	헴 계	미오글로빈	근육조직
			헤모글로빈	혈액
		카로티노이드계	아스타잔틴	게, 새우
			루테인	난황

자료: 김주현 외(2012). 식품학. 양서원.

(1) 식물성 색소

① **클로로필** 클로로필(chlorophyll)은 식물의 엽록체에 존재하며 녹색을 나타낸다. 녹색의 채소와 미성숙한 과일에 많이 들어 있다. 대부분의 과일은 익어가면서 클로

로필은 감소하고 과일의 종류에 따른 고유의 색소가 많아진다. 한편 아보카도와 같이 완숙 후에도 녹색을 띠는 과일도 있다.

클로로필은 포르피린 고리의 R기에 무엇이 결합하는지에 따라 그 종류가 달라진다. 예를 들어 포르피린 고리의 R기에 메틸기($-CH_3$)가 결합하면 클로로필 a, 알데히드기(-CHO)가 결합하면 클로로필 b가 된다. 클로로필 a는 청록색을, 클로로필 b는 황록색을 띤다. 포르피린 고리 중심에는 마그네슘이 있고, 피톨기와 결합하고 있어 지용성을 나타내지만 조리 조건에 따라 수용성으로 바뀌기도 한다.

클로로필과 산이 반응하면 포르피린 고리 중심의 마그네슘이 수소와 치환되어 페오피틴이 되고 황록색으로 변한다. 녹색 채소에는 휘발성 유기산이 함유되어 있다. 녹색 채소를 삶거나 데칠 때 뚜껑을 열고 가열하면 휘발성 유기산이 휘발되기

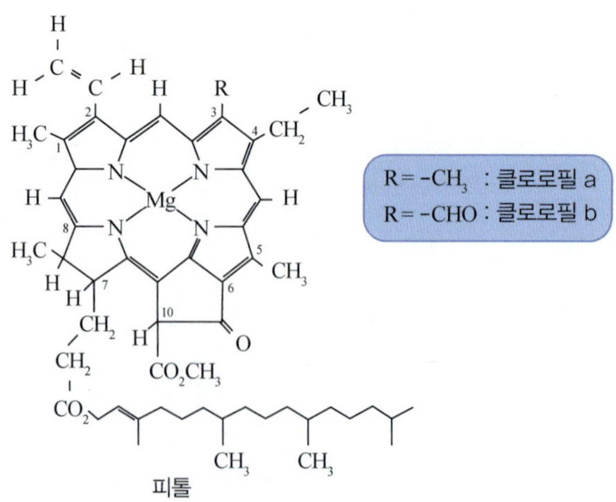

그림 9-1 클로로필의 구조

때문에 색의 변화를 방지할 수 있다. 또한 많은 양의 물을 사용하여 유기산을 희석하고, 고온에서 단시간 가열하면 색의 변화를 예방할 수 있다.

알칼리성 용액에서 클로로필은 포르피린 고리와 결합하고 있었던 피톨기가 떨어져나가 짙은 청록색의 수용성 색소인 클로로필라이드가 형성된다. 그 후 메틸에스터의 가수분해로 인해 청록색의 수용성 색소인 클로로필린이 형성된다. 식소다를 넣은 물에 녹색 채소를 데치게 되면 녹색은 유지가 되지만 비타민 B군과 비타민 C 등의 영양소가 파괴되고 섬유소가 분해되어 조직이 물러질 수 있다. 녹색 채소를 데칠 때 색을 안정화시키기 위해서는 조리 수에 소금을 소량 첨가하고 고온에서 단시간 하는 것이 바람직하다.

클로로필레이스는 클로로필을 분해하는 효소이며, 녹색 채소에 존재한다. 녹색 채소의 조직이 손상되면 클로로필레이스가 유리되어 클로로필과 만나게 되는데, 이때 클로로필의 피톨기를 가수분해하여 짙은 청록색의 수용성 색소인 클로로필라이드를 형성하게 된다. 클로로필레이스의 최적 온도조건은 55~75℃이며, 85℃ 이상에서 불활성화된다. 따라서 녹색 채소를 가공 시 가공에 앞서 100℃에서 1~3분간 데치기를 하여 클로로필레이스를 불활성화시킨다.

② 카로티노이드 카로티노이드(carotenoid)는 식품에서 노란색, 붉은색, 갈색 등을 나

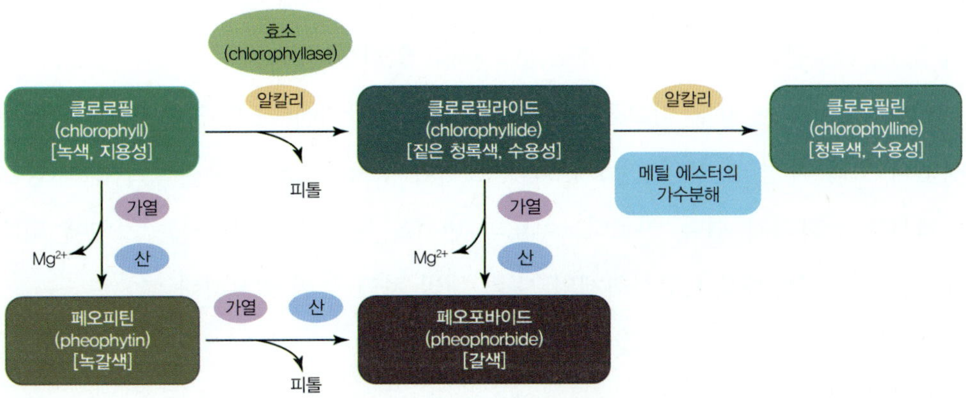

그림 9-2 클로로필의 변화
자료: 신말식 외(2016). 조리과학. 파워북.

타내는 지용성 색소이다. 1831년에 당근의 뿌리로부터 적자색 결정으로 처음 단리되었다. 식물은 자체적으로 카로티노이드를 합성한다.

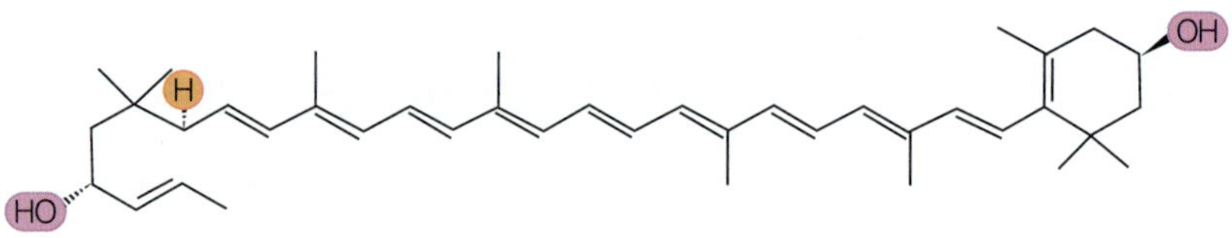

그림 9-3 카로티노이드의 구조

카로디노이드는 이오논 고리와 여러 개의 이중결합을 가진 탄화수소로 이루어져 있다(그림 9-3). 카로틴류 중 구조상 β-이오논 고리를 갖고 있는 것은 체내에서 비타민 A 전구체로서의 기능을 하며, 대표적인 것으로 β-카로틴이 있다. 카로티노이드는 카로틴류와 잔토필류로 구분되며, 카로틴류는 분자 내에 산소를 가지고 있지 않고, 잔토필류는 분자 내에 산소를 가지고 있다.

카로티노이드는 열에 비교적 안정하고 산과 알칼리에 크게 영향을 받지 않기 때문에 조리 과정 중 색의 변화가 적다. 그러나 구조적으로 이중결합이 많아 공기 속에서는 산화되기 쉽다. 카로티노이드의 변색을 방지하기 위해서는 가열에 의해 효소를 불활성화하거나 항산화제의 사용, 햇빛 차단 등이 필요하다.

• **카로틴류**

카로틴류에는 α-카로틴, β-카로틴, δ-카로틴 및 리코펜 등이 있다. 이 중 α, β-카로틴은 체내에서 비타민 A 전구체로서의 기능을 한다. β-카로틴은 구조에 2개의 β-이오논 고리를 갖고 있기 때문에 2분자의 비타민 A로 전환된다. α-카로틴은 각각 1분자의 비타민 A로 전환된다. 카로틴류의 종류 및 함유식품의 예는 표 **9-4**와 같다.

표 **9-4** 카로틴류의 종류 및 함유식품의 예

종류	함유식품	색
α-카로틴	당근, 차, 밤, 수박, 콩기름 등	노란색-오렌지색
β-카로틴	당근, 고구마, 녹색 잎, 오렌지, 고추 등	오렌지색
δ-카로틴	당근 등	옅은 노란색
리코펜	토마토, 수박, 딸기, 감, 붉은 포도, 석류 등	붉은색

• **잔토필류**

잔토필류에는 캡산틴, 크립토잔틴, 루테인, 지아잔틴 등이 있다. 이 중 크립토잔틴은 비타민 A 전구체로서의 효력을 나타낸다.

표 **9-5** 잔토필류의 종류 및 함유식품의 예

종류	함유식품	색
캡산틴	고추, 파프리카 등	붉은색
크립토잔틴	옥수수, 오렌지, 감, 파프리카 등	오렌지색
루테인	녹색 잎, 청피망, 호박 등	노란색
지아잔틴	옥수수, 토마토, 복숭아, 호박, 오렌지 등	오렌지색

③ 플라보노이드 플라보노이드(flavonoid)는 노란색을 의미하는 라틴어인 플라부스(flavus)에서 유래되었으며, 플라본을 기본 구조로 한다(그림 **9-4**). 최근 식품 속 플라

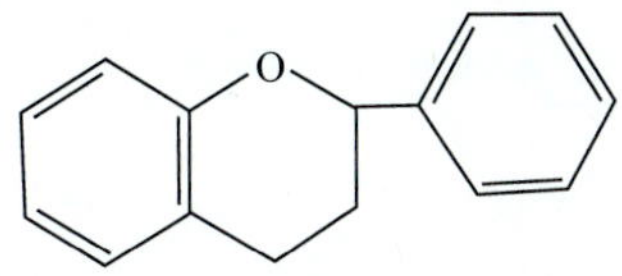

그림 **9-4** 플라보노이드의 기본 구조

보노이드는 기능 성분으로 관심을 받고 있으며, 자연계에서 발견되는 플라보노이드의 종류는 수천종에 달한다.

• 안토잔틴

안토잔틴은 무, 양파, 연근, 배추 줄기 등의 채소와 과일에 널리 분포되어 있는 백색 또는 담황색을 띠는 수용성 색소이다. 채소와 과일 외에도 쌀, 밀가루, 설탕 등도 안토잔틴 색소를 함유하고 있다. 안토잔틴은 주로 당과 결합된 배당체로 존재하며, 구조에 따라 플라본, 이소플라본, 플라바논, 플라보놀 등으로 분류된다(**표 9-6**).

표 9-6 안토잔틴의 종류 및 함유식품의 예

구분			함유식품
플라본	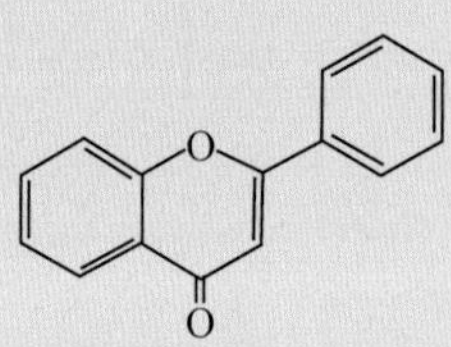	루테올린	세이지, 올리브, 양상추, 꽃상추, 감귤류 등
		크리신	박하, 느타리버섯, 프로폴리스 등
이소플라본	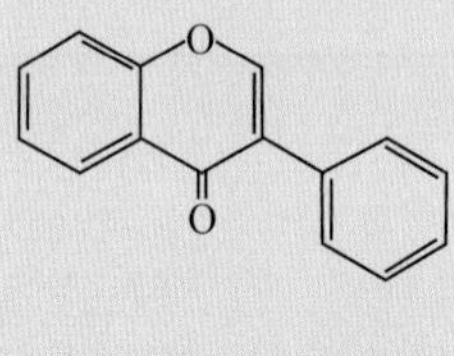	다이드제인	콩 및 콩제품, 칡 등
		제니스테인	콩 및 콩제품 등
플라바논	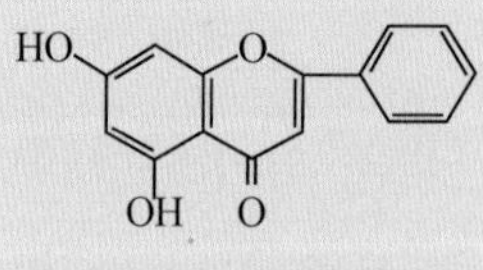	헤스페리틴	유자, 레몬, 감귤류 등
		나린제닌	자몽, 감귤류 등
플라보놀	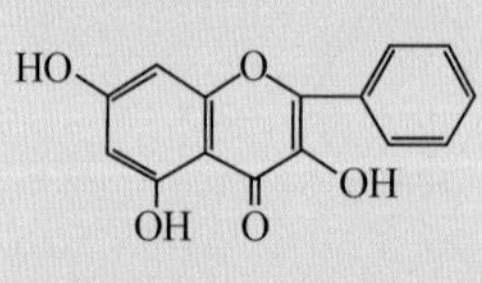	퀘르세틴	채소와 과일에 널리 분포, 양파 껍질 등
		캠페롤	딸기, 고사리 등

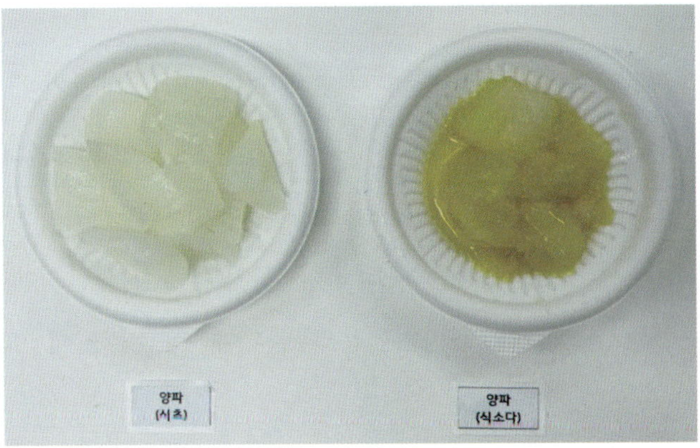

그림 9-5 산과 알칼리에 의한 양파 색의 변화(왼쪽: 식초, 오른쪽: 식소다)

안토잔틴을 함유한 식품은 조리할 때 산, 알칼리, 금속 등의 영향을 받아 색이 변화한다. 안토잔틴을 함유한 채소를 조리할 때 산을 넣거나 저장 중 발효에 의해 산이 생성되면 색이 희어진다. 무초절임의 무와 초밥의 밥이 조리 전보다 흰 것은 안토잔틴에 대한 산의 반응 때문이다.

안토잔틴은 알칼리에서는 불안정하여 황색, 갈색을 띠게 된다. 식소다를 첨가하여 찐빵을 찔 때 노란색으로 변하는 것은 안토잔틴의 알칼리에 의한 반응 때문이다. 그림 9-5에서도 알칼리인 식소다에 의해 양파의 색이 노란색으로 변화하는 것을 확인할 수 있다.

또한 금속과도 쉽게 결합하여 변색한다. 알루미늄 팬에 양파를 가열하면 플라본-알루미늄 화합물을 형성하여 약한 노란색으로 변화한다. 철과 결합하면 녹색에서 갈색으로 변화한다.

• 안토시아닌

안토시아닌(anthocyanin)은 꽃이나 과일의 적색, 자색, 청색을 나타내는 수용성 색소이다. 안토시아닌은 대부분 당과 결합한 배당체로 존재한다. 당이 아닌 아글리콘 부분을 안토시아니딘이라고 하며, 분자 중 1번 위치의 산소가 3가로 되어 있다. 안토시아니딘은 벤젠고리의 치환기의 수에 따라 펠라고니딘, 시아니딘, 델피니딘으로 나눈다.

안토시아닌의 색은 안토시아니딘의 구조에 기인한다. 페닐기에 결합한 하이드록실기(-OH)의 수가 증가할수록 청색이 진해지고, 메톡실기($-OCH_3$)의 수가 증가할수록 적색이 강해진다. 펠라고니딘은 안토시아니딘의 기본구조에서 페닐기에 OH기가 한 개 있는 구조로 적색을 나타낸다. 시아니딘은 페닐기에 OH기가 두 개 있는 구조로 자색을 나타낸다. 델피니딘은 페닐기에 OH기가 세 개 있는 구조이며 청색을 나타낸다(표 **9-7**).

안토시아닌을 함유한 식품은 조리할 때 pH, 금속, 산소 등의 영향을 받아 색이 변화한다. 안토시아닌은 산성용액에서는 안정하나 알칼리에서는 불안정하다. pH 3 이하의 산성에서는 적색, pH 8.5의 중성에서는 자색 그리고 pH가 높은 알칼리성에서는 청색을 나타낸다. 안토시아닌은 철, 알루미늄, 주석, 구리 등의 영향을 받아 청색-녹색 계열로 변화한다. 철과 주석으로 만든 통조림의 색의 변화를 방지하

표 9-7 안토시아니딘의 종류와 함유식품의 예

구분		색	함유식품
펠라고니딘	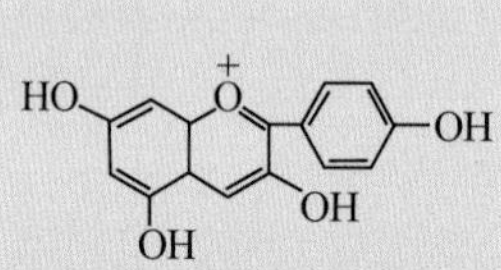	적색	딸기, 래디쉬 등
시아니딘	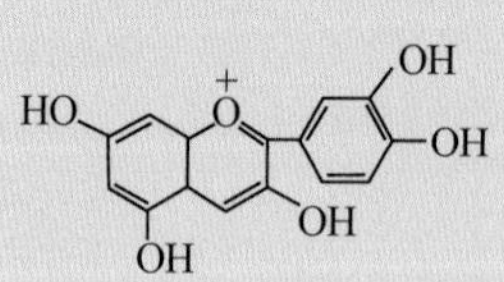	자색	체리, 크랜베리, 사과, 오렌지, 블랙커런트, 블루베리, 복숭아 등
델피니딘	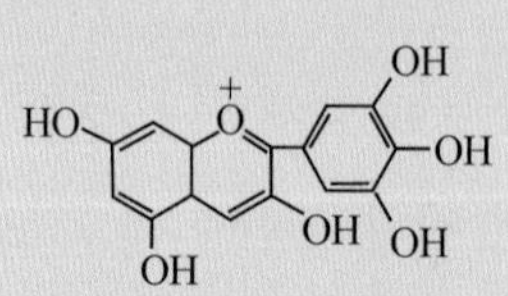	청색	오렌지, 블랙커런트, 블루베리 등

그림 9-6 산과 알칼리에 의한 붉은 양배추 조리수의 변화(왼쪽: 식초, 오른쪽: 식소다)

기 위해서는 속 면에 에나멜 코팅을 해야 한다. 또한 산화되면 갈변하는데, 오래된 포도주가 갈변되는 것은 산화에 의한 것이다.

(2) 동물성 색소

① 미오글로빈 미오글로빈은 적색 색소체인 헴과 글로빈이 결합한 복합단백질이다(그림 9-7). 식육으로 사용되는 육류의 붉은색은 약 90% 이상이 육 조직의 색소단백질인 미오글로빈에 의한 것이고, 혈관 등에 존재하는 약간의 헤모글로빈도 고기의 색을 구성한다.

신선한 육류는 2가의 철이온을 가진 환원형 미오글로빈에 의해 적자색을 띤다.

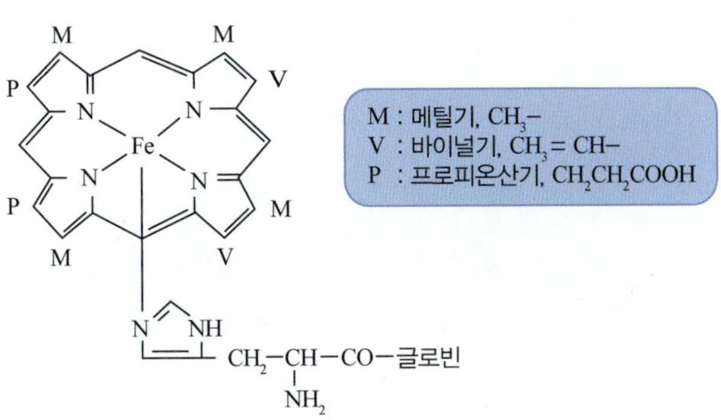

그림 9-7 미오글로빈의 구조

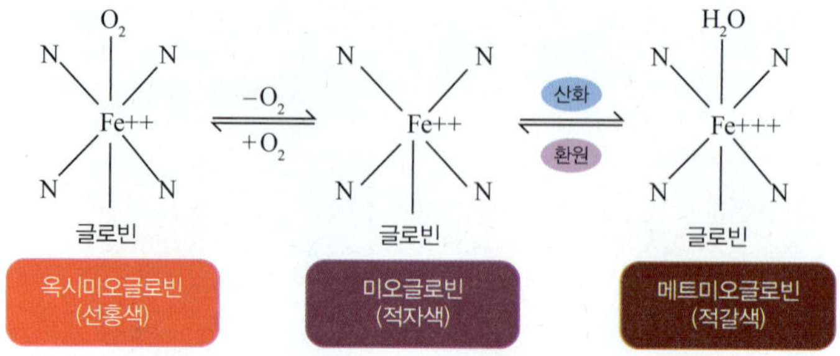

그림 9-8 산화에 의한 미오글로빈의 변화

고기의 표면이 공기와 접촉하여 산소와 결합하면 선홍색을 띠는 옥시미오글로빈이 된다. 이 반응을 산소화라고 하는데, 그 이유는 미오글로빈의 2가 철이온이 그대로 있기 때문이다. 육류를 오래 저장하면 천천히 산화가 진행되며, 2가의 철이온이 3가의 철이온으로 산화되어 적갈색의 메트미오글로빈이 형성된다(**그림 9-8**).

육류를 가열하면 미오글로빈의 단백질 부분이 변성을 일으켜 메트미오크로모겐과 헤마틴이 되며, 회갈색을 띤다. 육류의 색은 육류의 신선도를 판별하는 지표가 되기 때문에 메트미오글로빈의 형성을 방지하는 것이 중요하다. 햄과 소시지 등의 육가공품을 제조할 때 살균처리를 위해 가열을 하게 된다. 가열에 의한 육가공품의 변색 방지와 육색을 보존하기 위해 질산염과 아질산염과 같은 발색제를 사용한다. 질산염과 아질산염으로 육가공품을 처리하면 미오글로빈 색소가 니트로조미오글로빈이 되어 적색으로 안정화된다. 이러한 니트로조미오글로빈을 가열하면 니트로조미오크로모겐이 되며 색은 적색으로 유지된다.

② 카로티노이드 동물성 식품에 존재하는 카로티노이드는 대부분 동물이 섭취한

그림 9-9 가열 전·후 색의 변화

먹이에 포함된 색소가 흡수 및 축적되어 나타난 것이다. 아스타잔틴은 게, 새우 등의 갑각류에 존재하며, 단백질과 결합하여 청록색을 띠고 있다. 이것을 가열하면 아스타잔틴은 단백질과 분리되고 산화되어 아스타신으로 변화하여 선홍색이 된다. 달걀노른자의 카로티노이드 색소는 사료 중의 카로틴에 영향을 받는다. 달걀노른자에는 루테인, 지아잔틴, 크립토잔틴이 들어 있다.

(3) 식품의 갈변반응

식품은 가공 및 조리 중에 식품의 성분, 효소, 산소 등이 관여하는 복합적인 반응에 의해 갈색으로 변하게 되며, 이것을 식품의 갈변반응이라고 한다. 갈변반응은 식품의 색 변화뿐만 아니라 이 반응에 의해 생성된 성분들이 식품의 향미에 영향을 주고, 식품의 품질에도 영향을 미친다. 식품의 갈변반응은 효소가 관여하는 효소적 갈변반응, 효소가 관여하지 않는 비효소적 갈변반응으로 나뉜다.

표 9-8 식품의 갈변반응

효소적 갈변반응	비효소적 갈변반응
폴리페놀 산화효소	마이야르 반응
	아스코르브산 산화반응
	캐러멜화 반응

① **효소적 갈변반응** 효소적 갈변반응(enzymatic browning)은 폴리페놀 산화효소

(polyphenol oxidase, PPO)가 공기 중의 산소를 이용하여 식품 속의 기질을 산화시켜 갈색 물질을 만드는 반응이다. 대부분의 효소적 갈변반응은 채소와 과일의 색상을 변화시켜 품질을 저하시킨다. 그러나 홍차, 우롱차, 건포도와 같은 식품의 색과 향미 성분에 긍정적인 영향을 미치기도 한다.

효소적 갈변반응은 효소, 기질, 산소의 세 가지 요소가 있어야 일어난다. 따라서 이들 중 하나라도 관여하지 못하도록 조절하면 갈변이 방지될 수 있다. 효소적 갈변반응의 억제 방법은 표 **9-9**와 같다.

표 **9-9** **효소적 갈변반응의 억제 방법**

종류		방법
효소	pH	폴리페놀 산화효소의 최적 pH 5.8~6.8의 범위를 벗어나게 보관
	온도	고온으로 가열 시 효소를 변성시켜 효소의 작용을 제어
		−10℃ 이하로 동결 저장 시 효소작용이 억제
산소	공기차단	물, 설탕물, 소금물에 담그거나 진공 포장하여 산소를 차단
	산소대체	탄산가스나 질소가스로 대체하여 산소의 작용을 차단
기질	아황산염 사용	기질을 환원시켜 효소의 공격을 차단
	−SH 화합물 사용	시스테인, 글루타티온을 사용하여 환원시킴
	비타민 C 등	기질을 환원시켜 산화 방지

자료: 이경애 외(2019). 이해하기 쉬운 조리원리. 파워북.

② **비효소적 갈변반응** 비효소적 갈변반응(non-enzymatic browning)은 효소의 작용을 받지 않고 식품에 함유된 성분 또는 성분의 상호작용에 의해 갈변이 되는 것을 말한다. 마이야르 반응, 아스코르브산 산화 반응, 캐러멜화 반응이 있다.

마이야르 반응(maillard reaction)은 환원당과 아미노 화합물이 상호반응하여 갈색 물질을 형성하는 반응을 말한다. 이 반응은 식품에서 일어나는 자연 발생적인 반응이며, 반응의 속도와 형태는 마이야르 반응에 관여하는 당류의 성질과 아미노산이나 단백질의 성질에 영향을 받기 때문에 식품마다 다른 형태의 갈변반응이 일어난다. 제빵 시 빵의 껍질이 갈색으로 변하는 것은 마이야르 반응의 바람직한 예이지만 멸균 우유가 갈색으로 변하는 것은 바람직하지 못한 변화라 할 수 있다.

아스코르브산 산화 반응(ascorbic acid oxidation)은 식품 중의 아스코르브산이 비가역적으로 산화되어 항산화제로서의 기능을 상실하고 갈색 물질을 형성하는 반응을 말한다. 이 반응은 pH가 낮을수록 잘 일어나고, 아미노 화합물이나 유기산류와 반응하여 갈색으로 변하여 아스코르브산의 함량이 높은 감귤류의 가공품에서는 이러한 갈변이 문제가 된다.

캐러멜화 반응(caramelization)은 당류 가수 분해물 또는 가열 산화물들에 의한 갈색화 반응으로 설명된다. 당을 물이 없는 상태에서 고온으로 가열하거나 농축 용액으로 가열할 때 이 반응이 일어나며, 다양한 분해 산물은 식품의 향미에 기여한다.

2. 건강기능식품

1) 건강기능식품과 기능성의 정의

건강기능식품이란 인체에 유용한 기능성을 가진 원료나 성분을 사용하여 제조(가공을 포함)한 식품을 말한다(건강기능식품에 관한 법률 제3조 제1호). 기능성이란 인체의 구조 및 기능에 대하여 영양소를 조절하거나 생리학적 작용 등과 같은 보건 용도에 유용한 효과를 얻는 것을 말한다(동법 제3조 제2호). 식품의약품안전처에서는 동물시험, 인체적용시험 등 과학적 근거를 평가하여 기능성 원료를 인정하고 있으며 이러한 기능성 원료를 사용하여 만든 제품을 건강기능식품이라고 한다.

2) 건강기능식품의 기능성 원료

건강기능식품에 사용하는 기능성 원료는 허가 유형에 따라 고시형 원료와 개별인정형 원료로 구분된다.

(1) 고시형 원료

건강기능식품공전에 기준 및 규격을 고시하여 별도의 인정절차 없이 누구나 사용할 수 있는 기능성 원료를 말한다. 비타민, 홍삼, 유산균, 프로바이오틱스 등 약 95여 종이 있다.

(2) 개별인정형 원료

건강기능식품 공전에 등재되지 않은 원료이며, 식품의약품안전처장이 안전성, 기능성, 기준 및 규격 등을 규정에 따른 심의 후 개별적으로 인정받은 원료이다. 개별적으로 인정받은 원료는 승인받은 업체만이 제조 또는 판매할 수 있다. 헛개나무, 백수오, 당귀혼합추출물 등이 이에 속하며, 현재까지 200여 종의 원료가 있다.

3) 건강기능식품의 기능성 종류

건강기능식품의 기능성은 인체의 정상적인 기능 유지 및 생리 기능 활성화를 통하여 건강을 유지하고 개선하는 것을 말한다. 건강기능식품의 기능성은 영양소 기능, 질병 발생 위험 감소 기능, 생리활성 기능이 있다(**표 9-10**).

4) 건강기능성에 따른 기능성 원료

건강 기능성에 따른 고시형 및 개별인정형 기능성 원료는 **표 9-11**과 같다. 칼슘의 흡수에 도움을 주는 건강기능식품 기능성 원료는 고시형 원료만 제시되어 있고, 수면 질 개선, 위 건강, 요로 건강, 치아 건강, 운동수행능력, 어린이 키 성장, 정자 운동성 개선에 도움을 주는 기능성 원료는 개별인정형 원료만 제시되어 있다.

5) 건강기능식품 표시 사항

기준 및 규격에 맞게 제조한 건강기능식품의 용기 및 포장에는 '건강기능식품'이라는 문구나 마크가 있다. 수입 식품의 경우 한글로 된 마크가 없다면 식품의약품안전처에 신고

표 9-10 건강기능식품의 기능성 종류

종류	내용
영양소 기능	• 인체의 성장 · 증진 및 정상적인 기능에 대한 영양소의 생리학적 작용 – 비타민, 무기질, 단백질, 식이섬유, 필수지방산의 기능
질병발생 위험감소 기능	• 식품의 섭취가 질병의 발생 또는 건강 상태의 위험을 감소하는 기능 – 골다공증 발생 위험 감소에 도움을 줌(칼슘, 비타민 D) – 충치 발생 위험 감소에 도움을 줌(자일리톨*) *개별인정원료
생리활성 기능	• 인체의 정상 기능이나 생물학적 활동에 특별한 효과가 있어 건강상의 기여나 기능 향상 또는 건강 유지 · 개선 기능 – 기억력 개선, 혈행 개선, 간 건강, 체지방 감소, 갱년기 여성 건강, 혈당조절, 눈 건강, 면역기능, 관절/뼈 건강, 전립선 건강, 피로 개선, 피부 건강, 콜레스테롤 개선, 혈압조절, 긴장완화, 장 건강, 칼슘 흡수 도움, 요로 건강, 소화 기능, 항산화, 혈중 중성지방 개선, 인지능력, 운동수행능력 및 지구력 향상, 치아건강, 배뇨기능 개선, 면역과민반응에 의한 피부 상태 개선, 갱년기 남성 건강, 월경 전 변화에 의한 불편한 상태 개선, 정자 운동성 개선, 유산균 증식을 통한 여성의 질 건강, 어린이 키 성장 개선 등

자료: 식품의약품안전처 식품안전나라.

표 9-11 건강기능성에 따른 고시형 및 개별인정형 기능성 원료

구분	기능성 표시	기능성 원료
신경계	기억력 개선	• 고시형: EPA 및 DHA 함유 유지, 은행잎 추출물, 홍삼 • 개별인정형: BT–11원지추출분말, 구기자추출물, 당귀등추출복합물, 비파엽추출물, 유산균 발효 다시마추출물, 천마 등 복합추출물, 포도블루베리추출혼합분말
	긴장완화	• 고시형: 유단백가수분해물, 테아닌 • 개별인정형: 돌외잎추출물, 아쉬아간다 추출물
	수면 질 개선	• 개별인정형: 감태추출물, 유단백가수분해물(락티움)
	인지능력 개선	• 고시형: 포스파티딜세린 • 개별인정형: 참당귀 추출분말(Nutragen), 참당귀뿌리추출물
	피로 개선	• 고시형: 매실추출물, 인삼, 홍경천 추출물, 홍삼 • 개별인정형: 돈태반 발효추출물, 발효생성아미노산 복합물, 헛개나무과병추출분말

〈표 계속〉

표 **9-11** 건강기능성에 따른 고시형 및 개별인정형 기능성 원료 〈계속〉

구분	기능성 표시	기능성 원료
소화/대사계	위 건강	• 개별인정형: 매스틱 검, 비즈왁스알코올, 스페인감초추출물, 아티초크 추출물, 인동덩굴꽃봉오리추출물(그린세라-F), 작약추출물등복합물(HT074)
	간 건강	• 고시형: 밀크씨슬(카르두스 마리아누스) 추출물 • 개별인정형: HK표고버섯균사체, 곰피추출물, 댕댕이나무열매추출분말, 도라지추출물, 복분자추출분말, 유산균발효다시마추출물, 유산균발효마늘추출물, 표고버섯균사체추출물, 헛개나무과병추출분말
	장 건강	• 고시형: 구아검/구아검가수분해물, 글루코만난(곤약, 곤약만난), 난소화성말토덱스트린, 대두식이섬유, 라피노스, 목이버섯식이섬유, 밀식이섬유, 보리식이섬유, 분말한천, 아라비아검(아카시아검), 알로에 겔, 알로에 전잎, 이눌린/치커리추출물, 차전자피식이섬유, 폴리덱스트로스, 프락토올리고당, 프로바이오틱스 • 개별인정형: 갈락토올리고당 분말(Bimuno® GOS powder), 대두올리고당, 락추로스 파우더(Lactulose Powder), 무화과페이스트, 밀전분유래 난소화성말토덱스트린, 쇠비름주정추출분말(KDC16-2), 이소말토올리고당, 자일로올리고당, 커피만노올리고당분말, 프로바이오틱스(드시모네)
	체지방 감소	• 고시형: 가르시니아캄보지아추출물, 공액리놀레산, 녹차추출물, 키토산/키토올리고당 • 개별인정형: APIC 대두배아열수추출물 등 복합물, L-카르니틴 타르트레이트, L-카르니틴 타르트레이트, *Lactobacillus gasseri* BNR17, Lactobacillus복합물HY7601+KY1032, 그린마테추출물 EFLA® 920, 그린커피빈주정추출물, 깻잎추출물(PF501), 돌외잎주정추출분말 (액티포닌®), 락토페린(우유정제단백질), 레몬 밤 추출물 혼합분말, 미역 등 복합추출물(잔티젠), 발효식초석류복합물, 보이차추출물, 서목태(쥐눈이콩)펩타이드, 시서스추출물, 식물성유지 디글리세라이드(DG), 씨제이 히비스커스 등 복합추출물, 와일드망고 종자추출물(IGOB131), 우뭇가사리추출물, 자몽추출물 등 복합물(Sinetrol), 중쇄지방산(MCFA)함유 유지, 콜레우스 포스콜리 추출물, 풋사과추출물 애플페논(Applephenon), 핑거루트추출분말, 핑거루트추출분말(판두라틴), 해국추출물
	칼슘흡수	• 고시형: 폴리감마글루탐산, 프락토올리고당
생식계	전립선 건강	• 고시형: 쏘팔메토 열매추출물 • 개별인정형: 쏘팔메토 열매추출물 등 복합물
	질 건강	• 고시형: 감마리놀렌산 함유 유지 • 개별인정형: UREX 프로바이오틱스, 리스펙타(Respecta®)프로바이오틱스

〈표 계속〉

표 **9-11** 건강기능성에 따른 고시형 및 개별인정형 기능성 원료 〈계속〉

구분	기능성 표시	기능성 원료
비뇨계	요로 건강	• 개별인정형: 크랜베리 추출물, 파크랜 크랜베리 분말, 호박씨추출물 등 복합물
신체방어 및 면역계	과민 피부 상태 개선	• 고시형: 감마리놀렌산 함유 유지 • 개별인정형: *Lactobacillus rhamnosus* IDCC3201 열처리배양건조물, *Lactobacillus sakei* Probio65, 과채유래유산균
	면역 기능	• 고시형: 상황버섯추출물, 알로에 겔, 알콕시글리세롤 함유 상어간유, 인삼, 클로렐라, 홍삼 • 개별인정형: L-글루타민, 동충하초 주정추출물, 바이오게르마늄 효모, 베타글루칸분말, 인삼다당체추출물, 청국장균배양정제물(폴리감마글루탐산칼륨), 피엘에이지, 헤모힘 당귀 등 혼합추출물, 효모베타글루칸
	활성산소 감소	• 고시형: 녹차추출물, 스쿠알렌, 스피루리나, 엽록소 함유 식물, 코엔자임Q10, 클로렐라, 토마토추출물, 프로폴리스추출물, 홍삼 • 개별인정형: PME-88 멜론 추출물, 비즈왁스알코올, 포도종자추출물, 피크노제놀-프랑스해안송껍질추출물
감각계	눈 건강	• 고시형: EPA 및 DHA 함유 유지, 마리골드꽃추출물, 빌베리 추출물, 헤마토코쿠스 추출물 • 개별인정형: 들쭉열매추출물, 루테인/지아잔틴 복합추출물, 루테인지아잔틴복합추출물20%, 마리골드 추출물(루테인 에스테르), 빌베리추출물, 지아잔틴 추출물, 차즈기추출물, 포도과피 효소발효추출물
	치아 건강	• 개별인정형: 자일리톨
	피부 건강	• 고시형: 곤약감자추출물, 스피루리나, 알로에 겔, NAG(엔에이지, N-아세틸글루코사민, N-Acetylglucosamine), 엽록소 함유 식물, 클로렐라, 포스파티딜세린, 히알루론산 • 개별인정형: AP 콜라겐 효소분해 펩타이드, Collactive 콜라겐펩타이드, 로즈마리자몽추출복합물(Nutroxsun), 민들레 등 추출복합물, PME-88 멜론 추출물, 밀 추출물(Ceratiq®), 밀배유추출물, 배초향추출물(Agatri®), 석류농축분말, 석류농축액, 소나무껍질추출물등복합물, 수국잎열수추출물, 쌀겨추출물, 옥수수배아추출물, 저분자콜라겐펩타이드, 저분자콜라겐펩타이드NS, 지초추출물, 콩·보리 발효복합물, 프로바이오틱스 HY7714, 피쉬 콜라겐펩타이드, 핑거루트추출분말, 핑거루트추출분말(판두라틴), 허니부쉬추출발효분말, 홍삼, 사상자, 산수유 복합추출물
심혈관계	혈중 중성지방 개선	• 고시형: EPA 및 DHA 함유 유지, 난소화성말토덱스트린 • 개별인정형: 글로빈 가수분해물, 식물성유지 디글리세라이드(DG), 정제오징어유

〈표 계속〉

표 9-11 건강기능성에 따른 고시형 및 개별인정형 기능성 원료 〈계속〉

구분	기능성 표시	기능성 원료
심혈관계	콜레스테롤 개선	• 고시형: 감마리놀렌산 함유 유지, 구아검/구아검가수분해물, 귀리식이섬유, 글루코만난(곤약, 곤약만난), 녹차추출물, 대두단백, 대두식이섬유, 레시틴, 마늘, 스피루리나, 식물스테롤/식물스테롤에스테르, 옥수수겨식이섬유, 이눌린/치커리추출물, 차전자피식이섬유, 클로렐라, 키토산/키토올리고당, 홍국 • 개별인정형: 보리베타글루칸추출물, 보리베타글루칸추출물, 보이차 추출물, 식물스타놀에스테르, 씨폴리놀 감태주정추출물, 아마인, 적포도발효농축액, 창녕양파추출액, 폴리코사놀-사탕수수왁스알코올, 홍국쌀
	혈압조절	• 고시형: 코엔자임Q10 • 개별인정형: L-글루타민산 유래 GABA 함유 분말, 가쯔오부시올리고펩타이드, 나토균배양분말, 서목태(쥐눈이콩)펩타이드, 연어 펩타이드, 오가피열매추출물, 올리브잎주정추출물 EFLA943, 올리브잎주정추출물, 정어리펩타이드 SP100N, 카제인가수분해물, 포도씨 효소분해 추출 분말, 폴리코사놀-사탕수수왁스알코올, 해태올리고펩티드(NORI-PEPTIDE)
	혈액 흐름 개선	• 고시형: EPA 및 DHA 함유 유지, 감마리놀렌산 함유 유지, 영지버섯 자실체 추출물, 은행잎 추출물, 홍삼 • 개별인정형: HK 나토배양물, L-아르기닌, PME-88 멜론 추출물, 나토균배양분말, 상황버섯등 추출복합물, 정제오징어유, 카카오분말, 피크노제놀-프랑스해안송껍질추출물
내분비계	혈당조절	• 고시형: 구아검/구아검가수분해물, 구아바잎 추출물, 귀리식이섬유, 난소화성말토덱스트린, 달맞이꽃종자 추출물, 대두식이섬유, 밀식이섬유, 바나바잎 추출물, 옥수수겨식이섬유, 이눌린/치커리추출물, 호로파종자식이섬유 • 개별인정형: L-arabinose, PMO 참밀알부민, 동결건조누에분말, 미숙여주주정추출분말, 상엽추출물, 서목태(쥐눈이콩)펩타이드, 세리포리아 락세라타 균사체 배양물, 솔잎 증류 농축액, 솔잎증류농축액, 씨폴리놀 감태주정추출물, 인삼가수분해 농축액, 지각상엽 추출혼합물, 콩발효추출물, 키토올리고당, 타가토스, 히드록시프로필메틸셀룰로오스
	갱년기 건강 개선	• 고시형: 홍삼, 회화나무열매추출물 • 개별인정형: Lactobacillus acidophilus YT1, MR-10 민들레 등 복합추출물, MS-10 엉겅퀴 등 복합추출물, 대두추출물 등 복합물, 루바브뿌리 추출물, 백수오 등 복합추출물, 석류농축액, 석류농축액, 석류추출물, 오미자추출물, 옻나무 추출분말, 피크노제놀-프랑스해안송껍질추출물, 호로파종자 등 추출복합물, 호로파종자추출물(Testofen)

〈표 계속〉

표 9-11 건강기능성에 따른 고시형 및 개별인정형 기능성 원료 〈계속〉

구분	기능성 표시	기능성 원료
근육계	관절/뼈 건강	• 고시형: NAG(엔에이지, N-아세틸글루코사민, N-Acetylglucosamine), 글루코사민, 대두이소플라본, 뮤코다당·단백, 엠에스엠(MSM, Methyl sulfonylmethane, 디메틸설폰), 인삼 • 개별인정형: CMO 함유 FAC(Fatty Acid Complex), 가시오가피숙지황복합추출물, 가시오갈피 등 복합추출물, 강황 추출물(터마신), 까마귀쪽나무 열매 주정추출물, 닭가슴연골분말(UC-II), 로즈힙분말, 발효우슬등복합물, 보스웰리아 추출물, 비즈왁스알코올, 연어이리추출물(PRP연어핵산), 우슬 등 복합물(HL-Joint100), 유단백추출물, 전칠삼추출물 등 복합물, 지방산복합물 FAC(Fatty Acid Complex), 차조기 등 복합추출물, 참당귀 추출분말(Nutragen), 초록입홍합추출오일복합물, 콘드로이친, 호프추출물, 황금 등 복합물
	운동수행능력	• 개별인정형: 오미자추출물
기타	어린이 키 성장	• 개별인정형: 황기추출물 등 복합물(HT042)
	정자 운동성 개선	• 개별인정형: 마카 젤라틴화 분말

자료: 식품의약품안전처 식품안전나라(2022년 1월 기준).

영양정보 총내용량 300 mL(10 mL X 30포) 1포(10 mL) 당 **20 kcal**

1포(10 mL) 당	1일 영양성분 기준치에 대한 비율	총 내용량당	
나트륨 2 mg 미만	**0** %	3 mg	**0** %
탄수화물 5 g	**2** %	147 g	**45** %
당류 0 g	**0** %	14 g	**14** %
지방 0 g	**0** %	0 g	**0** %
트랜스지방 0 g		0 g	
포화지방 0 g	**0** %	0 g	**0** %
콜레스테롤 0 mg	**0** %	0 mg	**0** %
단백질 0.5 g 미만	**0** %	1 g	**2** %

1일 영양성분 기준치에 대한 비율(%)은 2,000Kcal 기준이므로 개인의 필요 열량에 따라 다를 수 있습니다.

영양 · 기능정보

면역력 증진 · 피로개선 · 혈소판 응집억제를 통한 혈액흐름 · 기억력 개선 · 항산화에 도움을 줄 수 있음

1회 분량 : 10g

1회 분량 당	함량	%영양성분 기준치
열량	27kcal	
탄수화물	6g	2%
당류	2g	2%
단백질	0g	0%
지방	0g	0%
포화지방	0g	0%
트랜스지방	0g	
콜레스테롤	0mg	0%
나트륨	0mg	0%
기능성분 또는 지표성분		진세노사이드 Rg1, Rb1 및 Rg3의 합 7mg

※ %영양성분 기준치 : 1일 영양성분 기준치에 대한 비율

그림 9-10 일반식품과 건강기능식품의 표시 내용 비교(왼쪽: 일반식품, 오른쪽: 건강기능식품)

되지 않은 식품이므로 주의가 필요하다.

또한 기능성 원료와 동일한 기능성을 표시할 수 있다. 일반식품의 영양표시에는 기능성을 표시하는 것이 불가능하지만 건강기능식품의 영양·기능정보 표시에는 기능성 표시가 있다. 그림 9-10의 예처럼 특정 기능성 원료가 갖는 기능성에 맞게 '면역력 증진·피로개선·혈소판 응집 억제를 통한 혈액 흐름·기억력 개선·항산화에 도움을 줄 수 있음'과 같이 표시할 수 있다.

6) 건강기능식품의 안전한 섭취 방법

식품의약품안전처에서는 건강기능식품의 안전한 섭취 방법을 다음과 같이 네 가지를 제시하였다.

(1) 섭취량을 지킨다

건강기능식품은 섭취량과 섭취방법이 정해져 있으므로 반드시 확인하고 이를 지켜야 한다. 많이 섭취한다고 기능성이 더 좋아지는 것이 아니며 오히려 해가 될 수 있다.

(2) 섞어서 섭취하지 않는다

많은 성분들이 포함된 건강기능식품을 동시에 여러 제품을 섭취하면, 우리 몸에서 각각의 성분들이 화학 반응 등을 일으키거나 서로의 흡수를 방해하여 궁극적으로 바람직하지 않은 결과를 초래할 수 있다.

(3) 섭취 시 주의사항을 확인한다

어린이, 임산부, 수유부, 어르신, 특정 질환자, 의약품 복용자의 경우 특히 주의가 필요하다. 건강기능식품은 최대한 안전하게 안전 정보를 제공하는 의미에서 '섭취 시 주의사항'이 설정되어 있다.

(4) 의약품을 복용하는 경우 의사와 먼저 상담한다

의약품을 복용하는 경우 섭취 전에 반드시 의사와 먼저 상담한다. 현재까지 심각한 부작용이 보고된 바는 없지만 의약품과 건강기능식품을 함께 복용했을 때 경우에 따라 영양소 결핍이 나타나거나 의약품의 효능이 저해될 수도 있기 때문이다.

CHAPTER 10

식품 감각검사와 분자미식학

CHAPTER 10

식품 감각검사와 분자미식학

개요

식품의 감각검사가 인간의 오감을 이용하여 식품의 외관, 향미, 및 조직감을 과학적으로 평가하여 제품의 품질개선 및 관리를 돕는 방법이라면 분자미식학은 이러한 요소들을 완전히 다른 형태로 변형시켜 소비자에게 경쟁력 있는 제품을 만드는 것이다. 스페인의 분자요리 쉐프 페란 아드리아는 자신의 레스토랑인 엘부이에서 사람의 오감을 자극하여 뇌를 깜짝 놀라게 하는 요리를 표방했다.

분자미식학은 쉐프나 과학자뿐 만이 아닌 요리를 하고 식품을 만드는 모든 사람들이 쓰고 익히는 모든 식재료, 조리기기, 조리원리의 이해이다. 요리는 식품의 구조, 질감과 맛으로 전개되며 식재료가 가지고 있는 공통적인 요소는 수분이다(생선에는 75% 이상, 채소에는 90% 이상, 육류에는 60% 이상의 수분이 들어 있다). 요리는 기본적으로 식품의 맛과 질감을 변형시키는 작업이며 수분과 관련된 확산, 용해, 투과, 흡수 등의 화학적 요소와 온도와 시간 같은 물리적 요소들의 조절로 인해 인간이 느끼는 맛이 형성된다. 식품의 과학적 이해와 접근은 음식을 맛있게 완성할 수 있게 도와주고 기존의 조리방법에서는 만들 수 없었던 획기적인 질감과 모양, 맛을 이끌어낼 수 있다.

먼저 식품과 영양연구의 응용분야로서 식품품질관리와 감각검사의 활용 및 감각검사 방법을 알아본 후, 분자요리에 필요한 조리기기 및 식품첨가물 및 외식조리로 확장될 수 있는 분자미식학과 파인다이닝에 대해 설명한다.

1. 감각검사의 활용

식품은 단지 미각만을 이용하여 맛을 느낄 수 없다. 코를 막고 블라인드 테이스팅을 할 경우 무엇을 섭취하는지 구별할 수 없다. 음식의 맛은 미각과 후각을 이용하여 느껴지는데 이때 경험하는 느낌이 향미다. 또한 텍스처를 느끼는 것은 혀와 손의 감각인 미각과 촉각을 통하여 이용하여 느낄 수 있으며 시각과 청각을 통해서도 느낄 수 있다 감각검사는 식품의 외관, 향미, 조직감 등을 평가하는 것을 말한다. 이러한 평가는 입안과 뇌에서 느껴지는 모든 것을 포함시키는데 사람과 환경, 피로도, 시간 등의 개인적인 변수와 함께 식품의 온도, 색, 자극성 등에도 영향을 받을 수 있다. 식품의 물성적 품질인 향미, 색, 점성, 텍스처 등은 기계를 이용하여 객관적으로 평가하는 방법이 있다. 사람의 오감(시각, 청각, 미각, 촉각, 후각)을 통하여 감각적 특성을 평가하는 방법에도 객관적 검사법(objective method)이 있으며 소비자검사와 같은 주관적 평가 방법(subjective method)이 있다.

1) 신제품 개발 및 품질개선

외식산업 전반에 걸쳐 신제품 개발은 계속해서 이루어지고 있다. 인기가 없는 제품의 생산을 포기하고 새로운 제품을 개발해야 되며 신제품 자체도 빠르게 바뀌는 식품 트렌드로 인해 수명이 짧게는 수개월에서 3~4년 정도이다. 새로운 메뉴와 제품을 출시할 때 경쟁 제품과 비교 분석하는데 있어 감각검사는 중요한 역할을 한다. 유사한 제품들이 출시되거나 제품이 쇠퇴기에 접어들어 판매량이 감소된다면 제품의 경쟁력을 높이기 위해서 제품의 품질을 개선해야 된다. 경쟁력 있는 제품의 출시를 위해선 개선방향 및 방법 등을 감각검사로 분석하고 이를 통해 품질개선 후 기존제품에 비해 우수한지를 평가한다.

2) 원가절감과 공정개선

제품의 경쟁력을 높이기 위해 원가의 가격이 낮은 다른 원료를 쓰는 경우 기존의 제품과 개선된 제품을 비교 분석해야 된다. 또한 공정을 줄이거나 새롭게 만들어 원가절감이 된다면 기존의 제품과 비교 분석을 위해 감각검사가 이용되며 같은 품질의 제품이 생산되었는지 혹은 품질개선이 되었는지를 확인할 수 있다.

3) 품질관리 및 유통기한

생산단계에서의 공정과 최종제품의 균일한 품질관리를 위해 유통 모든 단계의 과정 단계별로 감각검사로 비교 분석한다. 제조 후 식품의 품질이 소비자가 섭취할 수 있는 최저 품질에까지 걸리는 시간을 품질수명(shelf-life)이라 하며 제품 저장 및 유통 시의 감각적 특성을 분석하여 유통기한 설정과 저장 조건 등을 개선한다.

4) 기타

소비자 인지도, 기호도 및 선호도 조사 등을 통해 제품의 장단점을 분석할 수 있으며 소비자 니즈 파악 및 제품 개발 비용을 절감할 수도 있으며 다른 제품과의 비교를 통해 시장 진입시 마케팅 전략을 세우는데도 이용된다.

2. 감각검사의 종류 및 방법

감각검사는 신제품 개발, 소비자 선호도 조사, 품질관리 및 개선 등을 위하여 일반 소비자 또는 훈련된 패널이 식품의 감각적 특성인 외관(appearance), 향미(flavor), 텍스처(texture/mouthfeel), 점성(viscosity), 후미(aftertaste) 등을 평가하는 방법이다. 감각평가의 결과를 수치화하여 정량화를 가능하게 하고 이와 동시에 이화학적 분석을 진행하여 정확하고 객관적인 결과를 유도할 수 있다. 감각검사 방법은 다양한데 크게 차이 식별 검사, 묘사분석, 소비자 검사로 나뉜다.

표 **10-1** 식품 감각평가 방법

	감각검사				
	객관적 검사법			주관적 검사법	
	차이 식별 검사			소비자 검사	
이화학적 분석 (기계적, 객관적 검사법)	종합적 차이 검사	특성 차이 검사	묘사분석	정량적 검사	정성적 검사
CIE 표준 색체계, 가스크로마토그래피, 전자코, 굴절계, 불꽃분광광도계, 시차주사현미경, HPLC, TPA 등	삼점 검사 일-이점 검사 단순차이 검사 A-not-A 검사 다표준 시료 검사	이점 비교 검사 순위법 평점법 3점 강제선택 차이 검사	향미프로필 텍스처프로필 정량묘사분석 스펙트럼 묘사분석 시간-강도 분석	기호도 검사 선호도 검사	초점그룹 일대일 면접

1) 차이 식별 검사

차이 식별 검사(discriminative difference test)는 검사물 간의 차이를 객관적으로 분석적으로 검사하는 방법으로 크게 종합적 차이 검사와 특성 차이 검사로 나뉜다.

(1) 종합적 차이 검사

종합적 차이 검사(overall difference test)는 검사물 간의 감각 특성을 비교 조사하기 위한 방법이며 삼점 검사, 일-이점 검사 등이 있다. 식품의 감각 특성에 대한 차이가 있는지 없는지를 확인하는 검사이며 공정모델 개발 및 표준제품과 시제품과의 차이 또는 대량생산하는 단계에서 사용된다.

① **삼점 검사**(triangle test) 감각검사 패널에게 3개의 검사물을 제시하고 2개의 검사물은 같고 하나는 다르다고 알려준 후 다른 하나의 검사물을 가려내는 방법이다. 두 개의 검사물 A와 B에서 감각 특성의 차이점이 있는지 확인하고 유의성을 검증한다. 제품의 성분, 가공공정의 조건 변화, 포장 및 저장 방법의 바뀜 등에 의한 제품의 차이 검사에 사용하며 제품에 전반적인 차이가 있는지의 여부를 가려

내고자 하는 경우에 사용한다. 패널이 정답을 선택할 성공 확률은 1/3이며, 확률이 1/2인 일-이점 검사나 이점 검사보다 낮다. 패널들은 제품의 특성과 검사하는 방법을 설명하여 인지시키고 검사물의 차이가 커서 판별하기 쉬운 검사는 12명의 인원도 가능하며 보통 20~40명의 인원으로 진행한다. 검사물의 차이가 크지 않아 판별하기 어려운 경우에는 50~100명의 인원으로 진행한다.

두 개의 검사물 A와 B에서 제시될 수 있는 검사물의 조합은 AAB, ABA, BAA, ABB, BAB, BBA가 된다. 삼점 검사는 검사물을 동시에 같은 양으로 제공한다. 검사자들에게 한쪽부터 차례대로 맛보게 한 후 다른 검사물을 선택하도록 하며 테스트가 진행됨에 따라 올 수 있는 감각의 둔화를 피하기 위해 4세트 이하의 검사물을 평가하도록 하고 입가심용 물을 준비한다.

이름: 날짜: 제품:

다음 시료를 왼쪽에서 오른쪽으로 순서대로 맛보고 3개의 시료 중 다른 하나의 시료를 선택하여 밑줄 위에 v 표시하시오.

시료번호: 878 435 234

조언 :

감사합니다.

그림 10-1 삼점 검사표의 예

② **일-이점 검사**(duo-trio test) 기준 검사물(reference)과 함께 2개의 검사물 총 3개의 검사물을 제공하여 2개의 검사물 중에 기준 검사물과 동일한 검사물을 가려내는 방법이다. 왼쪽부터 오른쪽의 방향으로 차례대로 맛을 보게 하며 기준 검사물과 비교하여 동일한 검사물을 고르게 한다. 삼점 검사법보다 간단하여 패널들이 쉽게 이해할 수 있고 시간을 단축시킬 수 있다. 또한, 검사 중에 발생할 수 있는 감각 둔화현상도 방지할 수 있다. 삼점 검사와 마찬가지로 성분의 변화, 가공공정의 변경, 포장 방법의 변화가 제품의 품질에 영향을 주는가에 대한 평가에 적용되는

데 감각 특성이 크게 바뀌지 않았을 때 제품들의 종합적인 차이가 있는지 없는지를 판별할 때 사용된다. 패널은 최소 15명의 인원으로 진행될 수 있으며 유의성 검증의 오차를 줄이기 위해 30명 이상의 패널을 쓰는 것이 바람직하다.

이름 : 날짜 : 제품 :

다음 2개의 검사물을 왼쪽에서 오른쪽으로 순서대로 맛보고 2개의 검사물 중 기준검사물과 같은 검사물을 선택하여 괄호 안에 v 표시하시오.

기준검사물: 152 (   ) 274 (   )

조언:

감사합니다.

그림 10-2 일-이점 검사표의 예

③ **단순 차이 검사**(simple difference test) 패널에게 2개의 검사물 A와 B를 제시하고 2개의 검사물 간에 감각 특성의 차이가 있는지 없는지를 확인하는 방법이다. 삼점 검사나 일-이점 검사가 합리적이지 않을 때, 예를 들어 자극이 강하거나 복잡하여 특정 품질 특성에 의해 영향을 받지 않을 경우 사용된다. 제품 개발에 있어 가

이름: 날짜:

제공된 2개의 시료를 왼쪽에서부터 오른쪽 순으로 맛 보고 2개의 시료가 같은지, 또는 다른 지 평가하여 아래 밑줄에 v 표시하시오.

__________ 2개의 시료가 같다

__________ 2개의 시료가 다르다

조언:

감사합니다.

그림 10-3 단순 차이 검사표의 예

공공정을 변화했을 때 나타날 수 있는 제품 품질의 차이에 대한 평가에 적용된다. 패널은 훈련된 20인에서 50인이 바람직하며 4개의 검사물을 패널 수에 따라 제공한다. 제시될 수 있는 검사물의 조합은 AA, AB, BB, BA이다. 이 4쌍으로 조합하여 동일한 양을 제공하고 무작위로 배치한다. 패널에게 2쌍씩 맛보게 한 후 동일의 여부를 확인한다.

(2) 특성 차이 검사

특성 차이 검사(attribute difference test)는 2개 혹은 2개 이상의 검사물에 감각 특성에 다른 점이 있는지를 파악하기 위해 사용된다. 2개 이상의 검사물을 통계처리할 때는 t-검정으로 비교적 쉽게 검증되지만 3개 이상인 경우 분산분석이나 다른 통계 방법들이 적용된다. 제품의 감각 특성 중 한 특성이 차이가 없다는 것이 종합적으로 차이가 없는 것은 아니지만 특정한 특성의 차이점이 얼마 만큼인지 확인하기 위해 사용된다.

① **이점 비교 검사(paired comparison test)** 2개의 샘플을 제공하여 특정한 관능적 특성을 선택하게 한다. 예를 들어 2개의 샘플 중 짠맛이 더 강하게 느껴지는 것을 고르게 한다. 출시되고 있는 제품이 짠맛이 강하다는 소비자의 의견이 있어 다른

이름 : 날짜 :

제공된 시료를 왼쪽부터 오른쪽으로 맛보고 짠맛이 더 강한 시료 번호 옆 괄호 안에 v 표시하시오.

검사물: 515 ( ) 669 ( )

조언:

감사합니다.

그림 10-4 이점 비교 검사표의 예

종류의 소금이나 소금의 양을 줄여 개선된 제품을 검사하는 방법이다. 그러나 특정 특성에 대한 이해도가 떨어졌을 때 샘플의 차이를 인지하지 못할 수도 있다. 검사로 많은 훈련이 필요하지 않으며 동일한 양의 샘플을 제공한다.

② **순위법**(ranking test) 순위법은 패널에게 3개 이상의 검사물을 제공하여 특정 감각 특성에 대한 강도의 순위를 정하게 한다. 이 방법은 실험 전후 적합한 검사물을 고르기 위해 사용되며 여러 개의 검사물을 검사할 수 있다는 장점이 있다. 순위를 정해 차이를 구분할 수 있지만 검사물 간 어느 정도의 차이점을 나타내는지는 구별할 수 없다. 패널은 최소 8인 이상이야 되며 16인 이상이 적합하며 검사하는 감각 특성에 대해 훈련을 받아야 한다. 검사의 정확성을 위해 미세한 차이까지 느낄 수 있는 패널들도 고용하는 경우도 있다. 검사물은 보통 3~4개 정도 제공하고 10개 미만으로 제공한다. 검사물들을 균형 있게 배치하고 임의적으로 제공하는데 패널이 한 세트를 두 번 이상 검사할 경우 분석 결과가 향상된다.

이름 : 날짜 :

왼쪽에서 오른쪽의 순서로 검사물의 번호를 적고 주어진 네 검사물의 짠맛 강도에 대해 순위를 정하여 주십시오. 가장 짠맛이 강한 시료를 1, 가장 단맛이 약한 시료를 4의 순위가 되도록 해당되는 시료의 번호를 기입하여 주십시오.

시료번호: 878 269 415 361

순위 ______ ______ ______ ______

의견:

감사합니다.

그림 10-5 순위법 검사표의 예

③ **평점법**(scoring test) 순위법은 각각의 검사물의 특정 강도의 순위를 정했지만 얼

마만큼의 강도의 차이가 나는지 알 수 없다. 평점법은 강도의 차이를 척도에 따라 분석한다. 패널 훈련은 오차 범위를 줄이기 위해 훈련된 패널이 필요하며 패널 수는 8인 이상이어야 되며 16인 이상일 경우 구분할 수 있는 확률이 높아진다. 동일한 검사물의 세트를 여러번 제공할 수 있으며 이런 경우에도 식별력이 높아진다.

2) 묘사분석

묘사분석은 고도로 훈련된 5~10명의 패널들을 이용하여 식품의 감각 특성을 질적 및 양적으로 묘사하기 위해 사용된다. 또한 감각 특성이 시간에 지남에 따라

표 **10-2** **묘사분석별 패널의 선정, 훈련 교육 및 평가방법**

	패널의 선정	패널의 훈련 교육	과정 및 평가
향미 프로필	향미(맛, 냄새)에 대한 예민도와 식별능력, 향미에 대한 관심과 성격, 검사물에서 감지되는 모든 감각 특성을 자세하게 묘사하며 기술할 수 있는 요원을 선발	훈련은 6개월에서 1년 이상이 필요하며 단순히 기간을 정하는 것보다 각자의 능력에 맞게 정함. 정확한 평가와 재현성이 지속적으로 유지되면 훈련을 종료	패널의 리더를 설정하여 다양한 제품의 특성을 패널들에게 경험할 수 있도록 제공. 감각 특성의 용어를 설정하고 정의하며 강도의 척도도 조정 검사물의 평가는 한 번에 한 제품을 평가하며 후미, 특성, 순서, 강도 등 다양한 훈련을 시행하고 기록
텍스처 프로필	텍스처 특성의 구별 능력과 성격, 참가의지 및 텍스처 프로필에 대한 관심과 감각 특성을 자세하게 기술할 수 있는 요원을 선발	훈련은 3개월 이상이 필요하고 이론과 실습으로 구분. 훈련기간은 3개월에서 1년 정도 소요될 수 있지만 개개인의 능력에 따라 결정	향미 프로필 과정 및 평가 방법과 동일
정량적 묘사 분석 (Quantitative Data Analysis, QDA)	향미프로필 및 텍스처프로필의 패널 선정과 동일하며 6~15명까지 선정	향미프로필과 텍스처프로필 훈련과는 상대적으로 짧은 주단위에서 수개월에 걸쳐서 함. 이론과 실습으로 이루어 졌으며 기준이 되는 시료를 선정	각자 개별적으로 감각 특성을 기록하고 선척도를 이용하여 평가. 패널 리더는 자료를 수집 후 평가 분석

강해지거나 약해질 수도 있으며 위의 세 가지 면을 종합적으로 평가할 수도 있다. 묘사분석시 특성에 관련된 용어는 정확하게 제시되어야 한다. 훈련된 패널들에게도 혼돈을 줄 수 있으며 비슷한 용어들을 사용하면 중복된 시험을 할 수도 있기 때문이다. 또한 개인의 주관적 생각이나 기호성을 포함하지 말아야 하는데 "맛이 매워서 후련하다"와 같이 추상적인 표현은 정량화하기 어렵다. 묘사분석은 품질관리 및 제품 개발에 유용하게 쓰이고 있다. 제품의 공정 간에 감각 특성에 대한 차이 분석, 기존 제품의 개선, 경쟁 제품과의 비교 분석, 품질의 기준 설정 및 유통기한 연장 등 다양하게 이용되고 있다. 묘사분석에는 향미 프로필, 텍스처 프로필, 정량적 묘사분석, 스펙트럼 묘사분석, 시간-강도 분석이 있으며 다양한 제품의 품질평가에 활용되고 있다.

향미프로필은 훈련된 패널들로 인해 향미의 특성 및 강도 묘사분석의 세 가지 측면인 출현순서, 강도 및 전체적인 느낌을 묘사하는 방법이다. 텍스처프로필 방법은 검사물의 조직적 특성을 검사하는 방법이다. 경도, 응집성, 점성, 탄력성, 부착성 등 연하와 저작 시 느낄 수 있는 감각 특성들을 측정한다. 정량적 묘사분석은 향미프로필이나 텍스처프로필과 같이 특정 특성만 치우치지 않은 전체적인 냄새, 향미, 텍스처, 외관 등을 분석한다.

3) 소비자 검사

소비자 검사 방법으로는 정성적 검사와 정량적 검사 두 가지 방법이 있는데, 정성적 검사는 제품이 시장에서 소비자에게 어떻게 받아들일지를 평가하기 위한 방법으로 초기 반응을 확인하기 위해 실시한다. 정성적 검사의 종류로는 초점그룹, 초점패널, 소그룹, 일대일 인터뷰(면접)가 있다. 정량적 검사는 기호도 검사와 선호도 검사가 있으며, 제품의 특성을 적게는 50명, 많게는 수백 명을 평가하여 조사한다. 정성적 검사가 제품의 초기 반응, 개발 단계에서의 방향 설정 및 소비자 행동을 파악하기 위한 검사라면 정량적 검사는 제품의 감각 특성에 대한 기호도와 선호도 파악을 위한 검사이다. 경쟁사의 제품이나 동일 사의 다른 제품과 비교 분석하거나 장단점을 파악하여 제품의 개선사항들을 파악할 때에 사용되는 것은 소비자 선호도 검사(preference test)이다. 소비자들이 실질적으로 제품을 좋아하는지 싫어하는지의 정도를 파악하고자 할 때는 소비자 기호도 조사(acceptance test)를 사용한다.

3. 분자미식학과 분자요리

분자미식학은 요리하는 동안에 발생하는 물리적, 화학적 변형과 관련된 과학적 학문을 뜻한다. 또한 분자미식학은 요리사와 과학자가 맛, 질감에 대한 조리원리를 활용해 만든 새로운 형태의 식품임과 동시에 식품에 대한 과학적 연구로 정의된다. 21세기에 들어와서 외식산업 분야에서는 분자미식학을 연구하여 식재료의 구조와 특성, 조리에 사용되는 새로운 기구와 기술을 이용한 요리에 분자요리(molecular cooking)라는 명칭을 사용하고 있다.

식품의 조리원리는 조리과정에서 일어나는 복합적인 현상을 이해하고 과학적인 지식의 전반을 학습하는데 목적이 있다. 분자미식학에서도 조리원리는 식재료의 특성, 성분, 질감 변화 등을 파악하고 조리방법의 과정을 분석하여 이론을 실제에 활용할 수 있게 해준다. 식품의 완성도에서 가장 중요한 요소는 식품의 조리 온도(열의 조절)와 시간 조절이다. 조리의 과정을 이해하고 결과물을 예측했을 때 나올 수 있는 완성도는 단순히 눈으로 확인하거나 오랜 조리 경험에서 나올 수 있는 결과물보다 일관성(consistency) 있게 나올 수 있다. 식재료의 조리과정의 변화를 정확히 분석하면 조리기기와 식품첨가물 등으로 음식의 텍스처, 외관, 향미를 요리를 하는 사람의 의도대로 바꿀 수 있다.

1) 분자요리에 적용되는 조리과정과 열

식재료에 따라 분자요리에 적용되는 조리방법은 습열방법과 건열방법이 있다. 또

표 **10-3** 조리방법의 분류

조리방법		조리기기	활용되는 식품
브로일링(broiling)	건열	브로일러	생선, 꼬치
그릴링(grilling)		그릴	생선, 스테이크
로스팅(roasting)		오븐	소고기, 닭고기
베이킹(baking)		오븐	빵, 파이
소테잉(sautéing)		팬	소고기, 생선
포칭(poaching)	습열	냄비	관자, 달걀
시머링(Simmering)		냄비	생선, 육수
보일링(boiling)		냄비	국수, 채소
스팀잉(steaming)		오븐, 냄비	만두, 찐빵
프라잉(frying)		튀김기	생선, 채소
브레이징(braising)	결합	냄비	갈비, 삼겹살
스튜잉(stewing)		냄비	소고기, 닭고기
수비드(sous-vide)		수비드 기기	소고기, 닭고기

한 습열과 건열의 결합형으로 구분할 수도 있다. 분자요리에서 활용 가능한 대표 식품별 조리방법과 사용되는 조리기기는 표 **10-3**과 같다.

열은 온도가 다른 물체가 접촉했을 때, 고온이 저온으로 이동하는 상호작용 에너지이다. 열의 전달방법의 차이에 따라 식품의 맛, 질감, 색이 변화되고 조리시간 또한 식품의 변화에 영향을 준다. 시금치를 데칠 때 오랜 시간 데치게 되면 시금치의 색은 클로로필이 빠져나가 황갈색으로 변하며 고기를 그릴에 오래 올려놓게 되면 마이야르 현상의 적절한 색인 황갈색이 아닌 검게 변하며 식감과 맛에 변화를 준다.

식재료의 구조와 특성을 파악하여 어떠한 열의 전달 방법을 적용할지 분류할 수 있고 만들고자 하는 음식에 따라 전도, 대류, 복사 또는 복합적으로 응용될 수 있다.

각각의 식재료에는 알맞은 열의 전달 방법과 그에 따른 온도와 시간이 있다. 시금치나물의 경우 색과 아삭한 식감을 위해 끓는 물에 짧게 데치고 바로 찬물로

표 10-4 열의 전달

분류	정의	조리방법	열전달 매체
전도	열원이 물체에 접촉 시 열에너지가 물체를 따라 이동하며 전달	굽기, 브로일링, 로스팅	공기, 유지
대류	공기, 물, 기름 등의 순환으로 열이 전달되며 매체가 같은 온도가 될 때까지 지속	스팀잉, 프라잉, 브레이징, 스튜잉	공기, 물, 기름
복사	열전달매체 없이 열에너지가 식품에 직접 전달	직화구이, 브로일링, 토스트	공기

조리원리를 활용한 음식의 완성을 위한 진행과정

식재료의 특성 및 성분 파악 → 식재료에 따른 열의 전달 방법 선택 → 열의 전달 방법에 따른 온도 및 시간 조절

헹구어 냉각시킨다. 조리가 끝나고 찬물로 헹구는 이유는 조리가 끝나도 시금치의 온도는 뜨거울 것이고 지속적으로(carryover) 조리가 이어져 오버쿠킹(overcooking)이 될 수 있기 때문이다. 어떠한 음식을 만들더라도 모든 조리과정에는 과학적인 배경이 뒷받침되고 있다. 조리 과정의 화학적, 물리적 변화를 인지하고 있으면 식품의 완성도를 조절할 수 있다.

2) 분자요리

조리과정을 통해 식재료의 변화과정을 예측할 수 있듯이 분자요리(molecular cooking)는 이러한 변화과정에 추가적으로 식품첨가물이나 조리기기 등을 이용하여 예측된 결과물을 변형시킨다. 식품의 질감, 모양, 풍미, 맛 등 예상할 수 있는 결과물을 완전히 변형시키는 과정을 해체(deconstruction), 다시 새로운 형태의 식품을 만드는 과정을 재건(reconstruction)으로 분류하고 있다. 양식 소스를 만들 때 루(roux)를 넣어 소스의 물성을 걸쭉하게 변형시키고, 중식요리의 소스를 걸쭉하게 만들기 위해 전분물을 사용한다. 단순히 조림의 방식으로 소스의 흐름 상태를 바꿀 수도 있고 설탕을 이용하여 끈적한 물성으로 바꿀 수도 있다. 조리의 일괄된

그림 10-6 압착된 수박
자료: chefsteps.com

완성도를 위해 수비드(sous-vide) 기기와 콤비오븐(combination oven)을 사용하며 파마산 튀일(tuile)을 만들기 위해 베이킹 패드를 이용한다. 진공포장기와 진공팩은 과일이나 채소의 물성을 바꾸는 압착(compression)의 기법으로 먹는 사람으로 하여금 새로운 식감과 식재료를 투명하게 만들어 디시를 화려하게 만들어 준다. 분자요리는 식재료의 성분과 특성을 분석하고 조리과정과 조리원리의 이해를 통해 원재료의 변화를 주어 새로운 음식을 창조하는 것이다.

3) 분자요리에 사용되는 조리기기

과학기술의 발달로 인해 푸드 테크(food tech)는 빠르게 변하고 있다. 이미 사람의 주문을 대신하는 키오스크, 요리를 하는 로봇, 서빙을 하는 로봇 등 우리의 일상생활에 적용되고 있으며 삶의 패턴을 변화시키고 있다. 요리에 사용되고 있는 주방기기도 진화하고 있다. 온도와 시간조절을 통해 요리사가 아니어도 완벽한 음식을 만들 수 있고, 조리시간을 단축시키거나 조리하는 동안 옆에서 지켜볼 필요 없이 다른 볼일을 보며 타이머가 울리면 확인하고 음식을 섭취할 수 있다. 바쁜 현대 생활에 요리에 직접적으로 많은 시간 투자를 하지 않아도 높은 품질의 식품을 먹을 수 있으며 요식업의 경우 새로운 기기의 도입은 주방을 좀 더 효율적으로 운영할 수 있는 진정한 도구(tool)로 이용되고 있다.

(1) 수비드

수비드(sous-vide)는 프랑스어로 진공상태란 뜻이다. 수비드 기법은 수비드 기기를 이용해 조리의 시간과 온도를 조절한다. 수비드 기법은 시간과 온도를 조절하기 때문에 육류의 종류, 굵기, 익힘 정도에 따라 시간과 온도를 조절할 수 있다. 육류, 채소, 과일 등 대부분의 식재료에 활용될 수 있으며 찜요리, 수란, 스테이크, 피클 등 다양한 요리를 할 수 있다. 열의 전달 매체는 물로서 수조 안에 식재료가 들어

그림 **10-7** 수비드 기기
자료: https://polyscienceculinary.com/collections/sous-vide-circulators/products/the- hydro-pro

표 **10-5** 식재료에 따른 수비드 시간과 온도

식품별 굽기정도	온도	시간
소고기 스테이크(레어)	54℃	1시간
소고기 로스트(미디엄 레어)	60℃	6시간
돼지고기 등심(미디엄 레어)	62℃	1시간
닭가슴살	65℃	1시간
닭다리살	75℃	45분
생선	50℃	40분
수란	64℃	1시간
녹색채소	82℃	10분
통감자	85℃	1시간 30분

자료: chefsteps.com

간 진공팩을 넣는 일종의 찜방식 조리법이다. 시간과 온도의 유지는 조리가 끝났을 때 일관성(consistency) 있는 요리가 되어 레스토랑에서는 많이 쓰이며 보급형이 나와 가정에서도 점차 사용이 늘어가고 있다.

(2) 콤비 오븐

오븐은 베이킹과 로스팅 기법에 쓰이는 기기로써 공기를 통해 열을 전달한다. 가스 또는 전기로 구동되는 콤비 오븐(combination oven)은 스티머와 컨벡션 오븐을 결합한 것이며 스팀 모드, 열풍 대류 모드 또는 가열/스팀(콤비) 모드에서 사용할 수 있다. 콤비 오븐은 열전달 매체인 공기에 수분을 첨가함으로써 바삭함과 촉촉함을 동시에 유지할 수 있어 레스토랑에서 많이 쓰이고 있다. 수비드 기기와 마찬가지로 시간과 온도를 맞출 수 있어 일관성 있는 요리를 만들 수 있다.

(3) 블렌더

블렌더(blender)는 모터가 있는 베이스와 바닥에 프로펠러 모양의 날이 있는 분리 가능한 뚜껑이 있는 병으로 구성되어 있다. 스테인리스 스틸, 플라스틱 또는 유리로 만든 병으로 여러 용량으로 사용 가능하며 모터의 빠르기를 설정할 수 있다. 날카로운 날과 속도조절을 통해 식품의 퓨레(pureeing), 액화(liquefying), 에멀션화(emulsifying) 등에 사용된다.

(4) 푸드 프러세서

푸드 프러세서(food processor)는 블렌더와 비슷한 기능을 가지고 있으며 모터는 베이스 기기에 장착되어 있으나 탈착식 볼과는 별도로 칼날과 뚜껑이 제공된다. 특수 절단을 위한 추가 디스크가 있을 수 있다. 고기를 갈거나 퓨레, 에멀션화 외에도 크러싱(crushing)이나 반죽을 만들 때에도 쓰인다. 특수 절단용 디스크로 채를 치거나 슬라이싱(slicing)을 할 수도 있다.

그림 10-8 푸드 프러세서
자료: https://www.robot-coupe.com/export/en
/p/food-processors-r-211-xl-ultra/18462

(5) 스탠드 믹서

스탠드 믹서(stand mixer)에는 다양한 용량의 분리 가능한 대형 볼(bowl)이 제공된다. 부착물로는 휘프(whip), 패들(paddle), 반죽 후크(hook)가 있다. 볼을 고정하여 부착물로 반죽(mixing, beating, kneading)이나 휘핑크림(whipping) 등을 만들 수 있다.

(6) 식품 탈수기

식품 탈수기(food dehydrator)는 식품의 수분을 제거하여 식품의 보존을 돕는 장치이다. 식품 건조는 고대부터 사용되어 온 과일, 채소 및 육류를 보존하는 방법 중 하나이다. 식품 탈수기는 가열된 공기 흐름을 사용하여 식품의 수분 함량을 줄이는 대류 오븐이다. 음식에서 수분을 제거하면 음식의 무게와 부피가 크게 줄어들어 보관이 더 쉬워지며 유통기한을 연장하는데 사용된다. 가공식품으로 많이 섭취하는 썬 드라이드 토마토를 직접 집안에서 만들 수도 있으며 올리브를 말려 식감을 바꾸거나 말린 올리브를 이용하여 올리브 오일의 색을 바꾸는데도 응용된다.

(7) 진공포장기

진공 포장기(chamber vacuum sealer)는 진공팩에서 공기를 제거하고 밀봉하는데 사용한다. 공기는 식품의 부패와 냉동상을 유발할 수 있기 때문에 공기를 제거함으로써 식품의 유통기한을 늘릴 수 있다. 수비드 기법의 경우 공기를 제거하면 수조 안의 물과 음식 사이의 효율적인 열전달이 보장되기 때문에 진공 포장된 식품을 이용한다. 다만 생선과 같이 부서지기 쉬운 식재료들은 당근이나 감자와 같이 딱딱한 채소와는 상대적으로 약하게 압력을 조절해야 원 형태를 유지할 수 있다.

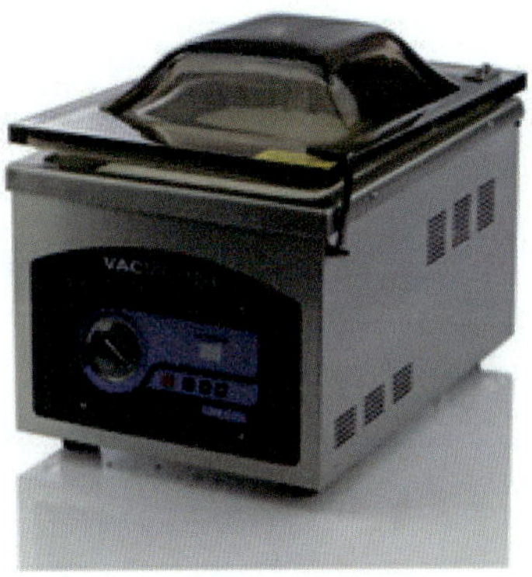

그림 **10-9** **진공포장기**
자료: https://www.vacmasterfresh.com/vacmaster-vp210-maintenance- free-chamber-vacuum-sealer/

(8) 질소 휘핑기

휘핑크림은 에어로졸 캔이나 휘핑크림 충전기가 있는 휘핑 사이펀에서 즉시 만들 수도 있는데 압력을 가해 유지방에 가스가 용해되며 압력이 해제되면 가스가 용액을 떠나 기포를 생성한다. 휘핑크림 충전기는 휘핑크림 디스펜서에서 휘핑제로 사용되는 이산화질소(N_2O)로 채워진 강철 실린더 또는 카트리지이다. 충전기의 좁은 끝부분에는 가스를 방출하기 위해 부러진 호일 덮개가 있으며 일반적으로 휘핑크림 디스펜서 내부의 날카로운 핀으로 가스가 전달된다. 단순히 우유와 헤비크림을 휘핑크림으로 만들 때 사용하기도 하나 유제품과 잔탄검을 이용하여 파스타의 크림소스의 물성을 바꾸는데도 활용된다. 국내에서는 카트리지형 이산화질

그림 **10-10** **질소 휘핑기**
자료: https://www.isi.com/en/culinary/products/detail/product/gourmet-whip/

소의 사용이 금지되어 고압용기로 대체 사용하고 있다.

4. 분자요리에 사용되는 식품첨가물

식품위생법에서의 식품첨가물은 식품을 제조·가공·조리 또는 보존하는 과정에서 감미(甘味), 착색(着色), 표백(漂白) 또는 산화방지 등을 목적으로 식품에 사용되는 물질을 말한다. 이 경우, 기구·용기·포장을 살균 소독하는 데에 사용되어 간접적으로 식품으로 옮아갈 수 있는 물질을 포함한다. 식품의 제조 과정부터 운송 또는 저장 때까지 고려하여 감각적 변화, 유통기한 등 식품의 특성에 직간접적 영향을 준다. 식품첨가물은 식품의 물리적, 영양학적 또는 그 밖의 기술적 효과를 이루기 위하여 쓰는 물질이다. 식품제조업체, 파인다이닝 레스토랑 등 식품첨가물은 모든 영역에서 사용되고 있으며 집앞 편의점 가공식품, 중국음식점의 미쟝플라스(mise-en place)에서도 쉽게 찾을 수 있을 정도로 우리의 식생활에 자리 잡고 있다.

식품첨가물은 분자요리를 서빙하는 레스토랑에서는 필수로 구비하는 재료이다. 식품의 물성을 바꾸고 맛, 모양, 색 등을 식품첨가물의 추가로 쉽게 변형시킬 수 있기 때문이다. 식재료와 열에너지의 과정을 이해하고 식품첨가물을 조리과정에 추가했을 때 어떠한 변화를 주는지 분석하여 해체와 재건의 작업이 이루어진다. 국내에서 사용이 인정된 식품첨가물은 618개로 다양하다. 이중 주로 분자요리에 이용되는 대표적인 식품첨가물을 알아본다(표 **10-6**).

한천은 홍조류의 속으로 추출된 여러 다른 탄수화물과 기타 물질의 혼합물이다. 해조류를 끓이고 필터링으로 거르고 동결건조하여 팔기도 하며 파우더 형태로 제조된다. 한천은 젤라틴보다 훨씬 낮은 농도, 중량 기준 1% 미만에서 젤을 형성한다. 한천 젤리는 약간 불투명하고 젤라틴 젤리보다 부서지기 쉬운 질감을 가지고 있다. 탄수화물을 완전히 용해시키기 위해 끓을 때까지 가열하고, 다른 성분과 혼합되어야 한다. 혼합물을 걸러내고 굳을 때까지 식힌 후 사용하는데 이러한 성질을 이용하여 국수를 만드는 데도 사용한다.

표 **10-6** **분자요리에 사용되는 식품첨가물의 용도별 분류**

용도	설명	예시
감미료	식품에 단맛을 부여	아세설팜칼륨
고결방지제	식품의 입자 등이 서로 부착되어 고형화 되는 것을 감소	이산화규소
거품제거제	식품의 거품생성을 방지하거나 감소	규소수지
껌기초제	적당한 점성과 탄력성을 갖는 비영양성의 물질	로진
밀가루개량제	밀가루나 반죽에 첨가되어 제빵 물질이나 색을 증진	염소
발색제	식품의 색을 안정화시키거나, 유지 또는 강화	아질산나트륨
보존료	미생물에 의한 품질저하를 방지, 식품의 보존기간을 연장	소브산
분사제	용기에서 식품을 방출시키는 가스	이산화탄소
산도조절제	식품의 산도 또는 알칼리도를 조절	구연산
산화방지제	산화에 의한 식품의 품질 저하를 방지	EDTA이나트륨
살균제	식품 표면의 미생물을 단시간 내에 사멸시키는 작용	치아염소산 나트륨

〈표 계속〉

표 10-6 분자요리에 사용되는 식품첨가물의 용도별 분류 〈계속〉

용도	설명	예시
습윤제	식품이 건조되는 것을 방지	폴리덱스트로스
안정제	두 가지 또는 그 이상의 성분을 일정한 분산 형태로 유지	결정셀룰로스
여과보조제	불순물 또는 미세한 입자를 흡착하여 제거하기 위해 사용	규조토
영양강화제	영양학적 품질을 유지하기 위해 제조공정 중 손실된 영양소를 복원하거나, 영양소를 강화	비타민 C
유화제	물과 기름 등 섞이지 않는 두 가지 또는 그 이상의 상(phases)을 균질하게 섞어주거나 유지	레시틴
이형제	식품의 형태를 유지하기 위해 원료가 용기에 붙는 것을 방지	유동파라핀
응고제	식품 성분을 결착 또는 응고시키거나 과일 및 채소류의 조직을 단단하거나 바삭하게 유지	염화마그네슘
제조용제	식품의 제조 · 가공시 촉매, 침전, 청징 등의 역할을 하는 보조제	니켈
젤형성제	젤을 형성하여 식품에 물성을 부여	젤라틴
증점제	식품의 점도를 증가	펙틴
착색료	식품에 색을 부여하거나 복원	포도과피색소
청관제	식품에 직접 접척하는 스팀을 생산하는 보일러 내부의 결석, 물때 형성, 부식 등을 방지	청관제
추출용제	유용한 성분 등을 추출하거나 용해	이소프로필알콜
충전제	산화나 부패로부터 식품을 보호하기 위해 식품의 제조시 포장용기에 의도적으로 주입시키는 가스	질소
팽창제	가스를 방출하여 반죽의 부피를 증가	탄산수소나트륨
표백제	식품의 색을 제거하기 위해 사용	무수아황산
표면처리제	식품의 표면을 매끄럽게 하거나 정돈하기 위해 사용	탤크
피막제	식품의 표면에 광택을 내거나 보호막을 형성	밀납
향미증진제	식품의 맛 또는 향미를 증진	L–글루탐산나트륨
향료	식품에 특유한 향을 부여하거나 제조공정 중 손상된 식품 본래의 향을 보강	바닐린
효소제	특정한 생화학 반응의 촉매 작용	알파–아밀아아제

자료: 식품안전나라.

알긴산은 미역·다시마 등 갈조류의 세포벽에 함유되어 있는 산으로 정제품은 하얀 가루 상태이며 칼슘이 있을 때 겔을 형성한다. 이런 성질을 이용하여 분자요리의 구체화(spherification) 작업이 이루어진다. 주스와 같이 맛이나 향이 첨가된 액체에 알긴산을 용해시키고 물에 젖산칼슘이 용해된 액체에 주사기 등을 이용하여 방울 모양으로 떨어뜨리면 겔이 형성되어 액체가 흘러나가지 않는 상태가 된다. 이와 반대되게 향이 첨가된 액체에 젖산칼슘을 용해시키고 물에 알긴산을 용해시켜 구체화시키는 것을 역구체화(reverse-spherification)라고 한다.

카라기난은 붉은 해조류에서 추출한 천연 화합물이다. 최종 제품의 용해도, 동결 및 해동의 안정성, 탄성 및 점도의 변환을 위해 사용자의 요구에 따라 카라기난이 사용된다. 엷은 갈색의 분말 또는 입자로서 냄새가 없거나 약간 특이한 냄새가 있다. 카라기난 4g을 물 200mL에 넣고 80℃의 수욕상에서 계속 저으면서 완전히 용해시킨다. 증발된 물의 양을 보충하여 상온으로 냉각시키면 점조한 용액 또는 겔을 형성한다. 카라기난은 다른 증점제와 시너지 효과를 내는 것으로 알려져 있으며, 특히 식품의 점도를 높이는데 적합하다.

반투명의 얇은 판형이나 가루 형태로 판매되는 무색, 무취의 젤라틴은 동물의 껍질 또는 뼈에서 추출한 콜라겐으로 만들어지며 음식을 겔화할 때 사용된다. 판형의 젤라틴은 찬물에 불린 후 뜨거운 액체에 넣어 녹이거나, 중탕으로 녹여 사용한다.

레시틴은 동식물에 널리 분포하고 물에서 콜로이드 용액을 형성하고 유화제(emulsifier)와 안정제(stabilizer) 역할을 하여 분자요리에 많이 적용된다. 마요네즈를

그림 10-11 한천과 알긴산을 이용한 분자요리
자료: https://eatsmarter.com/recipes/molecular-cuisine-campari-tagliatelle-with-orange-juice-spheres

그림 **10-12** **올리브오일 파우더**
자료: https://www.seriouseats.com/olive-oil-powder-maltodextrin-modernist-cuisine-recipe

만들 때 달걀 노른자에 있는 레시틴이 유화제 역할을 하여 소스를 섞게 해주고 인위적으로 블랜더나 거품기로 거품을 만들 때 거품 형태를 유지시키기 위해 안정제로 사용된다.

말토덱스트린은 식품 성분으로 사용되는 다당류이다. 말토덱스트린은 쉽게 소화되며 포도당만큼 빠르게 흡수되며 조금 달거나 거의 맛이 나지 않는다. 말토덱스트린은 단순히 올리브오일을 섞어주면 오일이 파우더 형태로 바뀐다. 샐러드에 올리브오일 대신 파우더 형태로 가니쉬(garnish) 용도로 사용되며 섭취 후 입안에서 파우더가 녹으면서 올리브오일 맛을 느낄 수 있다.

잔탄 검은 식품의 점착성 및 점도를 영향을 주고 유화 안정성 등 다양한 용도로 식품의 물성 및 촉감을 변환시키기 위한 식품첨가물이다. 식품에서 안정제, 증점제, 결착제, 유화제, 고결제, 발포제 등으로 사용되는데 분자요리에서는 소스의 점도를 증가시키는데 많이 이용된다. 잔탄 검의 추가로 루(roux)나 전분물을 사용하여 소스를 걸쭉하게 만드는 효과를 다른 맛의 추가 없이 빠르게 진행시킬 수 있다.

5. 분자미식학, 파인다이닝과 식품산업의 미래

1) 분자요리와 파인다이닝

'외식'이라는 단어는 단순히 집 밖에서 먹는 음식을 넘어 무엇을 먹어야 하는 고민과 더불어 시간과 공간까지 배려해야 한다. 현대인의 다이나믹한 생활 패턴에 맞추어 외식은 테이크아웃 커피부터 파인다이닝(fine dinning), RMR(restaurant meal replacement) 제품까지 다양한 형태로 제공되고 있다. 어떠한 형태로 섭취하는 것과 별개로 바쁜 현대인의 생활에 맞추어 편리성과 간편성을 요구함과 동시에 건강과 환경보존까지 고려하는 제품과 서비스가 선호되고 있다. 1인 가구가 늘어가고 바쁘게 움직이는 현대인의 식생활에 맞추어 간편식과 밀키트 등의 소비가 늘어가고 있지만 국민소득과 삶의 질이 향상되며 건강에 대한 관심, 여가 생활, 먹거리 대한 관심 또한 늘어가고 있다. 이중 파인다이닝은 단순히 가격이 비싼 정찬 요리라는 범위를 넘어 쉐프들이 만들 수 있는 음식의 한계를 뛰어넘고 새롭고 다양한 음식을 선보이기 위해 분자요리를 활용하고 있다. 길거리에서 직접 만드는 액화질소를 이용한 아이스크림부터 토치를 이용한 일식집 다타끼까지 분자요리는 파인다이닝에서만 쓰이는 고급 기술이 아닌 우리의 생활 속에 깊숙이 자리 잡고 있다. 분자요리는 더 이상 쉐프의 전유물이 아닌 일반 사람도 충분히 활용하고 쓰고 있는 단계에 도달했다. 과학기술의 발달로 새로운 조리방법과 조리기기들이 생겨나고 이로 인하여 소비자에게 다이닝의 새로운 경험을 주는 단계에 와 있으며 가정에서도 손쉽게 사용할 수 있도록 기기의 간소화를 통한 보급형 제품들이 출시되고 있다. 우주 비행사에게 신선한 음식을 공급한다는 취지로 개발된 3D 프린팅 기술도 이미 많은 레스토랑에서 적용시켜 모양, 맛 그리고 영양소를 기존의 식품과 똑같이 공급하고 있으며 식품산업 관련 과학의 진보는 인간의 식생활에 많은 영향을 주고 있다.

2) 푸드테크

미국 뉴욕에서 미쉐린 3스타를 받은 파인다이닝 레스토랑 Eleven Madison Park의 대니얼 험 쉐프는 팬데믹을 겪고 많은 사람들이 기아에 허덕이는 모습을 보며 기존의 식재료로 조리하던 방식이 얼마만큼 식품을 낭비하는 것인지를 인지하고 메뉴 전체를 비건으로 바꾸는 시도를 했다. 앞으로의 식품 트렌드는 '식물 기반 식단', '지속가능한 패키징', '지속가능한 공급 사슬 솔루션'을 꼽고 있다. 인간이 살기 위해서는 영양소를 섭취해야 되는데 인구 문제와 환경 문제로 인해 식량안보와 탄소중립과 같은 환경적인 이슈가 식품산업 전반에 걸쳐 새로운 식품 트렌드를 만들고 있다.

푸드테크는 식품(food)과 기술(technology)이 합쳐진 용어이다. 식품 가공산업, 외식산업, 식품 유통산업 등 식품의 재배에서 소비까지 음식과 관련된 푸드 밸류체인 전반에 첨단 ICT 기술을 접목한 것을 뜻한다. 푸드테크는 인간의 식생활 환경에 없어서는 안되는 기술이 되었다. 전염병으로 인해 비대면 서비스가 선호되면서 키오스크, 푸드 로봇 등이 등장하였고 3D 프린팅 및 대체 먹거리까지 푸드테크는 다양한 형태로 발진하고 있다. 식품분야의 과학자와 요리사들은 삶의 질을 높이고 건강한 먹거리를 제공하기 위해 끊임없는 노력을 하고 있다.

참 고 문 헌 ●

고광웅(2019). 식품영양학을 위한 인체생리학. 교문사.

권인숙 · 김은정 · 김혜영 · 박용순 · 박은주(2022). 식사요법을 포함한 임상영양학. 교문사.

김경옥 · 신용호(2005). 커피와 차. 교문사.

김덕희 · 김서현 · 김정연 · 박수진 · 오희경 · 조재선 · 한성희 공저(2016). 베이직 영양학. 지구문화사.

김선효 · 이경애 · 이현숙(2022). 기초영양학, 파워북.

김선효 · 이경애 · 이현숙 · 김미현 · 김지명 · 이옥희(2013). 식생활과 건강. 파워북.

김숙희 · 김양하 · 김정선 · 김주현 · 김혜영(2021). 이해하기 쉬운 고급영양학. 라이프사이언스.

김정숙 · 김지상 · 안장우 · 이극로 · 이상태(2010). NEW 식품학. 지구문화사.

김주현 · 김미정 · 오현경 · 장문정 · 김선희(2007). 한국인 상용 과일과 채소의 계절별 무기질 함량 변화. 동아시아식생활학회지, 17(6), 860-876.

김주현 · 김영희 · 신승미 · 윤재영 · 최정희 · 김은경 · 이인선(2012). 식품학. 양서원.

김주현 · 김영희 · 신승미 · 윤재영 · 최정희 · 김은경 · 이인선(2017). 식품학. 양서원.

김혜영(2004). 푸드 코디네이션 개론. 효일.

김혜영(B) · 김주현 · 최일숙 · 이영민 · 오윤신 · 두미애(2020). 새로 쓰는 식생활과 건강. 교문사.

김혜영 · 고봉경(2014). 식품조리과학. 도서출판 효일.

남궁석 · 염걸 · 김소미 · 강옥주 · 이주백(2011). 기초 식품학. 광문각.

농촌진흥청 국립농업과학원(2016). 플라보노이드 Data Base 1.0. (주)문영당.

류기형 · 권미라 · 김병기 · 김병용 · 박양균 · 양지영 · 은종방 · 이승주 · 이재권 · 정헌상 · 최원석(2016). 실무를 위한 식품품질관리. 수학사.

류혜숙 · 김옥선 · 최해연(2019). 4차 산업시대의 식생활 가이드. 파워북.

박태선 · 김은경(2021). 현대인의 생활영양. 교문사.

백희영(2021). 건강을 위한 식생활과 영양. 파워북.

변광의 · 손천배 · 김향숙 · 구난숙 · 송은승 · 이선영 · 이경애(2008). 식품, 음식 그리고 식생활. 교문사.

변광의 · 손천배 · 김향숙 · 구난숙 · 송은승 · 이선영 · 이경애(2014). 식품, 음식 그리고 식생활. 교문사.

변진원 · 송주은 · 김경임 · 이나겸 · 강민정(2021). 조리원리. 파워북.

보건복지부 · 한국영양학회(2020). 2020 한국인 영양소 섭취기준.

브라이언 레(2021). 푸드사이언스 150. 시그마북스.

비피기술거래 · 비피제이기술서래(2022). 식품미래기술, 푸드테크 산업분석보고서 2022개정판. 비티타임즈.

송태희 · 주난영 · 박혜진 · 김일낭 · 차윤환 · 한규상 · 박명수 · 한명륜 · 서영호 · 이상준 · 박희정(2019). 식품학. 교문사.

신말식 · 서정숙 · 권순자 · 우미경 · 이경애 · 송미영(2018). 100세 시대를 위한 건강한 식생활. 교문사.

신말식 · 이경애 · 김미정 · 김재숙 · 황자영(2016). 조리과학. 파워북.

오혁수(2007). 알기 쉬운 식품학 개론. 백산출판사.

윤계순(2014). 알기 쉬운 식품학 개론. 수학사.

이경애 · 구난숙 · 김미정 · 윤혜현 · 고은미(2019). 이해하기 쉬운 식품학. 파워북.

이경애 · 김미정 · 윤혜현 · 송효남(2008). 식품가공저장학. 교문사.

이경애 · 김미정 · 윤혜현 · 송효남(2008). 식품과학: 식품과 영양의 생화학. 라이프사이언스.

이경애 · 문보경 · 황자영 · 이인선(2019). 이해하기 쉬운 조리원리. 파워북.

이미숙 · 김완수 · 이선영 · 현태선 · 조진아(2021). 리빙토픽 건강한 식생활, 2판. 교문사.

이상태 · 배현수 · 배상욱(2015). 식품영양학. 지구문화사.

이연숙 · 임현숙 · 장남수 · 안홍석 · 김창임 · 김기남 · 신동미(2020). 생애주기영양학, 5판. 교문사.

이정실 · 신경옥 · 안정희 · 윤진아 · 임재연 · 홍태경(2020). 교양인의 식생활과 건강. 백산출판사.

조신호 · 조경련 · 강명수 · 송미란 · 주난영 · 임은정 · 이정은(2020). 새로 쓰는 식품학. 교문사.

허채옥 · 권순형 · 최영진 · 백희준 · 오은주 · 원선임 · 박용순 · 김상연 · 김은영 · 박유신 · 김기랑(2019). 고급영양학. 수학사.

황교진(2018). 4차산업혁명 미래트렌드 3D프린터 & 3D프린팅. 지식과감성.

황인경 · 김미라 · 송효남 · 문보경 · 이선미 · 서한석(2014). 식품품질관리 및 관능검사. 교문사.

Harold McGee(2004). On Food and Cooking: The Science and Lore of the kitchen. Scribner.

Margaret McWilliams (2017). Foods: Experimental Perspectives 8th Edition. Pearson Education Inc. San Francisco, CA.

Potter, Norman N (2012). Food Science: Fifth Edition, Paperback. Springer, Switzerland AG.

The Culinary Institute of America(2011). The Professional Chef. JohnWiley&Sons.

Thomas Keller(2016). Under Pressure. Artisan Publishers.

웹사이트

국가법령정보센터. 건강기능식품에 관한 법률. https://www.law.go.kr/lsSc.do?section=&menuId=1&subMenuId=15&tabMenuId=81&eventGubun=060101&query=%EA%B1%B4%EA%B0%95%EA%B8%B0%EB%8A%A5%EC%8B%9D%ED%92%88#undefined

두산백과. 카로티노이드. https://terms.naver.com/entry.naver?docId=1148585&cid=40942&categoryId=32315

서울아산병원. 파이토케미컬과 건강한 삶. http://amc.seoul.kr/asan/healthstory/lifehealth/lifeHealthDetail.do?healthyLifeId=20743

식품공전. 식품별 기준규격, 음료류. https://foodsafetykorea.go.kr/foodcode/01_03.jsp?idx=30

식품과학기술대사전. 클로로필라아제(클로로필레이스). https://terms.naver.com/entry.naver?docId=297417&cid=60262&categoryId=60262

식품과학사전. 아린맛. https://terms.naver.com/entry.naver?docId=6157812&cid=67725&categoryId=67725

식품의약품안전처 식품안전나라. 건강기능식품정보. https://www.foodsafetykorea.go.kr/main.do

식품저널. 건강 지킴이 '파이토케미컬'에 주목하자 http://www.foodnews.co.kr/news/articleView.html?idxno=94245

시사경제신문. 생활 속 중금속 섭취 줄이는 9가지 방법. http://www.sisanews.kr/news/articleView.html?idxno=41710

찾기쉬운 생활법령 정보. 먹는물의 개념 및 종류 https://easylaw.go.kr/CSP/CnpClsMain.laf?csmSeq=1455&ccfNo=1&cciNo=1&cnpClsNo=1

찾 아 보 기 ●

ㄱ

가성소다 66
가수분해 72
각막연화증 172
갈락탄 75
갈락토오스 56, 59, 74
갈락투론산 73
감미도 58
개별인정형 원료 238
거대적아구성 빈혈 196
건강 13
건강기능식품 237
검 74
겐티아노오스 60
결합수 34
경화유지 125, 132
고과당콘시럽 56
고시형 원료 238
골다공증 177
공유결합 33
과당 56
과체중 206
교질용액 36, 65, 67
구루병 177
구리 160
구아 검 61, 74
권장섭취량 20
그릴링 259
글루카곤 79
글루코만난 61, 76
글루쿠론산 75
글리코겐 61, 77
글리코사이드 결합 63
기호도 250
기호도 검사 257
긴사슬지방산 120

ㄴ

나린진 58
나선구조 63
노화 69
니아신 188
니트로조미오글로빈 234
니트로조미오크로모겐 234

ㄷ

다당류 54, 61
단당류 54
단백질 93
단백질의 변성 103
단백질의 상호 보충 효과 106
단백질 절약 작용 78
단순 차이 검사 253
닭가슴살 111
담즙산염 126
당 54
당류 87, 88
당알코올 56
당화 72

당화효소 72
대류 260
대사증후군 86
데옥시당 57
덱스트란 61, 74, 75
덱스트린 61, 71, 76
델피니딘 231
동결건조 38
드럼건조 38

ㄹ

라피노오스 60
락테이스 59
락토오스 59
랑게르한스섬 79
레시틴 269
레티날 170
레티노산 170
레티노이드 170
레티놀 170, 173
로스팅 259
루 270
루코노스톡 75
루테인 229
루틴 58
리그닌 78
리놀레산 124
리보오스 55
리보플라빈 188
리비톨 56
리코펜 228

ㅁ

마그네슘 155
마라스무스 113
마이셀 62
마이야르 반응 236
마이야르 현상 259
만난 76
만노오스 74, 75
만니톨 56, 59
만성질환위험감소섭취량 20
말토덱스트린 76, 270
망간 161
맥아당 54, 58, 60
먹는물 44
먹는샘물 44, 46
먹는염지하수 44
먹는해양심층수 44
메트미오글로빈 234
메트미오크로모겐 234
묘사분석 250, 256
무기질 146
미각 249
미생물 검 61
미오글로빈 233

ㅂ

배당체 57
베이킹 259
베타-카로틴 170
베타-크립토잔틴 170
보일링 259
복굴절성 65

복사 260

부갑상샘호르몬 177

부종 42

분산매 68

분산상 67

분자미식학 248, 258

분자요리 258, 260

불소 161

불포화지방산 120

브라운 운동 36

브레이징 259

브로일링 259

블렌더 263

비만 206

비타민 B_6 194

비타민 B_{12} 198

비타민 B 복합체 185

비타민 C 185

비헴철 159

비효소적 갈변반응 236

ㅅ

산화스트레스 173, 179

삼당류 60

삼점 검사 251

상한섭취량 20

생물가 107

생수 46

선호도 250

선호도 검사 258

섬유소 54, 72

세로토닌 83

세사몰 133

세포내액 39

세포외액 39

셀레늄 161

셀룰레이스 72

셀룰로오스 61, 72

소그룹 257

소당류 54

소비자 검사 250, 257

소비자 인지도 250

소수성 63

소테잉 259

솔라닌 58

솔비톨 56, 59

수돗물 44

수분 33

수분평형 40

수분활성도 36

수비드 259, 261, 262

수소결합 33

순위법 255

스타키오스 60

스탠드 믹서 264

스튜잉 259

스팀잉 259

스펙트럼 묘사분석 257

시각 249

시간-강도 분석 257

시니그린 58

시머링 259

시아니딘 231

식물성 검 72

식생활 13

식생활지침 22

식품 14

식품 감각검사 248
식품군 20
식품성분표 16
식품수급표 18
식품첨가물 266
식품 탈수기 264
신경성 식욕부진 216

ㅇ

아가로스 75
아가로펙틴 75
아라반 55
아라비노오스 55
아라비아 검 61, 74
아라키돈산 124
아미그달린 58
아미노당 57
아미노산 93
아미노산가 106
아밀레이스 72
아밀로덱스트린 76
아밀로오스 62
아밀로펙틴 62
아스코르브산 185
아스코르브산 산화 반응 237
아스타신 235
아스타잔틴 235
아연 160
아이코사노이드 123
아질산염 234
아크로덱스트린 76
안정제 72, 269
안토시아닌 58, 231
안토잔틴 230
알긴 75
알긴산 61, 74, 75
알파-리놀렌산 124, 134
알파-카로틴 170
알파-토코페롤 179, 180
앳킨스다이어트 83
야맹증 172
에너지적정비율 20, 84
에리트로덱스트린 76
에피네프린 80
열풍건조 38
염류 71
염소 155
염화나트륨 155
엽록소 54
엽산 195
엿당 60
영양 14
영양·기능정보 표시 244
오감 249
오메가-3 지방산 123
오메가-6 지방산 123
오스테오칼신 183
옥시미오글로빈 234
올리고당 61
올리고당류 60
완전단백질 105
외관 249
외식산업 249
요오드 159
유당 58, 59
유당불내증 60
유리라디칼 139

유리라디칼 연쇄반응 139
유화제 71, 269
이노시톨 56
이눌린 61, 76
이당류 58
이소플라본 230
이액현상 69
이점 비교 검사 254
인 149
인베르틴 60
인지질 118
일대일 인터뷰 257
일-이점 검사 251, 252

ㅈ

자당 54, 58, 59
자동산화 139
자연동결건조 38
자유수 35
자일란 55
자일로오스 55
자일리톨 56, 59
잔탄 검 61, 74, 75, 270
잔토필 229
저항전분 69
저혈당 80
전도 260
전분 54, 61
전화당 59
정량적 검사 257
정량적 묘사분석 257
정성적 검사 257
정수 46
젤 68
젤라틴 102, 269
젤화 67, 68
조직감 249
종합적 차이 검사 251
준결합수 34
중간사슬지방산 120
중간수분식품 37
중성지방 117
증점제 72
지방산 119
지방세포 비대형 비만 209
지방세포 증식형 비만 209
지아잔틴 229
진공건조 38
진공포장기 265
진용액 35
질산염 234
질소균형법 111
질소 휘핑기 265
짧은사슬지방산 120

ㅊ

차 49
차이 식별 검사 250
착색안료 72
천일건조 38
철 159
첨가당 87
청각 249
체질량지수 206
초점그룹 257
초점패널 257

촉각 249
총당류 87, 88
총열량 88
충분섭취량 20
친수성 63

ㅋ

카라기난 61, 75, 269
카라기난 검 74
카로티노이드 170, 173, 227, 234
카로틴 228
카테콜아민 80
칼륨 153
칼슘 147
캐러멜 58
캐러멜화 58
캐러멜화 반응 237
캡산틴 229
커피 47
컬러푸드 223
케토시스 78, 83
케토제닉다이어트 83
케톤 78
케톤 수치 83
코발트 162
콘시럽 60
콜로이드용액 36
콤비 오븐 263
콰시오카 113
크레틴병 159
크립토잔틴 229
클로로필 225
클로로필라이드 227
클로로필레이스 227
클로로필린 227
키틴 61, 77

ㅌ

탄수화물 54
탈수 41
텍스처 249
텍스처 프로필 257
토코트리에놀 179
토코페롤 179
트랜스지방산 125
트리몰린 59
특성 차이 검사 254
티아민 188
티아민 피로인산 188
티오당 57

ㅍ

파이토케미컬 223
파인다이닝 271
판토텐산 188
팽윤 65
팽윤제 67
페오피틴 226
펙타아제 73
펙틴 61
펙틴물질 72, 73
펙틴산 73
펙틴에스테레이스 73, 74
펙틴전구체 73
펠라고니딘 231

펩타이드 결합 98
평균필요량 19
평점법 255
포도당 54, 56
포스파티딜콜린 118
포칭 259
포화지방산 120
폭식증 217
폴리갈락투로네이스 73, 74
폴리페놀 산화효소 235
표준체중 205
푸드 테크 261, 272
푸드 프러세서 263
품질관리 250
품질수명 250
프라잉 259
프로토펙티네이스 73
플라바논 230
플라보노이드 229
플라보놀 230
플라본 230
필수아미노산 97
필수지방산 124, 126

ㅎ

하이드로콜로이드 74
한국인 영양소 섭취기준 19
한천 61, 74, 75
항산화제 185
해조류 검 61
향미 249
향미 프로필 257
허리-엉덩이둘레 비율 207
헤마틴 234
헤미셀룰로오스 55, 61, 72
헤스피리딘 58
헴철 159
혈액응고 182
호정화 71
호화 64
혼합음료 46
홍조류 75
황 156
황산콘드로이틴 61, 77
효소적 갈변반응 235

기타

5탄당 55
DHA 124
RMR 271